物联网平台技术应用

主　编　李惠琼　高　超
副主编　何栩翊　李　靖　张二元　卢　虎
参　编　张轻越　易国键　柳　智
　　　　胡立山　谢斌强

北京理工大学出版社
BEIJING INSTITUTE OF TECHNOLOGY PRESS

内 容 简 介

本书是1+X"物联网云平台运用"职业技能等级证书配套书证融通教材。

本书基于物联网产业的物联网云平台应用，选择企业真实项目为载体，有机融入节能环保、安全规范等意识；培养学生自主学习、信息处理、解决问题、严谨细致、团结协作、创新思维等职业核心素养，按照职业成长规律确定结构和内容，理论知识由浅入深，实训操作由易到难，内容一共分5个项目，分别为：项目1整体介绍物联网的体系架构、关键技术和物联网平台的核心功能；项目2从项目背景入手，介绍需求分析架构设计的方法、硬件和软件实现手段、物联网云平台的初步使用等；项目3着重介绍终端设备接入物联网平台的多种南向通信协议，以及北向实现远程控制的方法；项目4主要介绍通过物模型和MQTT协议接入设备，设备和数据在物联网平台的管理，以及数据的可视化展示；项目5通过物联网云平台的增值功能实现物联网云平台的创新应用。

本书配套有课程标准、教学设计、教学课件、微课、教学视频、实训指导书、任务实施工单、项目报告模板、程序源码、习题库等数字化学习资源，配套课程在"智慧职教"MOOC平台（https://mooc.icve.com.cn/cms/）上线，学习者可登录平台进行在线学习。

本书可作为高等职业院校电子信息类专业，尤其是物联网相关专业的教学用书，也可作为企业员工和物联网技术爱好者的参考用书。

版权专有　侵权必究

图书在版编目（CIP）数据

物联网平台技术应用 / 李惠琼，高超主编. -- 北京：北京理工大学出版社，2024.4
ISBN 978-7-5763-3861-4

Ⅰ.①物… Ⅱ.①李… ②高… Ⅲ.①物联网 Ⅳ.
①TP393.4 ②TP18

中国国家版本馆 CIP 数据核字（2024）第 082745 号

责任编辑：陈莉华　　　**文案编辑**：李海燕
责任校对：周瑞红　　　**责任印制**：施胜娟

出版发行 / 北京理工大学出版社有限责任公司
社　　址 / 北京市丰台区四合庄路6号
邮　　编 / 100070
电　　话 / （010）68914026（教材售后服务热线）
　　　　　　（010）68944437（课件资源服务热线）
网　　址 / http://www.bitpress.com.cn

版 印 次 / 2024年4月第1版第1次印刷
印　　刷 / 涿州市京南印刷厂
开　　本 / 787 mm×1092 mm　1/16
印　　张 / 14.5
字　　数 / 332千字
定　　价 / 69.00元

图书出现印装质量问题，请拨打售后服务热线，负责调换

前言

随着新基建、数字经济等国家战略的出台，物联网及其相关技术得到了飞速发展，云平台作为物联网的重要组成部分，也得到了广泛的应用和发展。在众多物联网场景中，物联网云平台通过提供统一的接口和协议，使不同的设备和应用能够相互通信，实现数据的共享和交换，对设备进行远程监控和管理，实现设备的自动化和智能化。基于此背景，本书编者结合企业项目实际案例，编写了物联网平台技术应用的教材。

本书坚持理论知识与实践相结合，以真实生产项目、典型工作任务为载体，结合高等职业院校教学特点，注重实用性和前瞻性，力求使学生"听得懂、记得住、学得会"。

按项目化设计思路，本书一共设计了五个项目，每个项目之下分多个工作任务，在任务的具体安排上，根据能力成长规律，按由易到难、由简到繁，层级递增，有机组织。

项目一认知物联网平台，主要简述物联网的基础概念，以 OneNET 平台为依托，对物联网平台的架构和功能做了总体介绍，通过一些实际的行业案例使读者对物联网平台有直观的认识；项目二智慧城市环境监测系统设计与实现，从项目的需求调研、架构设计、硬件环境搭建、软件的移植、云平台的使用、设备的调试和功能的实现，使读者对设备接入云平台有初步的体验；项目三智慧园区节能减排监控系统设计与实现是在项目二的基础上进行深化，主要介绍南向接入协议和北向的应用开发过程；项目四智慧小区安全防护系统设计与实现主要介绍利用云平台实现场景联动和可视化展示；项目五物联网云平台创新应用主要介绍物联网云平台的增值功能及创新应用案例。

项目以职业活动为导向，突出能力目标，分别设置了"引导案例""职业能力""学习导图""任务描述""知识准备""任务实施""任务评价""技能提升""拓展阅读""项目测评"等环节，有利于充分发挥学生的主体作用。

本书具有以下特点：

1. 紧跟行业发展，加强校企合作，推进书证融通

本书基于工学结合、产教融合的理念，由重庆电子工程职业学院与中移物联网有限公司合作编著；是《物联网云平台运用职业技能等级标准》（中级）的书证融通教材之一，衔接物联网应用技术专业教学标准，把 1+X 职业技能等级证书培训内容与物联网应用技术人才培养方案中的课程内容相结合，将专业目标（课程考试考核）和证书目标（证书能力评价）相结合，确保证书培训与专业教学的同步实施。

2. 突出实践教学，强化能力培养

本书体现高职教育特色，加强实践教学内容，教材在每个任务后都设置了实训操作内容，配套提供了实训指导书和任务实施工单，通过循序渐进地完成任务使学生获得成就感，激发学生学习本课程的积极性，通过设置技能提升任务，使有能力的学生可以自主学习完成，有针对性地培养学生的实践操作能力。

3. 注重对学生的思想引领，提升综合素养

本书充分考虑学习者的认知心理，有机融入课程思政内容，将专业核心技能和职业核心能力贯穿到各个项目任务中，通过项目引导案例加强学生用专业知识解决社会问题的社会责任感，在任务实施过程中培养学生自主学习、信息处理、解决问题、严谨细致、团结协作、创新思维等职业核心能力，强化节能、环保、安全、规范等意识，全方位提升学生的综合素养。

4. 多元化的教学评估方式

本书还采用多元化的教学评估方式，通过图形绘制、方案选择、文案撰写、课堂测验、实践操作、项目总结、汇报展示等方式考查学生的综合能力。

本书可满足电子信息大类，尤其是物联网相关专业物联网平台技术应用课程的教学需要，也适合企业员工培训、物联网技术爱好者自学使用。针对不同院校及专业培养目标设置的课程定位差异，编者建议物联网相关专业学生掌握本书全部内容，安排64学时；电子信息大类的其余相关专业学生根据需要选取相关任务，适当调整学时数。

为了便于广大读者使用，本书同步一体化开发了数字资源，包括课程标准、教学设计、PPT、微课、教学视频、实训指导书、任务实施工单、项目报告模板、程序源码、习题库等参考资料，相关资源可扫二维码浏览或下载，本书配套课程在"智慧职教"平台上线，欢迎大家在线学习观看。

本书由重庆电子工程职业学院与中移物联网有限公司（中国移动物联网基地）组织编写，在本书的编写过程中，得到了中移物联网有限公司、中国信息通信研究院西部分院、成都卓物科技有限公司等行业企业的大力支持和帮助，编写团队参考了中移OneNET官网的企业项目案例和技术资料，以及大量的网络资源和物联网相关技术的书籍，在此一并感谢。

本书由重庆电子工程职业学院李惠琼、高超担任主编，重庆电子工程职业学院何栩翊、李靖、张二元、中移物联网有限公司卢虎担任副主编，重庆电子工程职业学院张轻越、易国键、柳智、中移物联网有限公司谢斌强等参加了编写。其中，项目一由李惠琼、卢虎编写，项目二由李惠琼、高超编写，项目三由李靖、易国键编写，项目四由何栩翊、张轻越编写，项目五由张二元、谢斌强编写，李惠琼、柳智、胡立山负责统稿、校稿。

由于物联网技术处于不断发展和完善阶段，加之编者水平有限，书中难免有疏漏和不当之处，恳请广大读者批评指正。

编 者

目 录

项目1 认知物联网平台 ……………………………………………………………… (1)

引导案例 ……………………………………………………………………………… (1)
职业能力 ……………………………………………………………………………… (1)
学习导图 ……………………………………………………………………………… (2)
任务1.1 物联网技术基础 ………………………………………………………… (3)
  任务描述 ………………………………………………………………………… (3)
  知识准备 ………………………………………………………………………… (3)
  任务实施 ………………………………………………………………………… (13)
  任务评价 ………………………………………………………………………… (14)
任务1.2 物联网平台基础 ………………………………………………………… (15)
  任务描述 ………………………………………………………………………… (15)
  知识准备 ………………………………………………………………………… (15)
  任务实施 ………………………………………………………………………… (25)
  任务评价 ………………………………………………………………………… (26)
任务1.3 典型行业应用案例 ……………………………………………………… (26)
  任务描述 ………………………………………………………………………… (26)
  知识准备 ………………………………………………………………………… (27)
  任务实施 ………………………………………………………………………… (37)
  任务评价 ………………………………………………………………………… (38)
拓展阅读 ……………………………………………………………………………… (39)
项目测评 ……………………………………………………………………………… (39)

项目2 智慧城市环境监测系统设计与实现 ……………………………………… (41)

引导案例 ……………………………………………………………………………… (41)
职业能力 ……………………………………………………………………………… (42)
学习导图 ……………………………………………………………………………… (42)
任务2.1 系统功能需求分析及架构设计 ………………………………………… (44)

任务描述 ·· (44)
　　知识准备 ·· (45)
　　任务实施 ·· (52)
　　任务评价 ·· (53)
任务2.2　终端设备功能的实现 ··· (53)
　　任务描述 ·· (53)
　　知识准备 ·· (53)
　　任务实施 ·· (67)
　　任务评价 ·· (67)
任务2.3　OneNET平台初体验 ·· (68)
　　任务描述 ·· (68)
　　知识准备 ·· (68)
　　任务实施 ·· (76)
　　任务评价 ·· (77)
任务2.4　系统功能的实现 ··· (77)
　　任务描述 ·· (77)
　　知识准备 ·· (78)
　　任务实施 ·· (91)
　　任务评价 ·· (92)
技能提升 ··· (92)
拓展阅读 ··· (93)
项目测评 ··· (94)

项目3　智慧园区节能减排监控系统设计与实现 ································ (96)

引导案例 ··· (96)
职业能力 ··· (97)
学习导图 ··· (97)
任务3.1　系统功能需求分析及方案设计 ·· (99)
　　任务描述 ·· (99)
　　知识准备 ·· (99)
　　任务实施 ·· (104)
　　任务评价 ·· (105)
任务3.2　终端设备接入 ·· (105)
　　任务描述 ·· (105)
　　知识准备 ·· (106)
　　任务实施 ·· (117)
　　任务评价 ·· (118)
任务3.3　智慧园区节能减排监控系统功能实现 ······································· (118)
　　任务描述 ·· (118)

| 知识准备 ·· (119)
| 任务实施 ·· (140)
| 任务评价 ·· (140)
| 技能提升 ·· (141)
| 拓展阅读 ·· (143)
| 项目测评 ·· (144)

项目 4　智慧小区安全防护系统设计与实现 ·································· (145)

| 引导案例 ·· (145)
| 职业能力 ·· (146)
| 学习导图 ·· (146)
| 任务 4.1　项目功能分析及系统设计 ·· (149)
| 任务描述 ·· (149)
| 知识准备 ·· (149)
| 任务实施 ·· (152)
| 任务评价 ·· (152)
| 任务 4.2　认知物模型 ·· (153)
| 任务描述 ·· (153)
| 知识准备 ·· (153)
| 任务实施 ·· (156)
| 任务评价 ·· (157)
| 任务 4.3　模拟 MQTT 设备接入物联网云平台 ···································· (157)
| 任务描述 ·· (157)
| 知识准备 ·· (157)
| 任务实施 ·· (170)
| 任务评价 ·· (171)
| 任务 4.4　真实终端设备接入物联网云平台 ······································ (171)
| 任务描述 ·· (171)
| 知识准备 ·· (171)
| 任务实施 ·· (182)
| 任务评价 ·· (183)
| 任务 4.5　安防系统可视化应用设计 ·· (183)
| 任务描述 ·· (183)
| 知识准备 ·· (183)
| 任务实施 ·· (195)
| 任务评价 ·· (195)
| 技能提升 ·· (196)
| 拓展阅读 ·· (196)
| 项目测评 ·· (197)

项目 5　物联网云平台创新应用 (198)

引导案例 (198)
职业能力 (199)
学习导图 (199)
任务 5.1　物联网云平台产品开发流程 (200)
　任务描述 (200)
　知识准备 (200)
　任务实施 (207)
　任务评价 (207)
任务 5.2　物联网云平台 AI 能力项目开发 (208)
　任务描述 (208)
　知识准备 (208)
　任务实施 (214)
　任务评价 (214)
任务 5.3　物联网云平台增值与创新 (215)
　任务描述 (215)
　知识准备 (215)
　任务实施 (220)
　任务评价 (220)
拓展阅读 (221)
项目测评 (221)

参考文献 (223)

项目 1

认知物联网平台

引导案例

"刷掌"就能识别身份信息领取充电宝，雨天会感知湿度自动关窗的智慧窗帘，通过"读"图帮助视障人群"看"见世界的智能眼镜……在2023年中国国际智能产业博览会展馆里，各种新技术、新产品、新应用令人目不暇接，透过充满"黑科技"的展品不难看到，在技术飞速发展的当下，智慧未来正在照进现实。

概念飞行汽车"旅航者X2"（见图1.0.1）一登场，很快吸引了观众的目光。飞行汽车既能在路面行驶，折叠变形后又可垂直起降，飞跨拥堵路段、障碍物、河流等，满足人们短距离低空出行的需求，还可应用于观光旅游、空中巡逻、应急物资运输等场景。

图 1.0.1　概念飞行汽车"旅航者X2"

物联网的崛起无疑为众多行业带来了革命性的变革，它已经成为许多行业未来发展的重要组成部分。物联网不仅将物理世界与数字世界紧密连接，还通过数据收集、分析和交换，为各行业提供了前所未有的机会和可能性。

职业能力

知识：

（1）理解物联网的定义和体系架构，熟悉物联网关键技术；

（2）熟悉物联网平台的逻辑架构及云服务的模式；

（3）掌握OneNET平台的架构、核心功能及增值功能；

(4) 全面了解物联网平台的行业应用。

技能：
(1) 能够根据应用场景选择合适的技术搭建物联网系统；
(2) 能够通过调研完成物联网行业的发展报告；
(3) 通过对比分析主流物联网平台，区分各自的优势与劣势；
(4) 能够进行物联网平台应用的案例收集，增强对平台的理解。

素质：
(1) 关注行业发展，具有报效社会的家国情怀；
(2) 注重知识技能的实际应用，具有解决实际问题的务实精神；
(3) 提升信息化素养，具备自主学习的能力和习惯；
(4) 善于沟通交流，有较好的团队协作精神。

学习导图

本项目首先对物联网的定义、体系架构和关键技术作一个总体的介绍，使学生对物联网系统有一个整体的认知；其次讲清楚物联网平台在物联网四层架构中所起的作用和解决的问题，对 OneNET 物联网开放平台整体架构和核心功能做了详细介绍；最后通过具体的行业应用案例说明，使学生对物联网系统有具象的认知，能深入理解物联网平台的实际作用及能力。

学习思维导图如图 1.0.2 所示。

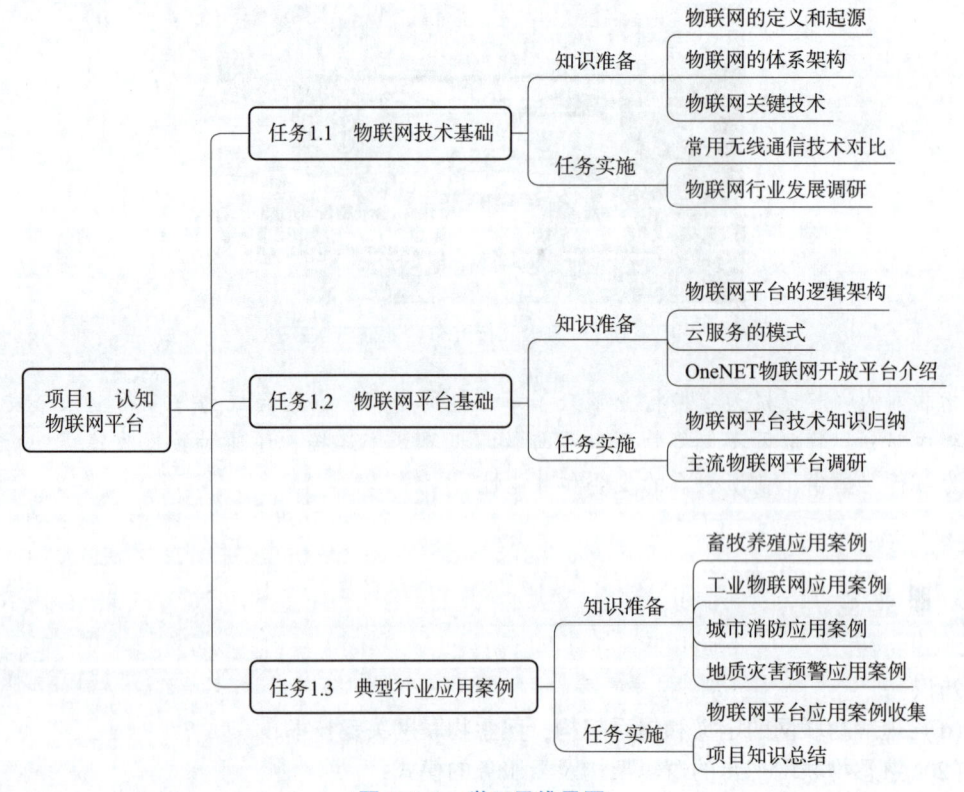

项目1 认知物联网平台
- 任务1.1 物联网技术基础
  - 知识准备
    - 物联网的定义和起源
    - 物联网的体系架构
    - 物联网关键技术
  - 任务实施
    - 常用无线通信技术对比
    - 物联网行业发展调研
- 任务1.2 物联网平台基础
  - 知识准备
    - 物联网平台的逻辑架构
    - 云服务的模式
    - OneNET物联网开放平台介绍
  - 任务实施
    - 物联网平台技术知识归纳
    - 主流物联网平台调研
- 任务1.3 典型行业应用案例
  - 知识准备
    - 畜牧养殖应用案例
    - 工业物联网应用案例
    - 城市消防应用案例
    - 地质灾害预警应用案例
  - 任务实施
    - 物联网平台应用案例收集
    - 项目知识总结

图 1.0.2 学习思维导图

任务 1.1　物联网技术基础

任务描述

随着科技的发展，物联网行业正迅速成为全球创新和经济发展的重要驱动力。物联网通过连接各种设备和传感器，将物理世界与数字世界相结合，从而创造出前所未有的机会并解决棘手的问题。请采用信息化手段，对前沿物联网技术以及行业发展进行全面调研，结合所学专业，谈谈你对此行业前景的理解。

知识准备

1.1.1　物联网的定义和起源

物联网技术发展趋势

物联网，大家早已不再陌生，这个经常和 5G、人工智能（Artificial Intelligence，AI）一起出现在大众视野的热词早已占据了网络发展的一席之地。那什么是物联网呢？物联网即利用感知技术与智能装置对物理世界进行感知识别，通过网络传输互联，进行计算、处理和知识挖掘，实现人与物、物与物信息交互和无缝链接，达到对物理世界实时控制、精确管理和科学决策目的。如今物联网的很多应用已经融入了人们的生活，如现在随处可见的无线网络通信技术（Wireless Fidelity，WiFi）空调到智能门锁，这都是物联网为人们生活提供便利的生动例子。那么物联网究竟源自何处呢？

物联网的发展历程可以追溯到 1991 年，剑桥大学特洛伊计算机实验室为了解决下楼查看咖啡是否煮好的麻烦，编写了一套程序，在咖啡壶旁边安装了一个便携式摄像头，利用终端计算机的图像捕捉技术，以 3 帧/秒的速率传递到实验室的计算机上，这就是物联网最早的雏形。

然后在 1995 年，比尔·盖茨在其著作《未来之路》中首次提到了物联网的概念。1998 年，美国麻省理工学院创新性地提出了被称为电子产品编码（Electronic Product Code，EPC）系统的"物联网"构想。而到了 1999 年，美国 Auto-ID 首先提出"物联网"的完整概念，主要是建立在物品编码、射频识别（Radio Frequency Identification，RFID）技术和互联网的基础上。这一年开始被认为是物联网时代的开端。

进入到 21 世纪后，物联网的发展进一步加速。例如，2005 年，国际电信联盟发布了《国际移动通信系统（IMT-2000）无线接口技术规范》，这成为物联网发展的重要里程碑。

近年来，物联网的发展更加迅猛。2016 年，国家"十三五"规划纲要明确提出"发展物联网开环应用"，加强通用协议和标准的研究，推动物联网在不同行业领域之间的互联互通、资源共享和应用协同问题。同年，窄带物联网（Narrow Band Internet of Things，NB-IoT）的主要标准冻结，意味着 NB-IoT 可以开始大规模的推广应用。

因此，物联网的发展并非一蹴而就，而是经过了一系列的研究和探索才逐渐形成的。从最初的特洛伊咖啡壶到现在的全面互联，物联网的发展过程中融合了许多创新的元素和技术，如传感器、RFID 标签、嵌入式系统和云计算等。这些技术的应用使得物联网能够实现智能化识别、定位、跟踪、监管等功能，极大地推动了信息科技产业的发展。

1.1.2 物联网的体系架构

物联网仍处于不断完善发展阶段，属于开放型体系架构，但无论何种体系结构，其整体所包括的关键技术与内容雷同。根据物联网四层架构模型，将物联网划分为感知层、网络层、平台层、应用层四个层次，如图 1.1.1 所示。以下对四层网络架构模型展开分析。

物联网的四层体系架构

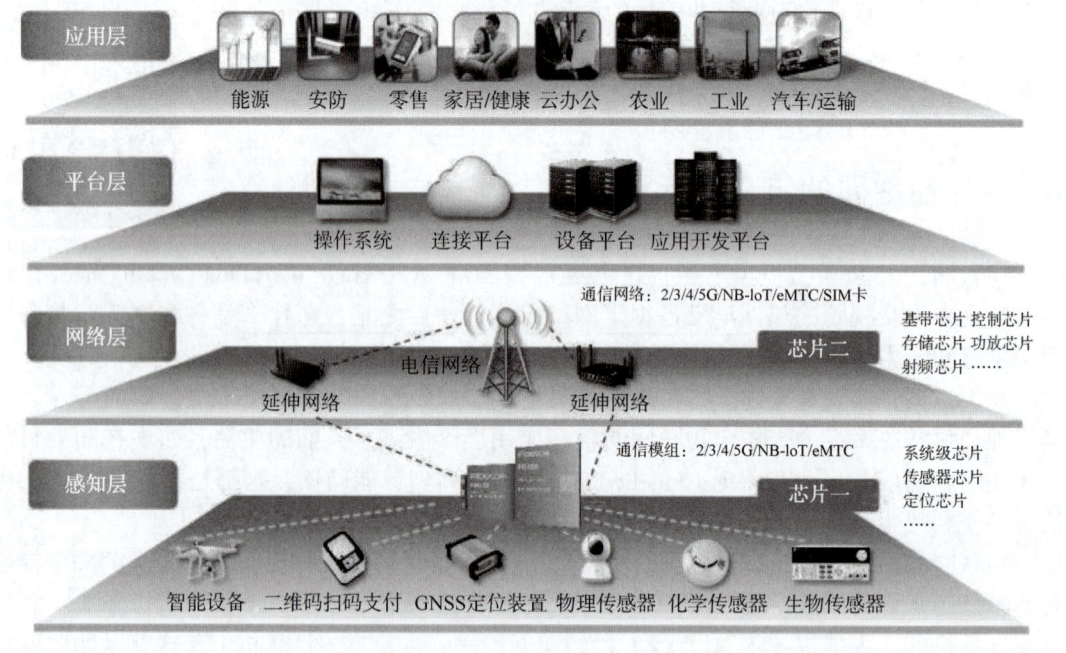

图 1.1.1 物联网的四层架构

感知层：犹如人体遍布全身的感知器官，是物联网组成的基础，是所有物联网应用活动的信息来源。感知层实现外界环境感知，使执行部件实施对外控制，以传感技术为核心，由各类感知技术及产品形态组成，主要包括传感器、射频识别（RFID）、生物识别、定位感知、智能设备、智能卡、近场通信（Near Field Communication，NFC）、二维码等技术产品。

网络层：主要实现"上传下达"的信息交互传递，将感知层收集的数据传输至平台层，并传达平台层指令，从而实现对物理世界的感知及有效控制。网络层主要应用的通信技术分为有线传输与无线传输技术，包括 WiFi、蓝牙、ZigBee、NB–IoT、eMTC、LoRa、Sigfox 等。

平台层：对来自感知层的信息进行管理、分析、决策，并提供信息的查询、存储、分析、挖掘。平台层按功能划分为连接管理平台、设备管理平台、业务分析平台、应用使能平台，是物联网的核心使能部分。

应用层：是物联网智能处理的中枢，主要作用是对信息资源进行采集、开发和利用。应用层主要包括服务支撑层和应用子集层。服务支撑层的主要功能是根据底层采集的数据，形成与业务需求相适应、可实时更新的动态数据资源库；应用子集层则包括各种应用程序，如智能家居、智能医疗等。

这四层之间的关系可以形象地比喻为一个团队，每一层都像团队中的一个成员，各自执行不同的任务，通过协同工作来共同完成整体的目标。

1.1.3 物联网关键技术

1. 感知技术

（1）RFID 技术。

射频识别（RFID），是一种利用无线电波进行信息交换与存储的技术，通过无线射频来对电子标签进行读写，以达到自动识别目标以及信息交换目的。RFID 系统通常由电子标签、读写器、数据管理系统组成。

电子标签：是射频识别系统的数据载体，它由标签天线和标签专用芯片组成，能接收读写器的电磁场调制信号并返回响应信号，实现对标签识别码和内存数据的读取或写入，每个电子标签都具有唯一的电子编码，附着在物体上以标识目标对象；每个标签都有一个全球唯一的 ID 号码——用户身份证明（User Identification，UID），其在制作标签芯片时存放在 ROM 中，无法修改，其对物联网的发展有着很重要的影响。

读写器：读写器是读取或写入标签信息的设备，可设计为手持式或固定式等多种工作方式。对标签进行识别、读取和写入操作，一般情况下会将收集到的数据信息传送到后台系统，由后台系统进行处理。

数据管理系统：是与 RFID 交互的应用系统的终端计算机，传递着应用系统发出的工作指令，并通过中间件控制电子标签和读写器之间的协调工作，处理 RFID 系统采集的所有数据，并进行运算、存储及数据传输。

RFID 系统组成如图 1.1.2 所示。

图 1.1.2　RFID 系统组成

RFID 系统工作原理：当带有电子标签的物品进入读写器天线辐射范围时，接收读写器发出的无线射频信号。无源电子标签凭借感应电流所获得的能量发送出存储在标签芯片中的数据，有源电子标签则主动发送存储在标签芯片中的数据，读写器一般配备了一定功能的中间件，可以读取数据、解码并直接进行简单的数据处理，然后送至应用系统。应用系统根据逻辑运算判断电子标签的合法性，并针对不同的设定进行相应的处理和控制，由此实现 RFID 系统的基本功能。

RFID 是一种灵活实用的技术，简单实用，尤其适用于自动控制。它还可以在各种恶劣的环境下自由工作，日常中使用的条形码在灰尘、石油等污染的恶劣环境下容易被污染损坏，而这种短距离的无线电频产品不用担心这个问题。此类产品还可以追踪识别长距离的目标，高速公路收费站的通行车辆自动识别系统采用的就是长距离射频产品。

（2）二维码。

二维码的图形是一个黑白矩形图，其中包含的信息可以通过信息读取装置进行扫描。二维码的长度和宽度是记录的数据。容错机制可以在无法识别条形码或条形码损坏时，都能正确地恢复条形码的信息。二维码可以承载更多更复杂的数据、链接、图像信息，具备一维码不具有的优势。二维码通常应用在图书馆、票务管理等领域。例如，为了存储个人信息和识别假票，火车票上已经印有可识别的二维码。随着3G/4G无线通信网络和智能手机终端的发展，越来越多的人使用二维码，它所携带的物体信息不仅是产品的基本属性，而且可以记录图像、声音、指纹等信息。同时，我们可以更好地利用无线通信网络进行设备维护、货物追踪和远程监控。

（3）电子产品编码。

电子产品编码（Electronic Product Code，EPC）是新一代项目编码技术，其载体是RFID标签，是国际项目编码协会（European Article Number/Uniform Code Council，EAN/UCC）引进的。与条形码相比，它可以存储更多的数据，并且具有长距离、无接触阅读信息的特点。在物联网（Internet of Things，IoT）自动识别的时代，拥有项目本身的代码是连接到物联网与其他项目交换信息的先决条件。EPC代码可以唯一地对世界上的任何项目进行编码，记录关于项目的越来越详细的数据。具体来说，EPC代码可以分配给全球2.86亿产品制造商。每个制造商可以生产1 600万件产品，每个产品可以分为680亿件不同的产品，每个项目只有唯一编码，并为物联网中的对象互联提供了标识码。

（4）传感器技术。

传感器是一种将物理量转化为电信号的器件，用于感知和监测环境中的各种参数。根据物理量的性质和测量原理的不同，传感器可以分为多种类型，如温度传感器、压力传感器、光电传感器等。不同类型的传感器适用于不同的应用场景。

传感器的工作原理通常包括传感元件、信号转换电路和输出装置。传感元件是将被测物理量转化为电信号的核心部分，信号转换电路负责将传感元件输出的信号进行放大和处理，输出装置用于显示或传输传感器测量得到的数据。

传感器已经广泛应用于各行各业中，在工业生产中，传感器技术扮演着重要的角色。例如，温度传感器可以测量物体的温度，压力传感器可以测量液体或气体的压力，流量传感器可以测量物体的流量等。在交通运输领域，传感器技术也发挥着重要作用。例如，汽车上的传感器可以检测车速、发动机转速、油温等参数，以帮助驾驶员掌握车辆状态，提高行车安全。此外，交通监管系统也可以利用传感器技术，实现对交通流量、车速、车道占用等参数的监测和控制。在医疗保健领域，传感器技术也被广泛应用。例如，心电图仪可以记录心脏电信号，血糖仪可以测量血糖水平，血压计可以测量血压等。这些传感器可以帮助医生了解患者的健康状况，为诊断和治疗提供有价值的参考。在军事安全领域，传感器技术也发挥着重要作用。例如，雷达传感器可以探测空中目标，红外传感器可以探测地面目标，声呐传感器可以探测水下目标等。随着科技的不断进步和创新，传感器技术也将继续发展和完善，为人们的生活和工作带来更多的便利和安全。

汽车中的传感器如图1.1.3所示。

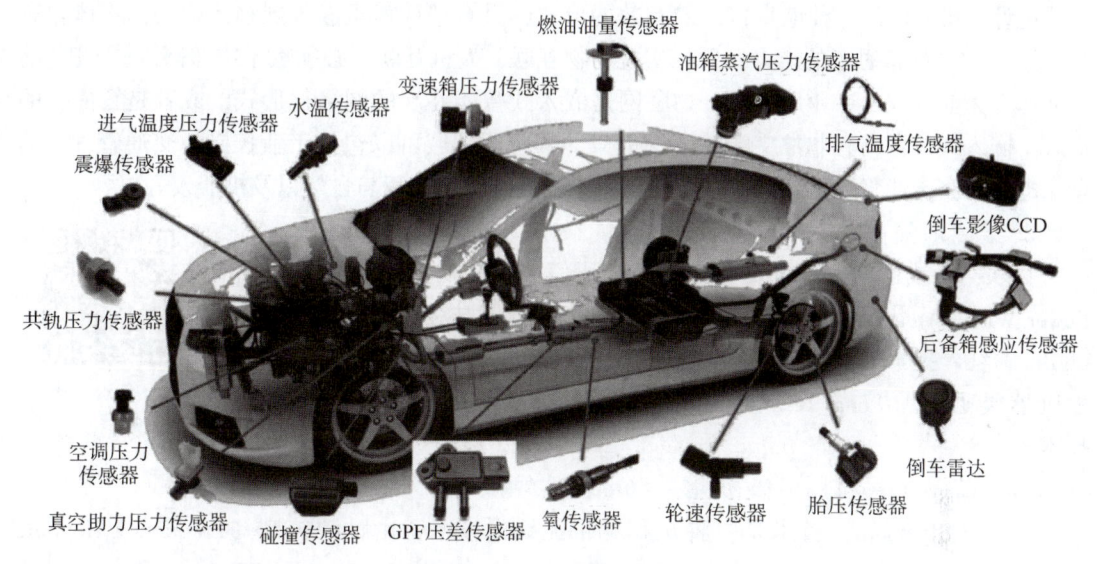

图1.1.3 汽车中的传感器

（5）嵌入式技术。

物联网的目的是让所有的物品都具有计算机的智能但并不以通用计算机的形式出现，要把这些"聪明"的物品与网络连接在一起，这就需要嵌入式技术的支持。嵌入式技术是计算机技术的一种应用，该技术主要针对具体的应用特点设计专用的计算机系统——嵌入式系统。嵌入式系统是以应用为中心，以计算机技术为基础，并且软硬件可裁剪，适用于应用系统对功能、可靠性、成本、体积、功耗有严格要求的专用计算机系统。它一般由嵌入式微处理器、外围硬件设备、嵌入式操作系统以及用户的应用程序等四个部分组成，用于实现对其他设备的控制、监视或管理等功能。

嵌入式技术和通用计算机技术有所不同，我们知道通用计算机多用来和人进行交互，并根据人发出的指令进行工作；而嵌入式系统大多数情况下可能根据自己"感知"到的事件自主地进行处理，所以它对时间性、可靠性要求更高。一般来说，嵌入式系统应该具有以下一些特征：专用性、可封装性、实时性、可靠性。专用性是指嵌入式系统用于特定设备完成特定任务，而不像通用计算机系统可以完成各种不同的任务。可封装性指嵌入式系统一般隐藏于目标系统内部而不被操作者察觉。实时性指与外部实际事件的发生频率相比，嵌入式系统能够在可预知的时间内对事件或用户的干预做出响应。可靠性是指嵌入式系统隐藏在系统或设备中，一旦开始工作，可能长时间没有操作人员的监测和维护，因此要求它能够可靠运行。

像通用计算机系统一样，嵌入式系统也包括硬件和软件两部分。硬件包括处理器/微处理器、存储器及外设器件和I/O端口、图形控制器等。软件部分包括操作系统（Operating System，OS）软件（要求实时和多任务操作）和应用程序编程。有时设计人员把这两种软件组合在一起。应用程序控制着系统的运作和行为，而操作系统控制着应用程序编程与硬件的交互作用。

从技术而言，嵌入式技术在物联网行业发展中始终处于最核心、最基础的地位。嵌入式系统是计算机应用的一种最直接、最有效的形式，只有把计算机嵌入到物体中去，物体才有"大脑"，它才具备思考的能力；要想实现物物互联、人机互联，必须赋予物体嵌入式CPU的智能部件为前提；从专业角度讲，物联网是嵌入式智能终端的网络化形式，或者是智能化的形式。嵌入式技术具有非常广阔的应用前景，其应用领域可以包括工业控制、交通管理、信息家电、家庭智能管理系统、POS网络及电子商务、环境工程与自然以及机器人等。

2. 无线通信技术

物联网无线通信技术主要分为短距离通信技术和低功耗广域网（Low-Power Wide-Area Network，LPWAN）。短距离通信技术包括蓝牙、WiFi、ZigBee、红外技术等；低功耗广域网（LPWAN）则包括NB-IoT、LoRa、增强机器类通信（Long Term Evolution for Machines，LTE-M）以及Sigfox技术。

物联网无线通信技术

（1）蓝牙。

蓝牙（Bluetooth）技术是一种短程宽带无线电技术，由跳频扩谱（Frequency Hopping Spread Spectrum，FHSS）、时分多址（Time Division Multiple Access，TDMA）和码分多址（Code Division Multiple Access，CDMA）技术支持，它在IEEE 802.15.1协议的基础上工作，是实现语音和数据无线传输的一个全球性开放标准。它还在2.4 GHz的ISM频段上工作，传送速率是1 Mbit/s，相应的有效工作范围为100 m、10 m和1 m，通过快跳频和短分组技术可以减少同频干扰，从而保证了传输的可靠性，它采用的语音调制方式是连续可变斜率增量调制，具有很强的抗衰落性，即使误码率达到4%，话音质量也是可以接受的。它的优势是成本低、兼容性好、能够异步数据传送，但它也有劣势，即不够稳定，应用过程中外界信号对其干扰较大。一般应用于短距离范围内的无线连接，比如桌上型电脑与笔记本电脑、便携设备、耳机、键盘和电脑鼠标。

（2）WiFi。

WiFi是一个国际无线局域网（Wireliss Local Area Network，WLAN）标准，它包括IEEE 802.11协议的a/b/g/n/ac/ax等多个标准，可使用2.4G UHF或5G SHF ISM频段。WiFi技术通过无线电波来连接，即在一个无线路由器的电波覆盖范围内，将手机、电脑等电子设备采用WiFi连接方式进行联网，从而实现用户间的数据通信。如果无线路由器连接到一条ADSL线路或者别的网络线路，则它也称为热点。

WiFi由无线接入点（Access Point，AP）和站点（Station，STA）组成，STA可以理解为每一个接入到网络中的终端，AP可以理解为无线网络的创建者，即中心节点，它是无线局域网与有线局域网之间的桥梁，所以它是有线无线互联的设备，上述所用的无线路由器就是一个AP。

WiFi无线网络的拓扑形式有两种类型：一种是基础网，另一种是自组网。基础网是由AP创建多种STA加入组成的无线网络，如图1.1.4所示，各STA之间不能直接通信，需要AP进行转发，因此，以AP为整个网络的中心是该类型网络的特点，而且网络中的所有通信也是由它负责并完成转发的。基础网模式通常应用在已有无线网络的环境中。

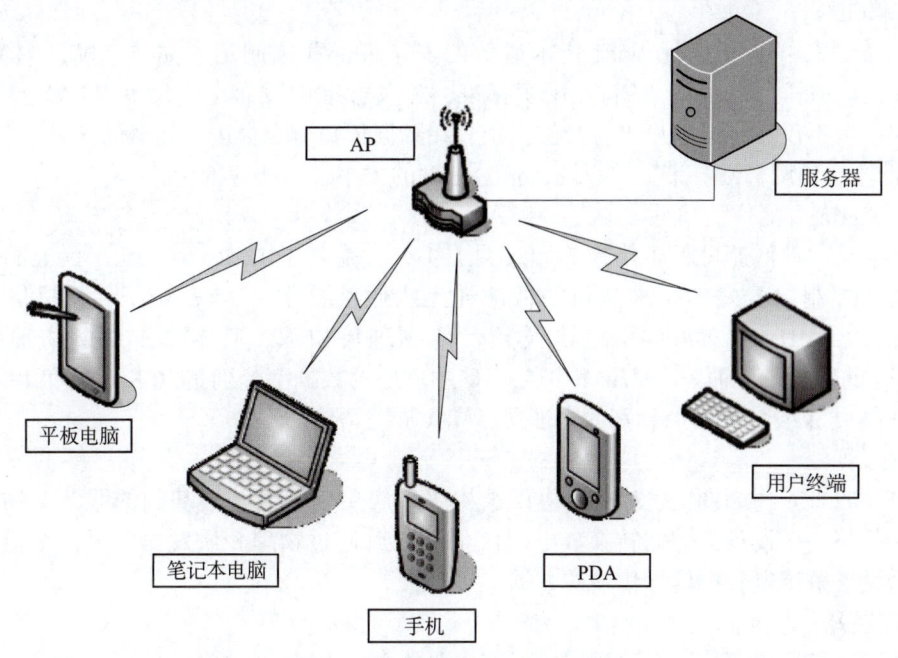

图 1.1.4　WiFi 基础网拓扑形式

自组网是由两个及以上的 STA 组成的，如图 1.1.5 所示，各设备自发组网无须 AP，也就意味着各 STA 之间可以直接通信，设备之间是对等的，允许一组具有无线功能的 PC 机之间为数据共享迅速建立起无线连接。自组网络模式（Ad-Hoc），通常用于没有无线网络的环境中。

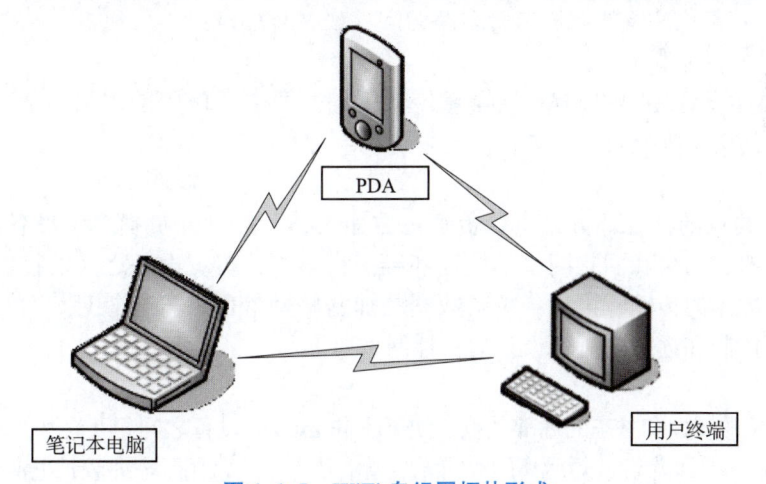

图 1.1.5　WiFi 自组网拓扑形式

WiFi 技术的优点如下：

① WiFi 的覆盖范围广：WiFi 网络只要在热点覆盖的范围内均可通信，通常在无障碍的开放区域内，其通信距离可以达到 300 m，即使是在室内或有障碍物遮挡信号的情况下，其通信距离也可以达到 100 m。

② 传输速率高：当前主流的 802.11ac 协议标准工作在 5 GHz 频段，其理论最高传输速率可达 1 Gbit/s。

③ 安全性好：为了确保 WiFi 技术通信的安全性，我国制定了无线局域网（Wireless Local Area Network，WLAN）的行业配套标准，相关标准的发布，将规范 WLAN 产品在我国的应用。它不仅对终端用户进行身份识别，在数据传输时也会进行加密保护。

④ 带宽自动调整性：带宽可以随着信号强度的大小进行相应的调整。

（3）ZigBee。

ZigBee 是一种低速短距离传输的无线网上协议，是基于 IEEE 802.15.4 标准的物理层和媒体访问控制层开发的一种流行的低功耗无线通信技术。IEEE 802.15.4 提供了基于 868 MHz、915 MHz 和 2.4 GHz 电磁波频带的物理层协议，其中 2.4 GHz 物理层支持 240 Kbit/s 的数据率，而 868 MHz 和 915 MHz 物理层的数据率分别是 20 Kbit/s 和 40 Kbit/s。其中 ZigBee 协议栈自下而上分别为物理层、MAC 层、网络层。

物理层：

IEEE 802.15.4 协议作为 ZigBee 协议结构的最底层，提供了最基础的服务，物理层的主要作用是将一个设备的数据转换成电磁波信号之后通过物理介质发送到另一个设备，再由另一个设备解读电磁波信号传输的数据。

MAC 层：

媒体接入控制层，建立在物理层之上，主要负责：

① 将设备划分为协调器和普通设备；

② 协调器产生并发送信标帧，普通设备根据协调器的信标帧与协调器同步；

③ 个域网的管理和取消关联；

④ 确保无线信道的通信安全；

⑤ 支持带有避免冲突的载波监听多路访问（CSMA/CA）；

⑥ 提供时槽保障服务；

⑦ 提供不同设备之间的 MAC 层可靠传输服务，即主要作用是控制多个网络设备有序地利用物理通信资源来进行可靠通信。

网络层：

是 ZigBee 协议的核心部分，主要负责三方面工作：第一，负责多个设备之间的组网，即星状网络、树状网络和网状网络的构建和维护；第二，负责设备之间的控制指令和设备的状态信息等数据的传输；第三，负责数据的加密解密等网络安全管理。可以看出 ZigBee 就是为自动化控制和远程控制而设计的一种网络协议。

应用层：

规定了对象的属性和状态的标准规范，便于不同 ZigBee 设备之间相互合作。ZigBee 是一种低功耗、低时延、高可靠性、短距离的双向无线通信技术。通常用于需要较长电池寿命的低数据速率应用，在智能家居、工业自动化、智慧城市以及智慧农业等行业中应用广泛。

（4）超宽带无线通信技术

超宽带无线通信技术是一种无载波通信技术，在传输数据的过程中，应用了纳秒级的非正弦波窄脉冲。工作时频段在 3.1~10.6 GHz，所以其拥有的覆盖范围很广，工作频宽最小也不低于 500 MHz，当发出的信号强度在 1 mW 以下时依然可以进行数据的传输，它还具有传输速率高、抗干扰能力强的优点。该技术主要应用在需要高速传输以及有障碍物阻碍的地方，例如雷达、地雷探测、地质探测等。

（5）红外技术。

红外技术进行数据传输时是在波长 850 nm 的红外光频段，传输速率为16 Mbit/s，其优点是工作成本低、连接简单、功耗低、传输方向性高。缺陷为传输距离非常短，仅仅能在 10m 之内进行工作，另外通信的装置之间需要对齐，装置间不能有阻碍，方可进行数据传输。所以红外技术一般只适用在电视、空调等近距离遥控器上，应用不广泛。

（6）低功耗广域网（LPWAN）。

LPWAN 技术主要是应用于物联网中低速率、远距离传输的无线通信技术。通常情况下，LPWAN 的通信速率范围在 0.1~250 Kbit/s，利用 LPWAN 技术，用户可以根据自身需求创建属于自己的私有广域无线传感器网络，也可以利用第三方提供的通信服务，创建无线传感器网络。

LPWAN 由于传输距离远，通信范围一般在几千米到十几千米，与传统物联网中的近距离通信技术相比，无须大量的网关部署就可以实现大范围内的传感终端设备数据的上报。同时 LPWAN 的远距离通信也使物联网大规模的运营成为可能，可以利用 LPWAN 技术组成一个区域或城市范围内的广域传感器网络，甚至全国性的超大规模的传感器网络。与传统的长距离通信技术，如 2G、3G 和 4G 等物联网设备移动蜂窝网络通信相比，LPWAN 在保证远距离通信的前提下，消耗更少的电能，其终端设备大多采用电池供电，一般电池寿命可达一年甚至几年，而且 LPWAN 对于这些设备的硬件要求不高，因此终端设备的成本远远低于移动蜂窝技术的物联网设备。

LPWAN 技术的主要特点总结如下：

① 远距离通信：根据不同的应用环境，传输距离可达几千米至十几千米，通信距离均在千米级别及以上。

② 低成本：由于射频芯片复杂度相对较低，所以每个无线模块的成本较低，适合大批量部署。

③ 低功耗：无线通信模块功耗低，大部分应用场景采用电池供电，使用周期为一年甚至几年。

④ 传输速率较低：适用于距离远、数据长度小、通信频次低的应用场景。

LPWAN 技术从频谱角度上可以分为授权频段的技术和非授权频段的技术，授权频段的 LPWAN 技术主要有 NB-IoT 技术和 LTE-M 技术等，非授权频段的 LPWAN 技术主要有 LoRa 扩频技术和 Sigfox 技术。其中，NB-IoT 和 LoRa 最为典型，现已得到较为广泛的应用。NB-IoT 与 LoRa 的特点对比如表 1.1.1 所示。

表 1.1.1　NB-IoT 与 LoRa 的特点对比

特点	NB-IoT	LoRa
传输距离	10 km 以上	2~15 km
电池寿命	理论约 10 年/AA 电池	理论约 10 年/AA 电池
模组成本	5~10 美元/块	3~5 美元/块
频段	授权频段	非授权的免费频段
速率	160~250 Kbit/s	0.3~50 Kbit/s

NB-IoT作为授权频段的主要代表性技术，主要采用窄带低功耗广域网技术，可在现有的蜂窝网络上直接部署，加快了部署速度，NB-IoT技术利用了窄带通信技术，将通信距离进一步延长，扩大网络覆盖范围，同时还支持低功耗设备的大量接入。但是由于NB-IoT使用的是授权频段，需要运营商提供基础运营服务，同时也就要求用户数据需同运营商共享。

LoRa是一种远距离无线通信技术，它是一种基于频率调制扩频技术的超远距离无线传输方案。LoRa的名字来源于"Long Range"的缩写，它可以在低功耗的条件下发送少量的数据到很远的距离，通常可以达到30 km，具体取决于环境因素。对于非授权频段的LoRa而言，由于具有免费频段的优势，用户在不同的应用场景下，可自行架设属于自己的网络，尤其是在偏远无运营商蜂窝网络覆盖的地区，也能实现该区域的广域低功耗无线网络部署实现。LoRa采用线性扩频调制技术，提高了设备接收的灵敏度，增加了通信距离的长度。LoRa适用于物联网领域中需要低功耗、低成本、低数据量、远距离通信的场景。

3. 智能处理技术

（1）云计算技术。

狭义云计算指厂商通过分布式计算和IT基础设施的使用模式，以免费或者按需租用方式向企业客户提供数据存储、分析以及科学计算等服务。广义云计算是指厂商利用互联网闲散计算和存储资源，为企业用户提供按需即取的高效的服务方式。

物联网的应用和发展需要大量的数据存储和计算，而云计算提供了这样一种平台。通过云计算，物联网可以实现对物品和过程的智能化感知、识别和管理。具体而言，物联网通过传感器、射频识别技术、全球定位系统等技术，实时采集任何需要监控、连接、互动的物体或过程，采集其声、光、热、电、力学、化学、生物、位置等各种需要的信息，通过各类可能的网络接入，实现物与物之间和物与人之间的泛在链接。而用户在不需要购买任何系统软件和相关硬件设备的情况下，仍然可以运用数据库、应用程序容器、消息处理等丰富的资源，架构建成自己所需的平台和应用程序，他们也可以根据自己的需要购买或租用定制软件。云计算平台的功能十分强大，在物联网中，就是把云计算当作一个核心平台进行数据处理，比如这个平台可以同时分析多种复杂的海量数据，在海量数据中迅速筛选有用信息等都是云计算的优点。它可以为物联网提供一个强大的计算中心，有力地支持物联网的应用。

（2）大数据技术。

大数据技术是指对海量数据进行存储、处理与分析的技术集合，它涵盖了各类大数据平台、大数据指数体系等应用技术。这些技术使人们能够从庞大的数据集中提取有价值的信息，为决策提供有力的支持。大数据技术不仅仅是对数据进行简单的存储和处理，更侧重于通过挖掘数据的潜在价值，服务于生产和生活。

大数据的特征包括数据体量大、数据类别多样、处理速度快以及数据真实性高。它涉及的数据集通常规模巨大，不仅包括结构化数据，还涵盖了半结构化和非结构化数据。同时，大数据技术能够在数据量庞大的情况下实现数据的实时处理，并确保数据的真实性和安全性。

　　物联网通过各种传感器和设备实时采集数据，构成了大数据的重要数据来源。大数据技术则对这些数据进行处理和分析，提取出有价值的信息，为物联网的应用提供决策支持。可以说，物联网是大数据技术的重要应用领域之一，而大数据技术则是物联网实现其价值的关键手段。具体来说，物联网平台的发展进一步整合了大数据和人工智能。物联网的体系结构包括设备、网络、平台、分析、应用和安全等部分，其中分析部分的主要内容就是大数据分析。通过大数据分析，我们可以对物联网产生的数据进行深入挖掘，发现数据背后的规律和价值，从而优化物联网应用的效果和效率。

　　因此，大数据技术和物联网相互促进、共同发展，为人们的生产和生活带来了更多的便利和创新。随着技术的不断进步和应用场景的不断拓展，大数据技术和物联网之间的联系将会更加紧密，共同推动信息技术的发展。

　　(3) 人工智能（AI）技术。

　　人工智能（AI）：是一种模拟人类智能的技术，它使机器能理解、学习、适应并执行特定的任务。AI 包括机器学习（Machine Learning，ML）、深度学习（Deep Learning，DL）、自然语言处理（Natural Language Processing，NLP）等，旨在使这些系统能够像人一样思考和行动。人工智能与物联网的结合，将万物连接起来，赋予物体智能和洞察力，为人类创造出更加智慧且便捷的生活方式。AI 与物联网之间具有相互促进的关系。

　　① AI 为物联网提供智能支持。

　　人工智能的发展为物联网带来了更高级别的智能支持。物联网设备通过传感器收集大量的数据，而人工智能则能够对这些数据进行分析和处理，提取有用的信息。借助深度学习和机器学习等技术，人工智能可以识别模式，预测趋势，优化系统等，从而提升物联网的智能化水平。

　　例如，智能家居系统通过连接家庭中的各种设备和传感器，可以实现自动化控制和智能管理。人工智能可以通过学习用户的生活习惯和喜好，自动调节家居设备的运行状态，提供个性化的服务和优化能源利用效率。

　　② 物联网推动 AI 技术创新。

　　物联网的快速发展推动了人工智能技术的创新。物联网设备的普及使数据量急剧增加，这为人工智能算法的训练和优化提供了更大的数据源。同时，物联网也为人工智能技术提供了更多的应用场景，促进了各种技术的发展和成熟。

　　例如，智能交通系统通过物联网设备连接车辆和交通基础设施，实现实时交通状况的监测和调度。人工智能可以通过分析大量的交通数据，预测拥堵，优化路线规划，提供实时的导航和交通管理服务。物联网为这些智能交通系统提供了海量的实时数据，使人工智能的交通管理技术更加准确和高效。

任务实施

1. 任务目的

（1）熟悉物联网关键技术内容，对常用的感知技术和无线通信技术进行知识归纳；

13

（2）对前沿物联网技术和物联网行业最新发展进行调研，结合专业，谈谈对行业的理解，加深对行业的了解，增加对行业的热爱。

2. 任务环境

联网计算机、常用办公软件。

3. 任务内容

根据任务实施工单（见表1.1.2）所列步骤依次完成以下操作。

表 1.1.2　任务实施工单

项目	认知物联网平台		
任务	物联网技术基础	学时	2
计划方式	分组完成、组内成员分工协作		
序号	实施步骤		
1	对常用的感知技术进行知识归纳，形成知识图谱		
2	对无线通信技术从传输距离、速率、功耗、成本、组网能力、应用场景等方面进行对比分析，形成"常用无线通信技术参数对比表"		
3	信息检索，对前沿物联网技术和物联网行业最新发展进行调研		
4	形成"物联网前沿技术及行业发展调研报告"		

任务评价

完成物联网基础学习后，进行任务检查与评价，可采用小组互评等方式。任务评价单如表1.1.3所示。

表 1.1.3　任务评价单

项目	认知物联网平台	成员姓名	
任务	物联网技术基础	日　　期	
考核方式	过程评价	本次总评	
职业素养 （30分，每项10分）	□关注行业发展，具有报效社会的家国情怀 □提升信息化素养，具备自主学习的能力和习惯 □善于沟通交流，有较好的团队协作精神	较好达成□ 基本达成□ 未能达成□	（≥24分） （≥18分） （≤17分）
专业知识 （30分，每项10分）	□理解物联网的定义和体系架构 □了解行业的发展趋势 □熟悉感知技术、无线通信技术、智能处理技术	较好达成□ 基本达成□ 未能达成□	（≥24分） （≥18分） （≤17分）
技术技能 （40分，每项10分）	□对物联网关键技术进行知识归纳 □能根据应用场景选择合适的技术组成系统 □能进行信息检索，完成物联网新技术及新发展的调研 □形成行业发展调研报告	较好达成□ 基本达成□ 未能达成□	（≥32分） （≥24分） （≤23分）
（附加分） （5分）	□在本任务实训过程中提出自己的独特见解		

任务 1.2　物联网平台基础

任务描述

物联网平台迅速崛起，成为物联网产业链中的重要一环。这些平台为设备和应用提供了一个统一的、可扩展的、可互操作的连接和数据管理环境，从而简化了物联网应用的开发和部署。随着物联网平台的功能越来越丰富和灵活，物联网的应用场景也得到了极大的扩展。

同时，物联网平台也在不断发展和创新，以提供更高效、安全和智能的解决方案，推动物联网行业的快速发展。请对主流的物联网平台进行调研，对比分析其核心功能，找出优势与不足。

知识准备

1.2.1　物联网平台的逻辑架构

物联网开放平台主要面向物联网领域中的个人/团队开发者、终端设备商、系统集成商、应用提供商、能力提供商、个人/家庭/中小企业用户，提供开放的物联网应用（终端/平台），实现快速开发、应用部署、能力开放、营销渠道、计费结算、订购使用、运营管理等方面的一整套集成云服务。它将物联网系统的硬件、软件、用户界面和网络四个部分连接成一个内聚性、可管理和可解释的系统，有助于使数据摄取、通信、设备管理和应用程序操作流畅、统一。不仅如此，物联网平台还可以提供一个构建框架，使用户不必从头开始创建物联网系统，它使开发物联网系统更快、更容易、更实用。

根据其逻辑关系，我们可将物联网平台划分为四大子平台：设备管理平台（Device Management Platform，DMP）、连接管理平台（Connectivity Management Platform，CMP）、应用使能平台（Application Enablement Platform，AEP）、业务分析平台（Business Analytics Platform，BAP）。

物联网平台的逻辑架构如图 1.2.1 所示。

1. 设备管理平台（DMP）

DMP 是一套完整的设备管理解决方案，旨在满足企业对设备管理、数据采集、数据分析等方面的需求。它基于物联网技术，通过设备数据采集、数据传输、数据存储和分析等环节，实现对设备状态的监控、故障预警、远程调试等功能。

具体来说，物联网设备管理平台主要具有以下特点：

（1）设备注册及认证：能够为接入平台的设备进行注册和认证，确保设备的合法性和可信性。设备接入方式主要有两种方式：设备直连和通过网关连接。物联网平台为设备颁发产品内唯一的证书，如 ProductKey 和 DeviceName 等，用于保障设备的安全。同时，为了实现海量设备的连接上云，物联网平台提供了多样化的接入方式，如消息队列遥测传输协议（Message Queuing Telemetry Transport，MQTT）、受限应用协议（Constrained Application

物联网平台技术应用

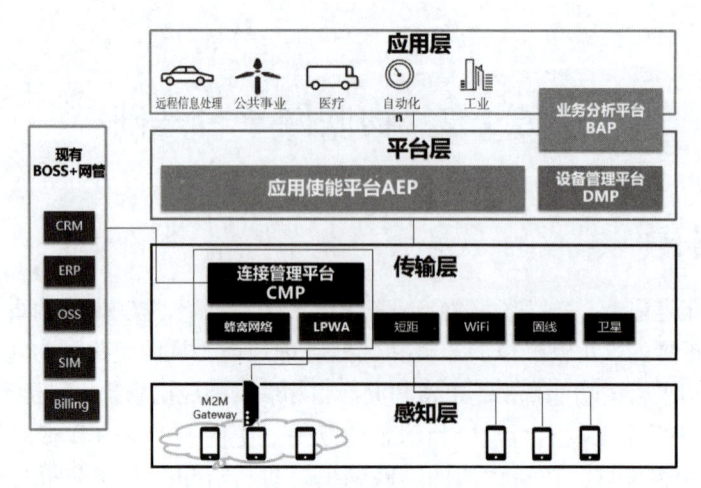

图 1.2.1 物联网平台的逻辑架构

Protocol，CoAP）、超文本传输安全协议（Hyper Text Transfer Protocol over Secure Socket Layer，HTTPS）、Modbus、OPC UA、私有协议等，以满足各类设备和接入场景的要求。

（2）设备配置和控制：能够远程配置和控制设备，包括设备的参数调整、功能升级等。

（3）设备监控和诊断：能够实时监控设备的状态，及时发现设备故障或异常情况，并进行远程诊断和修复。

（4）数据采集和分析：能够采集设备数据，并进行数据分析和挖掘，为企业提供决策支持。

（5）用户界面：能够提供友好的用户界面，方便用户进行设备管理和操作。

物联网设备管理平台是物联网技术的重要组成部分，能够帮助企业实现设备的智能化管理和监控，提高设备运行效率和可靠性，降低维护成本。

2. 连接管理平台（CMP）

CMP 是一种为企业客户提供智能物联卡连接管理的服务平台，主要包括卡信息查询、生命周期管理、卡账单查询管理等功能。该平台可以帮助用户全面掌握网络连接状态、计费情况和连接历史日志，是用户进行大数据分析、能力开放、故障诊断的重要工具。

平台可以无缝管理异构网络的物联网设备，从而减小用户与不同网络运营商之间沟通和对接的开销。同时，CMP 还扮演着软硬结合的枢纽角色，一方面肩负管理底层硬件并赋予上层应用服务的重任，另一方面，聚合硬件属性、感知讯息、用户身份、交互指令等静态及动态讯息。这样，CMP 就成为设备管理、数据通信和应用程序等功能的关键链接。此外，物联网连接管理平台还提供设备智能化以及上云开发所需的系列工具，如模组、SDK 以及调试工具，帮助用户快速将设备连接平台实现智能化。

物联网连接管理平台的用户可以通过平台完全自助完成物联卡的管理，降低了用户的运营成本，并支持单卡和批量操作。同时，该平台还具备灵活的告警应用程序编程接口（Application Programming Interface，API）集成和数据分析能力，可以为企业客户提供更高效和智能的运营解决方案。

3. 应用使能平台（AEP）

AEP 也被称为应用支持平台或应用支撑平台，是一种能够快速开发和部署物联网应用的云平台，通常以平台即服务（Platform as a Service，PaaS）的形式出现。这种平台的主要目标是为物联网应用开发者提供一个环境，使他们可以在不考虑下层基础设施扩展、数据管理和归集、通信协议以及通信安全等复杂问题的情况下，进行应用的开发、部署和管理。

具体来说，AEP平台可以提供成套的应用开发工具、中间件、业务逻辑引擎等工具，以及数据存储和应用服务器等功能。此外，它还可以提供与第三方系统对接的API，从而实现设备连接、终端设备管理、IoT协议适配、数据存储、数据安全以及大数据分析等平台级服务需求。另外，物联网平台还能屏蔽接入协议的差异性，解耦应用与设备，为上层应用提供统一格式的数据，简化终端厂商开发的同时，也让应用提供商聚焦于自身的业务开发。

AEP可以帮助企业极大地节省物联网应用开发时间和费用，同时在上层应用大规模扩张时无须担心底层资源扩展的问题。建立完整的IoT解决方案（从底层设备管理系统、网络到上层应用），对任何企业来说都是一个浩大的工程，且需要众多不同领域专业技术人员联合开发，建设周期长、投资回报率较低。据Aeris测算，开发者使用AEP开发应用，可以节省70%的时间，能使应用更快地推向市场，同时为企业节省雇佣底层架构技术人员的费用。AEP解决的另一个重大问题是随上层应用灵活扩展问题，即使企业数据算法模型（Machine to Machine，M2M）管理规模迅猛增加，使用AEP也无须担心底层资源跟不上连接设备的扩展速度。

4. 业务分析平台（BAP）

BAP是针对物联网业务提供数据分析、业务优化、运营管理等功能的一体化平台。它基于大数据技术，对物联网海量数据进行采集、存储、分析和可视化，帮助企业实现业务优化和运营管理。具体来说，物联网业务分析平台主要具有以下特点：

（1）数据采集：能够采集各种类型的物联网数据，包括传感器数据、设备数据、位置数据等。

（2）数据存储：能够存储海量的物联网数据，并保证数据的安全性和可靠性。

（3）数据分析：能够对采集的数据进行深入的分析，包括趋势分析、异常检测、关联分析等。

（4）数据可视化：能够将分析结果以图表、图形等形式进行可视化展示，方便用户进行直观的分析和决策。

（5）业务优化：能够根据分析结果对业务进行优化，包括设备维护、能源管理、运营策略等。

（6）运营管理：能够对设备、人员、物资等进行精细化管理，提高运营效率和管理水平。

物联网业务分析平台能够帮助企业实现业务的智能化和优化，提高业务效率和盈利能力。

1.2.2 云服务的模式

云计算（Cloud Computing）是分布式计算的一种，是基于互联网的相关服务的增加、使用和交互模式，通常通过互联网来提供动态易扩展且虚拟化的资源。云计算将计算作为一种服务交付给用户而不是一种产品，在这种服务中，计算资源、软件和信息如同日常的水、电一样通过互联网交付给计算机和其他的计算媒介。任何一个在互联网上提供其服务的公司都可以叫做云计算公司。

云计算的服务模式一直在不断的进化，目前业界将其按照服务模式来进行划分，大致分为三大类：基础设施即服务（Infrastructure as a Service，IaaS）、平台即服务（PaaS）和软件即服务（Software as a Service，SaaS）。如果我们把云计算理解成一栋大楼。这栋楼分为顶楼、中间、低层三大块。那么我们就可以把 Infrastructure（基础设施）、Platform（平台）、Software（软件）理解成这栋楼的三部分。其中，基础设施在最下端，平台在中间，软件在顶端。

云服务的三种模式如图 1.2.2 所示。

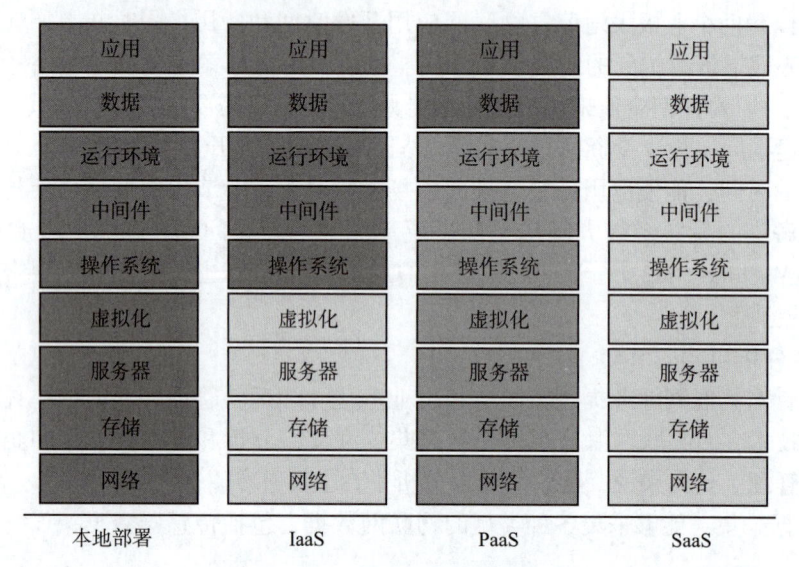

本地部署	IaaS	PaaS	SaaS
应用	应用	应用	应用
数据	数据	数据	数据
运行环境	运行环境	运行环境	运行环境
中间件	中间件	中间件	中间件
操作系统	操作系统	操作系统	操作系统
虚拟化	虚拟化	虚拟化	虚拟化
服务器	服务器	服务器	服务器
存储	存储	存储	存储
网络	网络	网络	网络

图 1.2.2　云服务的三种模式

1. IaaS

IaaS 是基础设施即服务。IaaS 提供给消费者的服务是对所有云计算基础设施的利用，包括处理 CPU、内存、存储、网络和其他基本的计算资源，用户能够部署和运行任意软件，包括操作系统和应用程序。消费者不管理或控制任何云计算基础设施，但能控制操作系统的选择、存储空间、部署的应用，也有可能获得有限制的网络组件（例如路由器、防火墙、负载均衡器等）的控制。

举例说明一下，几年前如果你想在办公室或者公司的网站上运行一些企业应用，你需要去买服务器或者别的价格高昂的硬件来控制本地应用，才能让你的业务正常运行。但现在可以租用 IaaS 公司提供的场外服务器、存储和网络硬件。这样一来，便大大地节省了维护成本和办公场地。

2. PaaS

PaaS 是平台即服务。这一层除了提供基础计算能力，还具备了业务的开发运行环境，提供包括应用代码、SDK、操作系统以及 API 在内的 IT 组件，供个人开发者和企业将相应功能模块嵌入软件或硬件，以提高开发效率。对于企业或终端用户而言，这一层的服务可以为业务创新提供快速、低成本的环境。

提供 PaaS 服务的公司在网上提供各种开发和分发应用的解决方案，比如虚拟服务器和操作系统。这节省了在硬件上的费用,也让分散的工作室之间的合作变得更加容易。PaaS 服务大致包括网页应用管理、应用设计、应用虚拟主机、存储、安全以及应用开发协作工具等。

3. SaaS

SaaS 是软件即服务。为了提供给消费者完整的软件解决方案,你可以从软件服务商处以租用或购买等方式获取软件应用,用户即可通过 Internet 连接到该应用(通常使用 Web 浏览器)。所有基础结构、中间件、应用软件和应用数据都位于服务提供商的数据中心内。服务提供商负责管理硬件和软件,并根据适当的服务协议确保应用和数据的可用性和安全性。SaaS 让组织能够通过最低前期成本的应用快速建成投产。

SaaS 的软件是"拿来即用"的,不需要用户安装,软件升级与维护也无须终端用户参与。同时,它还是按需使用的软件,与传统软件购买后就无法退货相较具有无可比拟的优势。

生活中,几乎我们每一天都在接触 SaaS 云服务,比如我们平时使用的手机云服务、网页中的一些云服务等。

1.2.3 OneNET 物联网开放平台介绍

1. 中移物联网有限公司的业务简介

中移物联网有限公司,作为中国移动通信集团公司的全资子公司,承担着中国移动在物联网领域的主要职责。公司正在加速构建 5G 时代物联网产品体系,以连接为基础,以卡位芯片、操作系统、模组、物联网硬件四类为入口,打造 OneLink、OneNET、OneCyber 三大平台,深耕视频物联网(Video Internet of Things,VIoT)、智能物联网(Artificial Intelligence Internet of Things,AIoT)、产业物联网(Industrial Internet of Things,IIoT)三大业务领域,构建物联网统一线上商城,实现生态闭环。

中移物联网产品体系如图 1.2.3 所示。

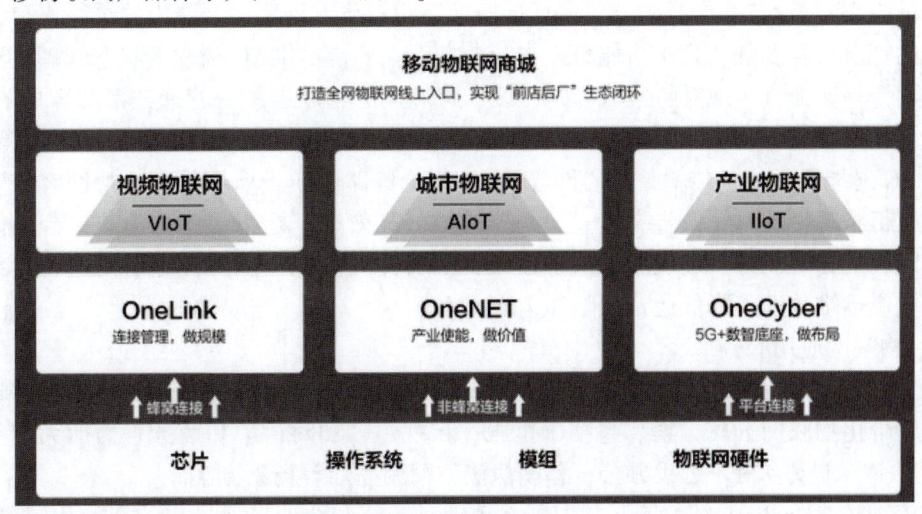

图 1.2.3 中移物联网产品体系

1) 物联网感知服务

通信芯片 OneChip 是中国移动自主研发的物联网芯片品牌，包含支持 2G、4G、NB-IoT 等多种网络制式的通信芯片、安全芯片、eSIM 物联卡等产品，可适用于消费电子级和工业级等环境，赋能不同行业应用。

通信模组 OneMO 涵盖 NB-IoT/2G/4G/5G 等无线通信模块，广泛应用于智能表计、智慧城市、共享设备、车联网等行业，助力客户搭建最稳定可靠的物联网系统。

操作系统 OneOS 是中国移动针对物联网领域推出的轻量级操作系统，具有可裁剪、跨平台、低功耗、高安全等特点，支持主流芯片架构，兼容各类标准接口，支持多种高级语言开发模式，提供图形化开发工具，帮助用户快速开发稳定可靠、安全易用的物联网应用。

中国移动针对行业客户需求提供解决方案及行业智能硬件，覆盖车联网、公共安全、智慧能源、智能表计、智慧农业等行业领域，通过打造"1+3+N"硬件生态产品体系，建立产业生态，实现全产业链布局。

2) 物联网平台服务

由中国移动自主研发的物联网连接管理平台——OneLink 平台，是物联网政企客户自助服务的核心应用平台，帮助客户进行海量物联卡连接管理，平台支持物联卡通信服务管理、流量管理、充值开票、用卡风险管控、API 等服务，满足企业全面开卡、用卡、管卡等运营诉求，助力企业精细运营、降本增效。目前为车联网、共享服务、金融支付、智能表计、公共安全、智慧城市等 20 多个行业客户管理超 12 亿物联卡，OneLink 平台已成为全球连接规模领先、客户信赖的服务平台。

OneNET 是基于物联网技术和产业特点打造的开放平台和生态环境，适配各种网络环境和协议类型，支持各类传感器和智能硬件的快速接入和大数据服务，提供丰富的 API 和应用模板以支持各类行业应用和智能硬件的开发，满足物联网领域设备连接、协议适配、数据存储、数据安全、大数据分析等平台级服务需求。

OneCyber 开放 5G 专网差异化网络能力，融合 5G 边缘计算，提供"连接+计算+应用"云网一体化服务，全新打造面向垂直行业客户的 5G 产品体系，赋能垂直行业数智应用。OneCyber 5G 专网运营平台是中移物联面向行业客户提供专网服务及能力的统一出口，具备集约化的管卡、管设备、管网络能力。在管卡方面，平台提供 5G 物联卡状态管理、流量分析以及预警等能力，实现对跨区域、跨厂区、跨应用的物联卡统一管理，帮助客户解决 5G 卡数量多、分布广、管理难的问题；在管网络方面，平台提供网络监控、故障定界等能力，实现对 5G 终端、无线、传输、核心网等 5G 网络全链路的质量监控管理，帮助客户实时掌握专网运行状态，及时获取告警信息，提升故障处理效率；在管设备方面，平台提供在线监测、远程配置等能力，实现对 5G 网关、智能硬件、边缘节点等 5G 设备的远程运维，提高客户生产运维效率，降低运营风险和运维成本。

3) 物联网应用服务

视频物联：发挥 5G 大带宽优势，融合会议、监控、调度、直播等视频能力，打造基于视频的场景化物联网解决方案。包括千里眼、云视讯、和对讲、和商务直播四大产品，以及雪亮工程、平安乡村、远程办公、移动执法、明厨亮灶等场景方案。

城市物联：OnePark 智慧园区是中国移动针对园区和企业场所推出的智能化解决方案。通过智能安防、智能停车、智能能源、智能环境等应用，基于物联网、云计算和人工智能等前沿技术，实现园区内的智能化监控和管理，提升安全性、效率和便捷性。

产业物联：整合物联网芯片、操作系统、模组、硬件和平台能力，发挥运营商体系化优势，纵向深耕垂直领域，提供行业数智化 IoT 基础设施，包括智能抄表、金融支付、定位追踪、智慧城市、智慧工厂、智慧电力等产业应用。

2. OneNET 物联网开放平台的架构和核心功能

OneNET 物联网开放平台是中国移动打造的面向产业互联和智慧生活应用的物联网 PaaS 平台。在物联网平台层次中，设备管理平台、应用使能平台、业务分析平台属于 OneNET 平台的服务范畴，而连接管理平台属于 OneLink 平台的服务范畴。如图 1.2.4 所示是 OneNET 物联网平台的服务范畴。

OneNET 体系架构

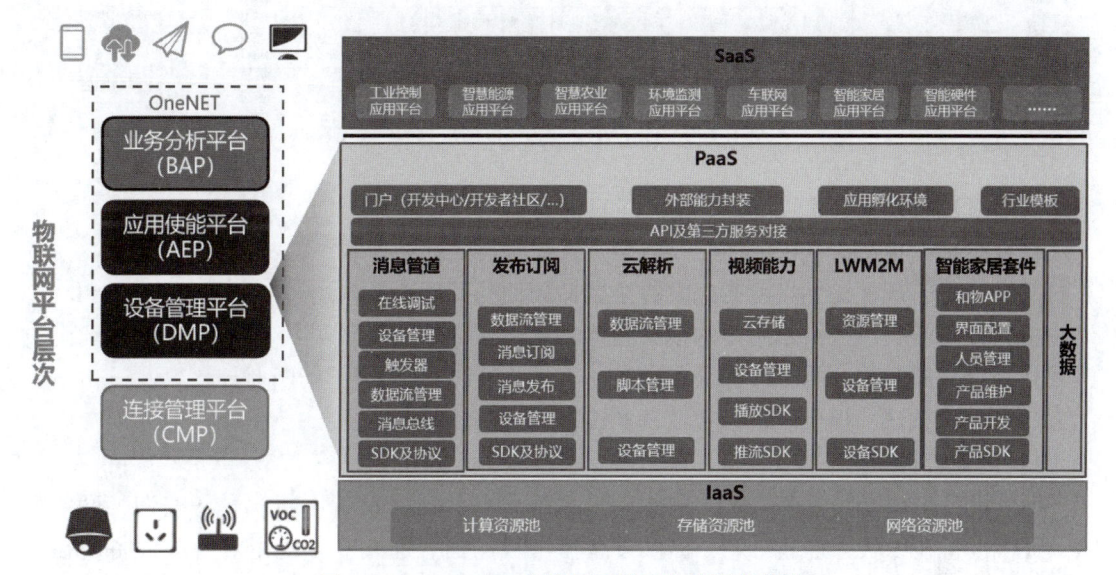

图 1.2.4　OneNET 物联网开放平台的服务范畴

OneNET 已构建"云-网-边-端"整体架构的物联网能力，具备接入增强、边缘计算、增值能力、AI、数据分析、一站式开发、行业能力、生态开放 8 大特点。OneNET 平台向下延展终端适配接入能力，向上整合细分行业应用，可提供设备接入、设备管理等基础设备管理能力，以及位置定位 LBS、远程升级 OTA、数据可视化 View、消息队列 MQ 等 PaaS 能力。同时随着 5G 网络的到来，平台也在打造 5G+OneNET 新能力，重点提供并优化视频能力 Video、人工智能 AI、边缘计算 Edge 等产品能力，通过高效、稳定、多样的组合式服务，让各项应用实现轻松上云，完美赋能行业端到端应用。

OneNET 物联网开放平台架构如图 1.2.5 所示。

其核心功能如下：

1) 设备接入

OneNET 平台设备接入功能主要面向设备生产商和设备方案商，提供各行业的物模型，实现设备极速上云。该功能支持多种协议如轻量级机器对机器（Lightweight Machine-To-Machine, LwM2M）、CoAP、MQTT 和泛协议，帮助开发者轻松实现设备接入与设备连接。OneNET 设备接入功能包括：

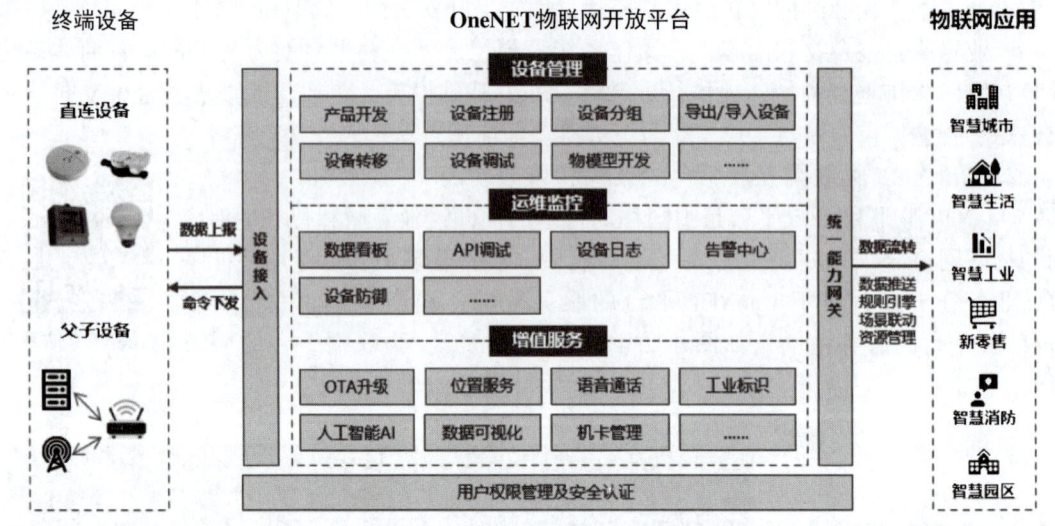

图 1.2.5　OneNET 物联网开放平台架构

（1）统一设备接入，提供 MQTT、CoAP 和泛协议标准接入 SDK。
（2）统一物模型，提供灵活的物模型定义及多行业标准模版。
（3）设备管理，提供高度匹配设备全生命周期的管理工具。
（4）设备转移，提供跨用户的设备转移功能。
（5）全链路日志开放，核心服务全链路日志，支持 24 小时不间断监控。
（6）在线调试，提供设备模拟及真实设备调试功能。

2）设备管理

提供设备生命周期管理功能，支持用户进行设备注册、设备更新、设备查询、设备删除。提供设备在线状态管理功能，提供设备上下线的消息通知，方便用户管理设备的在线状态。提供设备数据存储能力，便于用户进行设备海量数据存储和查询。提供设备调试工具以及设备日志，便于用户快速调试设备以及定位设备问题。

3）运维监控

OneNET 运维监控功能包括设备状态监控、设备故障排查、设备远程升级、设备机卡关系管理等功能。OneNET 运维监控针对物联网应用设备管理需要，提供方便快捷的设备管理功能，帮助开发者对设备进行终端和物联网卡故障排查、机卡关系管理、终端状态查询、通信业务使用情况查询等操作。

4）应用开发

OneNET 应用开发功能为开发者提供了强大的工具和支持，使他们能够快速地开发出高效、智能的物联网应用。他们可以通过连接和控制设备和传感器，收集和分析数据，实现自动化的控制和管理。同时，开发者还可以利用 OneNET 提供的云存储和数据分析服务，对收集到的数据进行处理和分析，提取有价值的信息和洞察。OneNET 提供了一系列的 API 和 SDK，这些 API 和 SDK 支持多种编程语言和开发环境，包括 Java、Python、C++等。开发者可以根据自己的需求选择适合自己的开发工具和技术。通过 OneNET 应用开发功能，开发者可以实现各种智能化的应用场景，如智能家居、智能工厂、智能农业等。

3. OneNET 物联网开放平台的增值功能

1) 数据可视化 View

OneNET 数据可视化功能是一种强大的工具，它使用户能够将海量数据无缝对接并搭建可视化大屏应用。OneNET View 2.0 和 3.0 都为用户提供了快捷、易用的数字孪生底座，支持创建 3D 项目，免编程、可视化拖拽配置，集成汇总、转换能力的数据层，支持多种数据源接入，功能强大的数据过滤器可对杂乱数据进行多种逻辑加工，灵活的嵌入搭建，让 2D/3D 结合成为可能。

OneNET 数据可视化功能可以广泛应用于各个领域。通过使用这个功能，用户可以在 10 分钟内快速、灵活地完成物联网可视化大屏开发。

2) 消息队列 MQ

消息队列 MQ 作为 OneNET 推出的消息中间件服务，具备设备消息高效可靠传递到应用服务的机制，广泛用于智能家居、共享经济、智慧园区、智慧城市等行业，帮助用户解决消息推送、消息分发等需求，保障用户应用平台与 OneNET 数据交互即时可靠，其应用场景包括：

（1）实时数据推送：为应用层获取设备消息提供高效数据通道，实现毫秒级端到端实时数据同步。在烟感告警、共享经济等多种涉及设备消息及时通知与回复的场景中，用户应用系统需要及时获取设备消息。

（2）消息分发：支持一对多消费模式，消息可以被灵活地分发至一个或者多个消费者，在智慧城市、智慧表计行业中，会有多个应用系统对设备数据有对接需求，这样就需要将同样的设备消息分发至不同的应用系统。

（3）削峰去谷：缓冲业务波峰，确保消费端业务平稳运行，减少成本投入，在智能家居、共享经济、智慧园区等应用场景中，设备使用时间段较为集中，会出现短暂的流量波峰，对应用系统产生巨大的冲击压力。通过 MQ 可以削峰去谷。

3) 远程升级 OTA

提供对终端模组的远程 FOTA 升级，支持 2G/3G/4G/NB-IoT/WiFi 等类型模组。提供对终端单片机（Micro Control Unit，MCU）的远程 SOTA 升级，满足用户对应用软件的迭代升级需求。支持升级群组以及策略设置，支持完整包和差分包升级。其适用场景包括：

（1）海量同步升级：提供多线程、高并发的升级包分发能力，能够轻松完成百万设备升级，保证版本升级快速完成，安全漏洞极速修复。

（2）流程化快速升级：设备能发起超文本传输协议（Hypertext Transfer Protocol，HTTP）请求即可使用 OTA，并提供详尽的 SDK 接入文档、操作说明文档，升级流程简单快捷。

（3）全面保护设备：在设备远程升级过程中，提供断点续传、低电量保护、防降级等升级防护机制，可查看每台设备升级详情。

4) 语音通话 VCS

智能语音 SVS 是 OneNET 平台为开发者提供的智能语音交互能力，提供全链路灵活可定制的语音交互能力以及行业的定制化技能开发，同时支持日常技能调用，包括天气、股票、新闻、小说等，为硬件、云端赋予多样化的对话服务支持，使用户的产品能听会说，提升用户体验。其应用场景包括：

（1）智慧酒店：围绕智慧酒店场景主要提供语音与智能设备的交互支撑，支持语音控制酒店设备、语音呼叫客房服务、酒店信息咨询、自定义播报内容四类服务。

（2）智能垃圾分类：可面向社区垃圾投放站、商业区垃圾投放点提供垃圾分类语音问答服务，准确回答垃圾所属分类。

5）基站定位

OneNET LBS 基站定位为用户提供高效、准确的基于基站信息的定位服务，覆盖三网（移动、电信、联通）2G、3G、4G 基站信息，通过数据点上传的方式实现经纬度信息快速获取，同时可搭配 OneNET 应用编辑器地图应用服务，为个人和企业开发者提供快速基站定位开发集成服务。其主要功能包括：

（1）快速基站定位：支持快速基站信息定位，通过数据点上报形式，将基站信息发送至 OneNET 平台，平台即可立即转换为对应经纬度信息。

（2）最新轨迹查询：支持最近一次定位查询，通过调用 API 接口，获取最新的基站定位信息。

（3）历史轨迹查询：支持历史轨迹查询，通过调用 API 接口，根据时间段选择情况获取历史轨迹信息。

6）WiFi 定位

OneNET WiFi 定位服务通过智能硬件设备周边 WiFi 热点信息来获取对应的地理位置信息，为用户提供高精度室内定位服务。用户主要通过数据点上传的方式实现经纬度信息快速获取，同时可搭配 OneNET 应用编辑器地图应用服务，为个人和企业开发者提供快速的 WiFi 定位开发集成服务。其主要功能包括：

（1）快速 WiFi 定位：利用硬件设备周边 WiFi 热点信息定位，通过数据点上报形式，将 WiFi 热点信息发送至 OneNET 平台，平台即可立即转换为对应经纬度信息。

（2）最新轨迹查询：支持最近一次定位查询，通过调用 API 接口，获取最新的 WiFi 定位信息。

（3）历史轨迹查询：支持历史轨迹查询，通过调用 API 接口，根据时间段选择情况获取历史轨迹信息。

7）工业标识

OneNET 平台通过将工业互联网标识解析和 OneNET 设备管理能力结合，通过提供标准物模型数据模板，自动为每一个物联网感知设备注册和更新标准且唯一的身份标识数据，从而实现异构、异主、异地的设备信息查询和共享，打通信息隔离，促进形成基于标识的信息互联世界，为各类物联网感知设备接入工业互联网做铺垫。

8）人工智能 AI

提供人脸对比、人脸检测、图像增强、图像抄表、车牌识别、运动检测等多种人工智能能力。通过 API 的方式为用户提供服务，方便能力集成和使用。

基于 OneNET 数字感知基台，输出强大的 AI 能力，提供高效精准的人脸识别、图像识别、视频分析能力，赋能城市公共安全感知、交通运输感知、环保感知、市政感知和消防感知等各类智能设备，让城市更智能、更安全、更宜居。

基于图像识别、视频分析、数值计算等 AI 技术，针对传统工厂生产线管理、安全监控、物流、质检等场景，提供成熟、智能的场景方案，全面提升工业生产管理能力。

4. OneNET 物联网开放平台所解决的问题

（1）OneNET 提供多协议适配、SDK 支持，并向应用开发企业提供丰富多样的 API 接口和轻应用生成。

在没有 OneNET 这样的物联网平台出现之前，一个物联网创业公司想要开发一款像样的产品，它可能需要做很多工作，比如处理多协议问题、高并发问题、海量存储问题。它的产品首先也应该分成终端域、平台域和应用域三个部分。一方面，应用平台接入不同类型终端，需要同时适配多种协议，延长研发周期；另一方面，不同应用开发时需要在不同的开发环境中进行，增大应用开发复杂性，如果换一个场景，很有可能这些东西都没办法复用，又需要重新做一次。为了解决这些问题，OneNET 提供了多协议适配，支持接入各种各样的终端设备；还提供 SDK 支持，向应用企业提供丰富多样的 API 接口和轻应用生成。

（2）OneNET 提供稳定可靠的终端连接服务，支持百万级海量的并发连接。

OneNET 解决的第二个行业难题是大容量、高并发的应用场景。一般的小企业可能没有技术实力应对这种压力。

数据流量来自两方面，一方面是感知层的流量，工业设备有的要求记录到毫秒级别，这样下来产生的数据量非常惊人。可以大概测算一下，一个车间记录一万个点，分成高速数据、中速数据和低速数据，每年光存储这些数据就要消耗几 TB 的容量，这其中还是对那些不常用的冷数据进行了压缩后的容量，如果不压缩，这个量级还得扩大十倍。

另一方面是来自应用层的流量，这主要是大规模用户的集中访问造成的。双十一、春运买票这些场景相信大家都经历过，动不动就是卡顿、拒绝服务。虽然物联网场景下的应用流量没有这么集中，但应对大规模流量从来就不是简单的事情。

OneNET 提供了稳定可靠的终端连接服务，能够支持百万级的并发连接。

（3）OneNET 提供大数据存储服务，帮助客户降低物联网应用部署成本。

随着业务发展，接入设备越多，底层设备数据越多，系统对存储容量的要求日益增加，导致企业应用平台需不断地增大存储容量，而无缝扩容是很难的，尤其是要求在线不停机升级的时候。如果是自己来开发，难度可想而知，也会增加企业 IT 资源成本。

OneNET 提供了大数据存储服务，可以帮助客户有效地降低物联网应用部署的成本。

任务实施

1. 任务目的

（1）对物联网平台技术进行知识归纳，熟悉物联网平台的逻辑架构和云服务的模式；

（2）调研主流物联网平台，深入掌握 OneNET 平台的整体架构和核心功能，突出其优势。

2. 任务环境

联网计算机、常用办公软件。

3. 任务内容

根据任务实施工单（见表 1.2.1）所列步骤依次完成以下操作。

表 1.2.1　任务实施工单

项目	认知物联网平台		
任务	物联网平台基础	学时	4
计划方式	分组完成、组内成员分工协作		
序号	实施步骤		
1	对物联网平台进行知识归纳，形成知识图谱		
2	对主流物联网平台进行信息检索		
3	列出各主流物联网平台的功能特点		
4	与 OneNET 平台对比，分析各平台的优势与不足，形成功能比较表		

任务评价

完成任务训练后，进行任务检查与评价，可采用小组互评等方式。任务评价单如表 1.2.2 所示。

表 1.2.2　任务评价单

项目	认知物联网平台	成员姓名	
任务	物联网平台基础	日　　期	
考核方式	过程评价	本次总评	
职业素养 (20分，每项10分)	□提升信息化素养，具备自主学习的能力和习惯 □善于沟通交流，有较强的团队协作能力	较好达成□（≥16分） 基本达成□（≥12分） 未能达成□（≤11分）	
专业知识 (40分，每项10分)	□熟悉物联网平台的逻辑架构 □熟悉云服务的三种模式 □掌握 OneNET 平台的架构 □掌握 OneNET 平台的核心功能及增值功能	较好达成□（≥32分） 基本达成□（≥24分） 未能达成□（≤23分）	
技术技能 (40分，每项20分)	□对物联网平台进行知识归纳，形成知识图谱 □对比分析主流物联网平台，区分各自的优势与劣势	较好达成□（≥32分） 基本达成□（≥24分） 未能达成□（≤23分）	
（附加分） (5分)	□在本任务实训过程中提出自己的独特见解		

任务 1.3　典型行业应用案例

任务描述

在实际生活中，物联网的应用已经不再局限于智能家居、智能电视等消费类产品，而是渗透到了各个行业，包括农业、制造业、医疗健康等，你是否有留意更多的物联网使用场景？请结合生产生活实际，收集物联网平台应用案例，了解物联网技术在各个领域的应用前景，发现物联网平台建设和发展中存在的问题和挑战，将案例添加到物联网平台应用案例库供大家相互学习。

知识准备

1.3.1 畜牧养殖应用案例

我国是一个畜牧大国，在实现畜牧业发展的过程中，面临着企业生产管理水平低、政府监管薄弱、环境污染、行业数据资源分散等问题，阻碍了现代畜牧业的快速发展。

近年来，针对畜牧业的发展现状，借助新一代物联网和移动互联技术，面向各级畜牧监管部门提供养殖、防疫、检疫、屠宰、流通、分销、无害化处理、畜产品安全、重大疫病预警等在线监管服务，实现畜牧业的资源整合、数据共享和业务协同；面向畜牧业养殖经营主体提供畜禽智能养殖和畜产品分销溯源等信息化管理系统，助力现代畜牧产业转型升级。

1. 系统功能

智慧畜牧养殖系统，用于养殖畜禽舍的环境自动控制，通过数据采集、数据分析来对热回收机组、风机、侧窗、翻板、湿帘等设备进行监控及控制，以达到对舍内温度、湿度、压力等参数的整体控制。同时监测控制禽舍饲料、水营养供给及排泄粪便的自动清理，以及蛋类采收等，能够实现完整的生态畜牧养殖等智能化操作与管理。通过智慧云平台可以实现科学远程控制和系统自动控制养殖场设备，降低人工成本、能源成本，降低疫情风险，提高养殖效益。

1) 养殖舍环境信息智能采集系统

通过传感器、音频、视频和远程传输技术在线采集养殖场环境信息，实现养殖舍内环境（温度、湿度、光照、CO_2、NH_3、H_2S）信号的自动检测、传输、接收。根据现场需求不同，在不同的养殖舍内部署不同的无线传感器。

2) 养殖舍环境远程/自动控制系统

通过对养殖舍内相关设备（除湿机、加热器、开窗机、红外灯、风机等）的控制，实现养殖舍内环境（温度、湿度、光照、CO_2、NH_3、H_2S等）的集中、远程、联动控制。

3) 数据库系统

基于物资管理，便于盘点饲料、精液、兽药等的输入与输出量，避免库存空缺或积压。基于销售管理，可以实时录入客户资源信息与销售信息。

4) 智能养殖管理平台

实现对养殖舍的各路信息的展示、存储、分析、管理，提供阈值设置、告警功能。用户可通过计算机、智能手机远程登录管理平台，掌控各养殖场的状况，对养殖场的生产经营实施起监督、管理、推进作用。

智慧养殖物联网平台架构如图 1.3.1 所示。

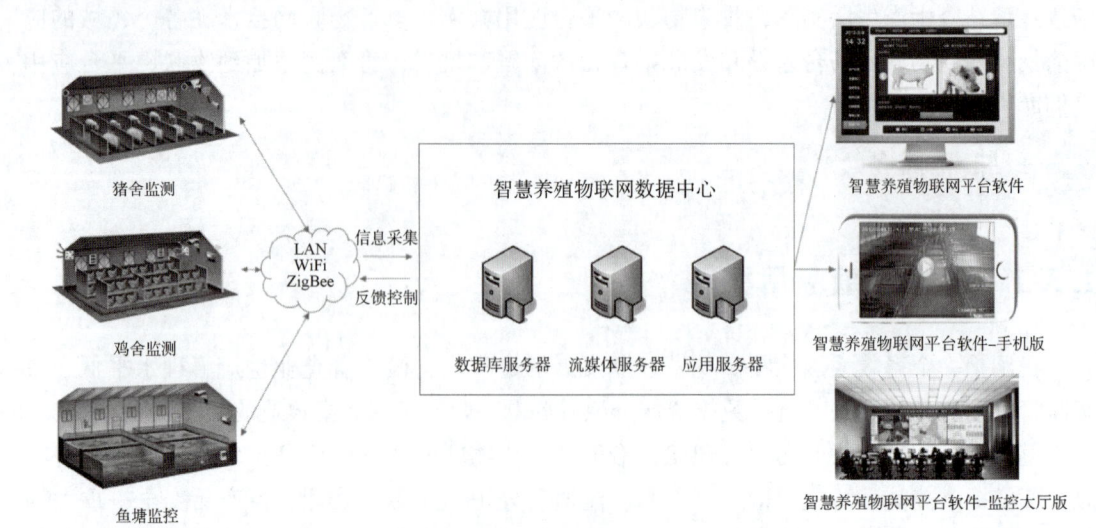

图 1.3.1　智慧养殖物联网平台架构

2. 应用案例

案例一　中移物联智慧畜牧助力开启养殖新时代

用一部手机便能操控养殖圈舍的温湿度，打开手机便能观看牛羊放牧实时画面……伴随着5G、物联网、云计算、大数据、人工智能等新技术的不断涌现，数字化、智能化越来越多地被应用于畜牧业中。中移物联网有限公司（以下简称"中移物联"）以科技创新为引领，将物联网、云计算、大数据等技术运用到现代畜牧业各环节，打造了牧帮手智慧畜牧解决方案，提供"平台+网络+智能终端"的综合应用服务，有效推动了养殖业节本降耗、转型升级、提质增效。

在重庆市万州区一生猪养殖基地，数千头生猪正悠闲地吃着草料，智能设备在自动检测圈舍内的温湿度环境、粪污情况、饲料配比等各项数据。在这里，每一头生猪都佩戴着中移物联的智能电子耳标，这是生猪的电子身份证，可自动采集数据，全天候监测记录生猪生长发育情况及健康状况，若生猪出现健康异常，系统将发出预警并上报手机端，提醒工作人员立即现场查看，做到早发现早治疗。此外，在养殖中心，牧帮手智慧畜牧还提供牧场环境感知设备、AI摄像头等智能设备，智慧养殖信息化系统实时检测数据情况，并提醒养殖人员对异常数据作出相应对策反应，这大大提升了生猪的养殖效益。

重庆大足黑山羊是国家级畜牧遗传资源保护品种，保种选育成为产业发展的重中之重。在大足一黑山羊育种圈舍中，工作人员通过扫描重点检测的黑山羊佩戴的智能电子耳标，就能快速查询这只黑山羊的繁殖记录、健康状态。据悉，目前在黑山羊群体管理上，中移物联创新应用"一羊一码"的物联技术，系统记录黑山羊编号识别、谱系信息、生长发育、生产性能、集成测温、活动计步、发情预测等信息，能够精准掌握每一头种母羊和公羊的繁育信息。这一信息化、智能化的繁育系统大大提升了黑山羊的育种工作效率。

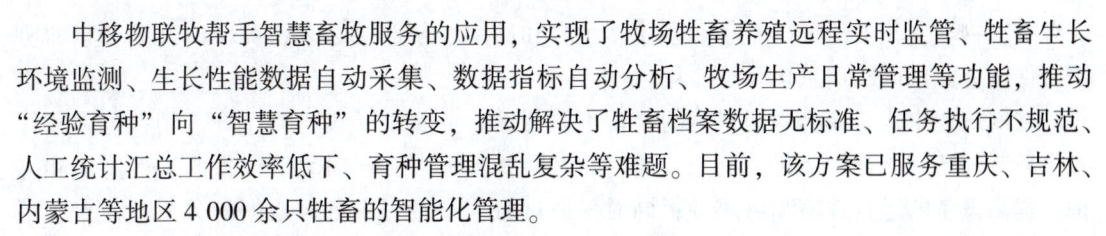

中移物联牧帮手智慧畜牧服务的应用，实现了牧场牲畜养殖远程实时监管、牲畜生长环境监测、生长性能数据自动采集、数据指标自动分析、牧场生产日常管理等功能，推动"经验育种"向"智慧育种"的转变，推动解决了牲畜档案数据无标准、任务执行不规范、人工统计汇总工作效率低下、育种管理混乱复杂等难题。目前，该方案已服务重庆、吉林、内蒙古等地区4 000余只牲畜的智能化管理。

下一步，中移物联将继续充分运用数字化手段，持续完善从牧场养殖、育种繁育、养殖屠宰到餐桌品种溯源的全程信息化监管，并通过信息化手段，促进信息平台互联互通、数据资源开发共享、产业结构优化升级，全力推进畜牧业高质量发展。

案例二　中移物联农业科技走进乡野，村民生活更有奔头

中移物联针对农业生产活动中成本高、效率低、安全不可控等痛点推出了"牧帮手""禾助手"，精准把控农、牧业生长环境、健康生理、溯源跟踪等数据，帮助用户利用科技手段全方位掌握生产状况，智能化正逐步成为数字乡村建设的"新路子"。

在各类畜牧养殖基地、大棚种植基地，农户们正如火如荼地忙碌中，处处呈现出一派喜人景象。在吉林省长春市一家肉牛养殖基地，中小养殖户利用"牧帮手"NB&5G耳标标准化产品让每一头肉牛都有自己的"电子身份证"，农户通过APP便可远程查看和操作，除了能够及时掌握牲畜定位信息，其健康数据也能一览无余，提高养殖效率，实现智能放牧。

在天津津南区一家育苗培育基地，依靠"禾助手"精准种植的大数据赋能，各类新培育的菜苗郁郁葱葱、长势喜人。育苗温室内，配备的各类高精系统设备，可准确感知室内温湿度等，同时结合环境监控系统所监测的数据和作物生产模型，实现灌溉、施肥等作业的远程自动化操作，节约人工成本超50%，节水、节肥50%~70%。

在云南省楚雄市，中移物联使用"禾助手"平台针对当地的花卉、中药、茶叶、食用菌等经济作物，帮助农民建设高标准农田，通过对农田进行精准管理，切实提升了农民收入水平。另外，中移物联还对接了该市政府及企事业单位应用系统，打造数字农业农村综合服务平台，做到多部门、多系统、多终端的统一接入与综合管理，有效推进了该地区数字农业生产活动及乡村治理能力的现代化升级。

田间地头，秧苗郁郁葱葱，牛羊成群结队，到处一派生机勃勃的景象。夏日的乡村在中移物联农业物联网技术的加持下展现出一幅幅动人的画卷。接下来，中移物联将继续大力推进数字乡村建设，在农牧产业发展、农产品销售、乡村治理、基层党建等多场景深耕农业信息化市场，以科技之力助力村民踏上乡村振兴的"快车道"。

1.3.2　工业物联网应用案例

随着科技的发展和创新，制造业正在经历从传统制造模式向智能制造模式的转变。在这个过程中，物联网技术的引入成为实现这一转变的重要手段之一。

一方面，物联网技术可以通过连接设备、传感器等物理元素，实现对生产过程中各种数据的采集、传输、处理和分析，从而优化生产流程、提高生产效率、降低生产成本。另一方面，物联网技术还可以将各种系统、平台和应用程序连接起来，实现信息的共享和协同，促进企业内部的信息化和智能化。

在制造业中，工业物联网平台的建设可以帮助企业实现从设计到生产、销售、服务等各个环节的数字化和智能化。例如，通过物联网技术可以实现对生产设备的远程监控和维护，提高设备的运行效率和可靠性；同时，通过对生产过程中各种数据的分析和挖掘，可以优化生产流程、提高产品质量和降低成本。此外，工业物联网平台还可以实现供应链的透明化和可视化，提高企业对市场需求和变化的响应速度。

1. 系统功能

工业物联网解决方案通过将先进的物联网技术与制造业需求相结合，基于强大的数据存储系统和分析计算能力，融合工业领域新一代研发与创新技术成果，以工业物联网设备产品为系统核心，通过无线网络、移动智能终端实现工厂设备智能化。凭借工业物联网解决方案的强大整合能力，结合智能硬件以及物联网多种解决方案，实现智能制造、物联网技术的高效整合，构建完整的智能制造工厂。

（1）数据采集和监控：工业物联网平台能够连接各种设备和传感器，通过实时数据采集和监控，获取设备运行状态、生产过程数据、质量检测数据等，从而对生产过程进行全面的掌控。

（2）数据处理和分析：工业物联网平台具备强大的数据处理和分析能力，能够对采集到的数据进行清洗、整理、分析和挖掘，发现数据背后的规律和趋势，为生产决策提供数据支持。

（3）故障预警和预测：通过人工智能算法和大数据分析技术，工业物联网平台能够实时监测设备的运行状态，预测设备可能出现的故障和异常情况，提前采取措施进行预警和处理，避免生产中断和事故发生。

（4）生产优化和协同：工业物联网平台能够将企业的各个生产环节进行连接和整合，实现生产过程的可视化和智能化，优化生产流程和资源配置，提高生产效率和产品质量。

（5）远程管理和控制：通过工业物联网平台，企业可以远程对设备进行管理和控制，包括参数设置、程序更新、故障排除等，提高管理效率和管理质量。

（6）安全保障：工业物联网平台具备完善的安全保障机制，能够保证数据的机密性和完整性，防止数据泄露和攻击。同时，能够对平台进行安全管理和访问控制，保证系统的稳定性和安全性。

（7）灵活扩展：工业物联网平台具有良好的扩展性和灵活性，能够适应不同行业、不同企业、不同设备的需求，可以灵活地扩展平台功能和应用场景，满足企业不断增长的需求。

工业物联网架构如图1.3.2所示。

2. 应用案例

案例一　"5G+工业互联网"双引擎发力，增添智能制造新亮色

在成都，中移物联联合中国移动四川公司为微网优联科技（成都）有限公司构建起了

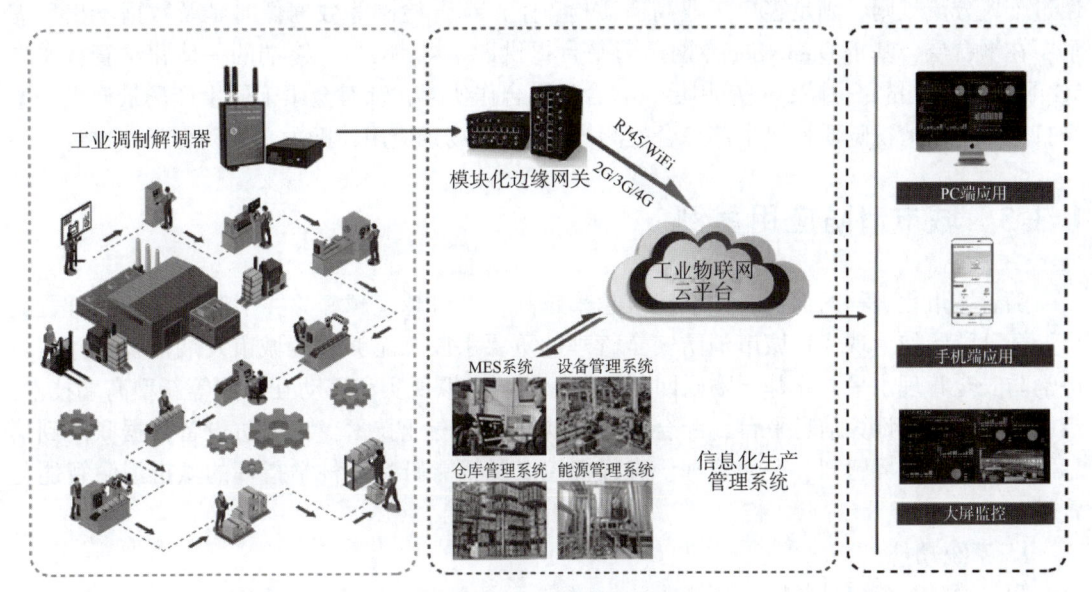

图 1.3.2　工业物联网架构

以 5G 生产办公共用一张网、5G+智慧仓储与自动化包装、5G+成品组测等步骤为核心的 5G+生产运营模式，实现生产检测、仓储管理等自动化、数字化、智能化，微网优联生产效率比传统工艺提升了 40%，产品质检准确率提升至 99.5%；结合 5G、AI、大数据等创新技术，通过"数据"驱动工厂研发、生产、制造、营销、管理，将工厂打造为一个设备维护"智能化"、数据采集"实时化"、工厂生产"透明化"、决策管理"数据化"的现代"数字"工厂。一系列的数字化、智能化转型举措，为"黑灯工厂"和智能制造增添了一抹新亮色。如图 1.3.3 是 5G+AI 行为监控。

图 1.3.3　5G+AI 行为监控

案例二　"5G+边缘计算"解生产难题，打造智能生产新优势

在重庆，中移物联联合重庆移动在重庆金康动力新能源有限公司 5G 创新示范智能工厂落地全连接工厂方案。在网络层，基于中国移动 5G 网络，提供 MEP 边缘计算分流服务，通过配置分流规则，满足客户工业高清质检、生产综合检测等数据低时延及数据不出厂需求；在平台层，基于 OneCyber 专网运营平台提供 5G 卡、网络、终端的一体化纳管，实现 5G 网络 SLA 全链路保障；在应用层，联合生态合作伙伴，针对金康工厂生产场景痛点，量身打造工业高清视觉质检、生产综合检测等多项 5G 场景应用，助力金康动力智改数转。

1.3.3 城市消防应用案例

随着城市化进程的加快，城市建筑越来越高，人口越来越密集，消防安全问题日益突出。智慧消防作为现代化城市消防安全管理的重要手段，能够适应城市发展需要，提高城市消防安全管理水平，它基于物联网、人工智能、虚拟现实和移动互联网等新型高端技术，借助大数据和云计算信息平台，配合火警智能研判等专业技术，将消防设备数据联网到信息平台，实现环境感知、行为管理、流程把控以及智能研判和科学指挥的城市消防智能化管理。

1. 系统功能

智慧消防系统应具备以下功能：

实时监测：通过物联网技术对消防系统进行实时监测，包括火灾自动报警系统、电气火灾监控系统、消防水系统等，实现数据的实时采集和传输。

数据处理：对采集到的数据进行处理和分析，包括数据清洗、数据挖掘等，以提供决策支持和预警功能。

预警提示：通过分析处理后的数据，对可能出现的火灾等安全事件进行预警提示，以便及时采取应对措施。

远程监控：通过物联网技术实现对消防系统的远程监控和管理，包括对消防设施的远程控制和维护保养等。

信息共享：实现与政府相关部门和企业内部其他部门之间的信息共享和联动，提高协同能力和响应速度。

数据存储：建立消防安全管理数据库，实现对消防数据的存储和管理，以便后续的数据分析和应用。

权限管理：对系统的使用权限进行设定和管理，保证系统的安全性和稳定性。

智慧消防按照系统架构设计主要包括以下 4 个核心组成部分。

1) 感知层

主要由烟雾报警器、可燃气体报警器、电气火灾探测器、消防状态远程视频监控仪、消防器材巡查设备、消防用水实时监控器、水位水压、声光报警器等感知设备完成对消防现场信息的实时采集和处理，将检测到建筑物的火灾情况通过网络进行上报。

2) 传输层

主要作用是建立稳定可靠的通信网络，将感知层的数据传输到数据处理中心，该层是整个系统实现通信的基础，决定着设备是否可以稳定工作。系统可采用 NB-IoT 无线传输技术结合 WiFi 技术，既保证在低功耗、低成本、大连接、广覆盖的场合适用，又能在视频监控区域实时查看情况，及时响应，符合消防部署要求，能够保障在复杂应用环境下数据信号传输的稳定性与可靠性。

3）平台层

智慧消防管理平台通过物联网技术将单位内火灾自动报警系统、消防联动控制系统、电气火灾系统等联网，并综合运用地理信息系统信息技术，在平台内对所有消防设施实时监测、集中管理，当产生火警和故障后，能精确定位设备所在平面图位置，出现语音提示并闪烁且通过短信或电话同步推送至相关负责人。

通过在消火栓末端、喷淋末端安装无线水压传感器，实时监控消防水压情况，一旦发生异常或超出、低于报警阈值自动向监控中心同步传输报警、故障信息。可通过 APP、PC 端实时查看，为消防安全提供有力保障。

4）应用层

为消防人员、管理人员和普通市民提供直观易用的用户界面或提供 APP，使他们能够及时了解火灾情况、接收预警信息，并采取适当的行动。

基于 NB-IoT 的智慧消防系统如图 1.3.4 所示。

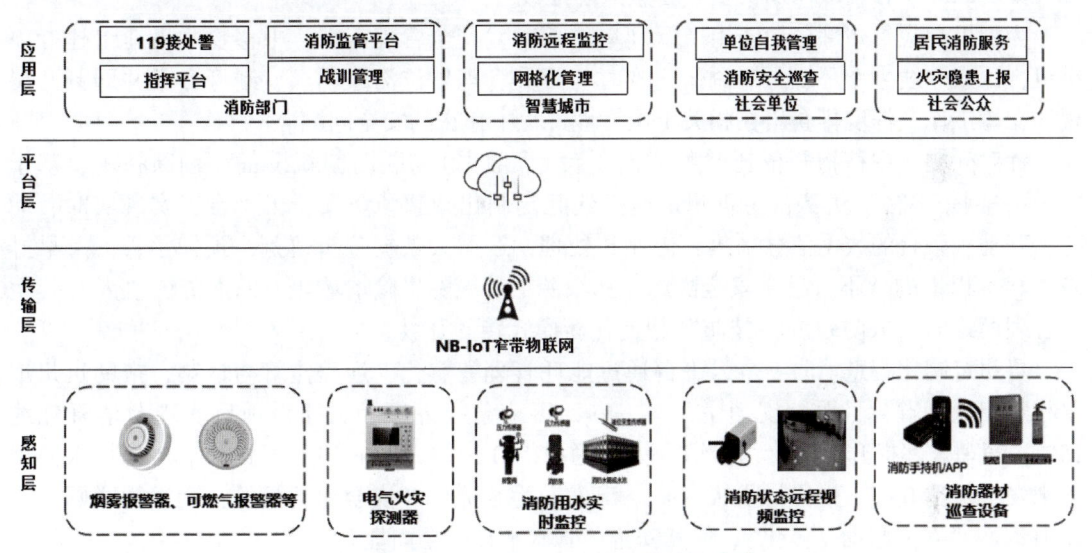

图 1.3.4　基于 NB-IoT 的智慧消防系统

APP 监测界面显示如图 1.3.5 所示。

图 1.3.5　APP 监测界面显示

2. 应用案例

案例一 中移物联助力苏州相城消防安全升级

为助力消防安全监管，中移物联网有限公司依托中移坤灵物联网平台（OneNET），结合"平台+场景+应用"的模式，打造物联消防行业应用，为城市安全保驾护航。

中移物联参与的苏州相城区消防改造项目主要针对小商场、小餐饮场所等"九小场所"进行全面升级，以提升其消防安全水平。中移物联通过安装 NB 智能烟感探测器、火灾报警控制器、声光报警器等设备，实现了对相城区"九小场所"的全方位消防安全升级。这些设备可实时监测场所内的烟雾浓度、温度等参数，一旦发现异常情况，立即启动报警程序。同时，通过小程序、电话、短信等多种告警方式通知相关负责人，确保及时处理火情，通过终端与云、管端的系统融合，实现了远程监控和智能化管理，提高了消防安全管理的效率和精度。相城区消防安全水平得到了显著提升。

案例二 中移物联网助力贵州智慧消防建设

为积极响应贵州部分消防生产管理单位新时代安全管理需求，中移物联迅速组建专项小组，深入一线生产环境开展调研，及时与相关管理单位沟通诉求、制订方案并即刻开展现场支撑工作，深度排查出相关单位管理过程中存在的安全问题。

针对问题，中移物联依托"物联网平台+大数据+物联网创新设备"创新技术，基于"一云一网一平台"优势，为贵州迅速搭建起定制化智慧消防安全云平台，实现实时、动态、互动、融合的数据信息采集、传递和处理，运用大数据分析研判、预知预警，及早排除掉95%以上的"不可见"安全隐患，从根源上杜绝隐患险情转化，助推传统"人防"生产管理模式向"人防+物防+技防"智能化新模式转变升级。

贵州定制化智慧消防安全云平台通过能耗管理智慧化、远程监管与控制，帮助贵州烟草智慧用电、省骨科医院安消子系统、白云区应急指挥等相关建设项目实现节能降耗约15%，管理效率提升50%，精准识别火灾隐患 500 余次并及时预警处置，平台自投入使用以来发生险情 0 次。中移物联从"心"出发，为企业生产安全保驾护航，利用物联网技术助力贵州"安消联动一体化"，使其安全监管水平得到全面提升。

1.3.4 地质灾害预警应用案例

我国的地质构造复杂，地理环境多样，加之受到人类活动的影响，使地质灾害的发生具有普遍性和频繁性。这些灾害的发生会对人民生命财产造成严重损失，并对国民经济建设产生不利影响。因此，为增强全社会的防灾减灾意识，减少人员伤亡，维护社会稳定，促进经济建设和社会全面发展，地质灾害监测预警成为一项重要的工作。

传统监测的主要技术参数均由人工定期用传统仪器到现场进行测量，安全监测工作量大，受天气、人工、现场条件等许多因素的影响，存在一定的系统误差和人为误差，特别是在暴雨或夜晚可能会错失灾害预报机会，比如巡查在灾害活动区的人员，生命本身就有很大危险，发现险情也不便及时通知受灾居民。同时，人工监测还存在难以及时掌握工程的各项安全技术指标等缺点，这些都影响工程的安全生产和管理水平。

地质灾害智能预警系统可以涵盖各个监测地段的地表变形、地表裂缝、地下水位、降雨量、泥石流泥水位等各地灾害监测项。通过自动化监测平台，帮助管理单位实现地质信息化安全监控和过程管理，不再受天气影响。现场任何地点一旦发生预警，通过系统监测掌握现场情况，根据预警等级，采取不同的报警方式，结合相关责任单位及时采取紧急预案措施，疏散人群，及时转移，减少事故灾害发生。地质灾害在线监测系统的建设旨在为地方政府提供一种多级、多层次的立体化专业监测预警手段，并能实现自动化监测，为政府职能部门的灾前决策提供最直接的数据和技术支持，进行大小灾情的准确预判，保障危险区内居民的生命财产安全，同时也为区内后续防治工程的设计和施工提供动态科学信息和依据，并为类似滑坡（不稳定斜坡）、崩塌、泥石流等地质灾害的防治与监测积累经验和提供参考。

1. 系统功能

地质灾害智能预警系统是利用传感器、自动化采集设备、物联网、云平台等软、硬件相结合的技术手段，实现地质灾害监测地点数据信息实时采集、传输、管理、分析、预报、决策、发布等功能；形成地质灾害情况专业监测、预报预警、危险评估、专家决策、群测群防、应急响应和指挥于一体智能化监测系统。可以实现地质灾害预警信息化管理，提高政府部门对地质灾害的治理和管理水平，有效地保障人民群众的生命安全，最大限度地减少经济损失。

地质灾害智能预警系统示意图如图 1.3.6 所示。可以把地质灾害监测分为四层：感知层、网络层、平台层、应用层。

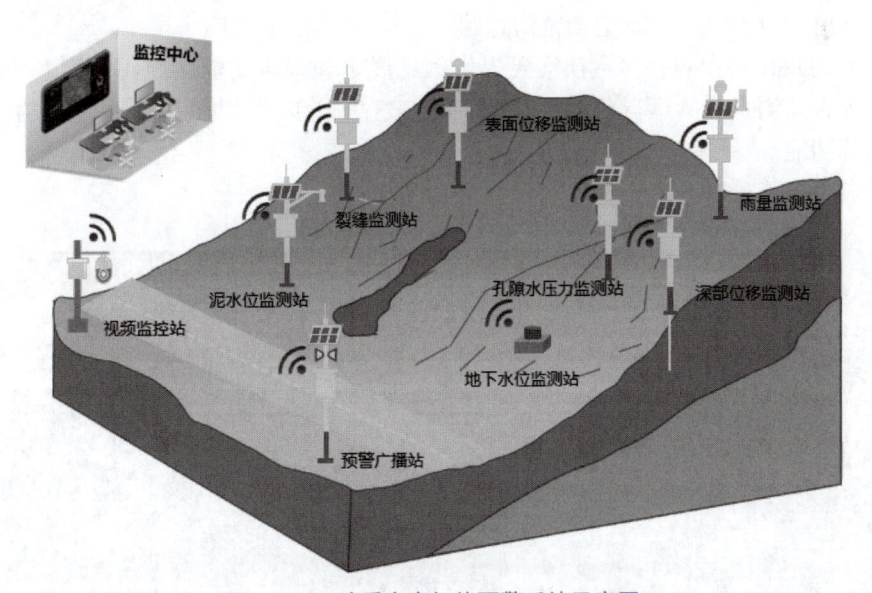

图 1.3.6 地质灾害智能预警系统示意图

1）感知层

根据地质灾害发生的不同类型，部署相应的一体化监测站。一体化监测站设备是整个系统架构的基础，通过对地质灾害点的降雨量、表面位移、泥水位、地声、次声、孔隙水压力、视频、深部位移、土压力等地质灾害数据进行实时监测，给地质灾害监测带来重要支撑。

2）网络层

数据通过站点采集后，需通过传输模块进行传输，和数据中心进行实时通信，由于前端监测采集设备大量安装于郊区农村、丘陵、群山中，且障碍物越密集，对无线通信距离的影响就越大，因此对通信传输的稳定性、穿透性、低功耗、适应性等要求更高。可采用

LoRa/NB-IoT等低功耗远距离通信方式，也可采用4G/5G的蜂窝通信方式，同时也支持北斗传输方式，适合没有基站信号的荒郊野外的实时短报文通信，支持地灾监测通信要求/MQTT/水文/水资源/环保等多种通信协议，适应性强。

3）平台层

地质灾害智能预警系统的平台层是整个系统的核心，它负责整合各层设备和系统功能，通过信号的连接，下发平台对前端感应器的命令，上传监测数据的采集、处理、存储和分析，实时联动前端各大监控设备。平台层的主要功能包括：

（1）数据采集：通过与感知层的交互，平台层从各种地质灾害监测仪器和传感器中采集实时数据。这些数据包括地质环境状态、降雨量、地下水位、土壤含水率、土压力等。

（2）数据处理与分析：平台层对采集到的数据进行处理和分析，以识别和预测地质灾害的发生。这可能涉及数据清洗、格式转换、异常值处理、趋势分析等。

（3）数据存储：平台层需要将采集和处理后的数据存储起来，以供后续查询、分析和报告。存储方式应考虑数据的可靠性和实时性要求。

（4）命令下发与联动控制：平台层根据预先设定的规则和算法，对前端感应器下发控制命令，以调整和优化监测设备的运行状态。同时，它还需要与其他平台或应用进行联动控制，例如启动应急响应、发送预警信息等。

（5）信息展示与报告：平台层需要提供信息展示和报告功能，以便监管人员能够实时了解地质灾害监测系统的运行状态和数据情况。这可以包括数据可视化、图表生成、预警信息发布等功能。

地质灾害智能预警系统云平台如图1.3.7所示。

图1.3.7 地质灾害智能预警系统云平台

4）应用层

应用层是地质灾害监测物联网与地质灾害行业需求的结合，实现智能化监测。该层是地质灾害监测物联网体系结构的最高层，是面向终端用户的，可根据用户需求搭建不同的操作平台。

地质灾害智能预警系统主要应用于对泥石流、崩塌、滑坡等地质灾害的监测、预警等信息的实时获取和数据共享，实现对海量地质监测数据的汇聚、管理、挖掘分析以及交互共享，从中发现趋势、把握规律，从而掌握地质环境的现状及变化趋势，提高灾害防治能力和应急指挥能力，真正做到"用数据说话，用数据管理，用数据创新，用数据决策"。

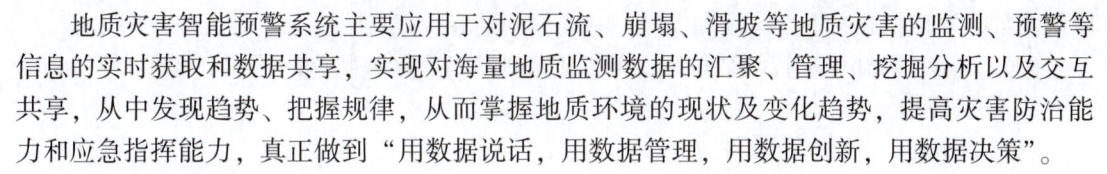

2. 应用案例

案例一　陕西移动数智力量赋能防灾减灾——边坡监测 山体滑坡提前预警

2023年5月12日是我国第15个全国防灾减灾日，主题为"防范灾害风险 护航高质量发展"，5月6日—12日为防灾减灾宣传周。陕西移动充分发挥信息化技术优势，在三秦大地构建起多种智慧型综合防御体系，护航陕西高质量发展。

针对秦岭地区地貌类型多样、地质背景复杂的实际，陕西移动聚焦地质灾害重点问题，在汉阴、留坝两县三处重点公路建成高边坡（滑塌）地质灾害点智慧监测预警系统，用科技力量推动山洪灾害防治和应急保障建设。

借助5G+、大数据、云计算、物联网等技术优势，陕西移动汉中分公司携手汉中市公路局实现防范山体滑坡四步走：地质灾害自动化专业监测设备实时采集数据；通过物联网等技术将数据高度集成；智慧5G信息传输等网络技术将监测数据传输给数据处理中心，助力工作人员分析研判；全天候连续监测，在极端天气或不利因素条件下发生灾害损失时做到提前启动预案，紧急避险。

案例二　中国移动为广西三江县乡村地灾监测注入"智慧"动能

广西壮族自治区三江县地属中低山丘陵地貌，山高坡陡，地势复杂多变，滑坡和崩塌地灾频发。针对以上问题，中国移动积极响应当地相关部门需求，充分利用自身网络资源优势，组织中国移动广西公司和中移物联网有限公司，为三江县量身打造了一套集成业界前沿技术的智慧地灾监测预警方案，助力三江县地灾监测实现智慧防控。

该方案适用于滑坡、崩塌、泥石流等地质灾害智能监测预警机制，可全面覆盖专业监测、群测群防、应急指挥三大应用场景下的全业务流程。

由于项目交付周期紧张，在基础施工阶段，每天就需要完成10个灾害点平均80个基坑的挖掘和浇筑工作。在进行设备安装时，中移物联技术人员每天最多往返5个乡镇的13个灾害点。每天早上6点就开始跟进各站点设备分发和施工方的安装进度，一直持续到凌晨12点，并在凌晨12点到1点，完成当天施工资料整理和设备调试上线。项目交付时正处当地汛期，雨天频发，加上地势险峻，现场交付极其困难。为了保证项目人员安全，项目交付团队在大雨、暴雨时停工，在小雨、中雨天冒雨施工，最终按时完成项目交付。项目完成了80个监测点686台设备安装，覆盖监测范围约80 km^2，日均完成数据收集分析近100万条。

据了解，该项目采取高标准交付验收，以充分保障监测信息准确性和及时性，有效降低了三江县地质灾害监测成本，提升了监测预警处置全流程效率。目前，项目已完成多次暴雨滑坡预警，成功协助转移农户，有效保障了群众的生命财产安全。

任务实施

1. 任务目的

（1）通过物联网平台应用案例的收集和分析，可以深入了解物联网技术在各个领域的应用前景，发现物联网平台建设和发展中存在的问题和挑战。

（2）对本项目知识进行归纳总结，可以更好地理解和掌握物联网的核心概念。

2. 任务环境

联网计算机、常用办公软件。

3. 任务内容

参照实训手册依次完成任务实施工单（见表1.3.1）所列的训练操作内容。

表1.3.1 任务实施工单

项目	认知物联网平台		
任务	典型行业应用案例	学时	2
计划方式	分组完成、组内成员分工协作		
序号	实施步骤		
1	检索资料，找到3个不同的物联网平台实际应用案例		
2	仔细分析案例中物联网的关键技术和平台的功能		
3	补充到物联网平台应用案例库，供大家相互学习		
4	对整个物联网体系的知识进行归纳总结，形成大纲笔记		

任务评价

完成任务实施后，进行任务检查与评价，可采用小组互评等方式。任务评价单如表1.3.2所示。

表1.3.2 任务评价单

项目	认知物联网平台	成员姓名	
任务	典型行业应用案例	日期	
考核方式	过程评价	本次总评	
职业素养 （20分，每项10分）	□注重知识技能的实际应用，具有解决实际问题的务实精神 □善于沟通交流，有较好的团队协作精神		较好达成□（≥16分） 基本达成□（≥12分） 未能达成□（≤11分）
专业知识 （40分，每项20分）	□全面了解物联网平台的行业应用 □发现物联网平台建设和发展中存在的问题和挑战		较好达成□（≥32分） 基本达成□（≥24分） 未能达成□（≤23分）
技术技能 （40分，每项20分）	□进行物联网平台的案例收集，全面理解平台的功能与作用 □对本项目的知识进行归纳总结		较好达成□（≥32分） 基本达成□（≥24分） 未能达成□（≤23分）
（附加分） （5分）	□在本任务实训过程中提出自己的独特见解		

拓展阅读

物联网行业现状分析

近年来，国家对物联网产业的支持政策不断释放，自2010年"物联网"首次被写入政府工作报告后，已累计出台二十多项政策支持物联网产业发展。2021年工信部等八部门联合印发了《物联网新型基础设施建设三年行动计划（2021—2023年）》，目标到2023年底，在国内主要城市初步建成物联网新型基础设施，使社会现代化治理、产业数字化转型和民生消费升级的基础更加稳固。

1. 全球物联网行业市场规模

根据统计，当前全球物联网模组下游应用领域主要在智能表计、POS机、工业、路由器、资产追踪、汽车、远程信息处理、企业、医疗健康和家居领域。其中TOP3领域依然是智能表计、POS机和工业领域，占比分别为18%、12%和9%。

自2010年以来，全球物联网连接数长期处于高速增长阶段。2010—2019年，物联网连接数每年同比增速为25%~45%。2022年全球物联网连接数将重回高速增长轨道，2025年全球IoT连接数将较2021年增长121%，2021—2025年CAGR达22%。

2. 中国物联网行业市场规模

物联网概念虽然起源于国外，但目前我国物联网发展基本同步于全球，已初步形成完整的产业体系，具备了一定的技术、产业和应用基础，发展态势良好。政策层面的重视，带动物联网在智慧城市、智能制造、智慧家居等领域取得突破。2022年，我国物联网市场整体产业规模达到2 105.09亿美元，市场前景巨大。

3. 中国物联网感知层环境监测行业市场规模

据预计，2022—2025年中国环境监测行业市场规模保持平稳增长，每年同比增长10%以上，预计到2025年我国环境监测行业市场规模达614亿元。

4. 物联网行业竞争格局

国内物联网行业覆盖范围广泛，各企业擅长和发展重点具有一定的差异性，虽然领域之间产品同质化较弱，但同领域之间同质化较强，竞争压力较大。物联网产业代表企业的毛利率整体较高，主要上市公司物联网业务营收差距明显，以顺丰控股、海康威视、大华股份等企业作为龙头占据物联网市场大部分份额。

5. 物联网行业未来发展趋势

未来物联网技术的发展将会与其他技术密切相关，例如人工智能、云计算、大数据、区块链等。通过与这些技术的融合和创新，物联网将会实现更加智能化、高效化的应用。例如，通过与人工智能技术的结合，实现更加智能的物联网应用，例如智能制造中的自动化质检、智能交通中的智能化车辆调度等；通过与云计算和大数据技术的结合，实现更加高效的数据处理和分析，从而提供更加个性化、精准的服务。

项目测评

1. 单选题

（1）LPWAN作为一种流行的低功耗、远距离、大并发的无线接入类型，包括了哪些具

体协议，其数据速率范围大概是多少？（　　）

　　A. BlueTooth 和 LoRa，10～200 Kbit/s

　　B. ZigBee，4G 和 Wi-Fi，500～100 Mbit/s

　　C. NB-IoT 和 LoRa，10～150 Kbit/s

　　D. 4G，NB-IoT，LoRa 和 SigFox

（2）在 OneNET 的"端管云用"体系架构中，其中的"管"相当于物联网四层架构的哪一层？（　　）

　　A. 感知层　　　　B. 传输层　　　　C. 平台层　　　　D. 应用层

（3）从物联网产业结构来看，OneNET 是属于以下哪个领域的产品？（　　）

　　A. 终端元器件　　B. 数据传输通信　　C. 横向能力平台　　D. 应用解决方案

（4）OneNET 物联网平台属于云服务模式中的哪一种？（　　）

　　A. IaaS　　　　B. PaaS　　　　C. SaaS　　　　D. DaaS

2. 多选题

（1）在物联网的四层架构中，下面哪些部件位于感知层？（　　）

　　A. 传感器　　　B. 执行器　　　C. 控制器　　　D. 路由器

（2）从广义上来讲，大部分物联网平台可以分为以下四类。OneNET 可以充当其中的哪个平台？（　　）

　　A. 连接管理平台　　　　　　B. 设备管理平台

　　C. 应用使能平台　　　　　　D. 业务分析平台

项目 2

智慧城市环境监测系统设计与实现

引导案例

　　智慧家居、智慧交通、智慧政务……物联网不仅融入了人们生活的方方面面，也成为城市管理的重要手段。近年来，各地不断创新环境保护模式，打造智慧环保平台和生态城市，推动自动监控系统与移动执法系统深度融合，真正做到精准执法、精细化管理，让绿水蓝天成为最耀眼的底色。

　　重庆依托"环保天眼""智慧大脑"，通过各类监测站、微站等，做到了重点污染源自动监控、监测指数超标及时预警、突发环境污染自动报警，实现对环境污染的"早发现、早预警、早处置"。在两江新区地表水水质监测站礼嘉智慧公园白云湖水库站安装了一套小型水质自动监测系统，它可以监测氨氮、总磷、总氮等判断水环境质量的指标。这套系统以无人值守的方式，自动开展采水、预处理、配水、分析测量及系统清洗工作，同时将测量数据及系统工作状态实时上传到智慧环保大数据平台，支撑水环境质量分析及水质异常预警工作的开展。这个自动监测点从采样到分析一应俱全，让水质监测从过去的靠人工变成了现在的靠数据。从 2023 年 2 月份发布的重庆市水环境质量状况来看，长江干流重庆段水质为优，20 个监测断面水质均为Ⅱ类；空气质量状况显示 2022 年全年空气质量优良天数为 332 天。

　　水质自动监测仪如图 2.0.1 所示。

图 2.0.1　水质自动监测仪

职业能力

知识：
（1）初步掌握需求调研的方法和系统架构图的绘制方法；
（2）了解 OneNET 物联网实验箱功能和终端硬件的组成；
（3）掌握 OneNET 物联网开放平台的资源模型和数据模型；
（4）掌握设备接入 OneNET 平台的流程和数据上报流程。

技能：
（1）能够输出需求分析表，绘制系统架构图；
（2）能够基于项目搭建软硬件开发环境，在平台上创建产品和设备；
（3）能够进行终端设备调试，将设备接入平台实现系统功能；
（4）能够在平台上对设备及数据进行查看和管理。

素质：
（1）重视生态环境问题，增强社会责任意识；
（2）具有严谨细致、执着专注的职业态度；
（3）具备发现问题解决问题的能力；
（3）善于沟通交流，有较好的团队协作精神。

学习导图

本项目我们将以智慧城市环境监测系统为背景，结合传感器技术和无线传输技术等相关知识，学习如何进行系统需求分析、架构设计，以 OneNET 实验箱为硬件环境，将设备接入平台实现系统功能；重点应掌握系统搭建、物联网平台的使用、设备接入、系统调试、设备管理和数据管理等，能够对平台的架构和基本功能有初步的认识和体验，在此过程中，提升解决实际问题的能力。

学习思维导图如图 2.0.2 所示。

本项目学习内容与物联网云平台运用职业技能等级要求（中级）的对应关系，如表 2.0.1 所示。

项目 2　智慧城市环境监测系统设计与实现

```
                                                                       城市环境监测场景
                                                           知识准备 ┬ 系统需求分析
                                                                   └ 系统架构组成
                         任务2.1  系统功能需求分析及架构设计
                                                           任务实施 ┬ 列出需求分析表
                                                                   └ 绘制系统架构图

                                                                       OneNET物联网实验箱
                                                                                        ┬ 温湿度传感器
                                                           知识准备 ┬ 终端设备硬件组成 ┼ STM32微控制器
                                                                   │                    └ NB-IoT通信模组
                         任务2.2  终端设备功能的实现               └ 软件工程模板的建立
                                                           任务实施 ┬ 终端开发环境搭建
                                                                   └ 终端功能的实现

项目2  智慧城市环境监测                                                OneNET物联网开放平台
系统设计与实现                                              知识准备 ┬ LwM2M资源模型
                                                                   └ IPSO数据模型
                         任务2.3  OneNET平台初体验
                                                           任务实施 ┬ 注册账号
                                                                   └ 创建产品和设备

                                                                       终端设备接入OneNET平台
                                                           知识准备 ┬ 设备数据上传
                                                                   └ 设备数据管理
                         任务2.4  系统功能的实现
                                                                   ┬ 代码移植及调试
                                                           任务实施 ┼ 设备接入及功能实现
                                                                   └ 设备及数据的管理
```

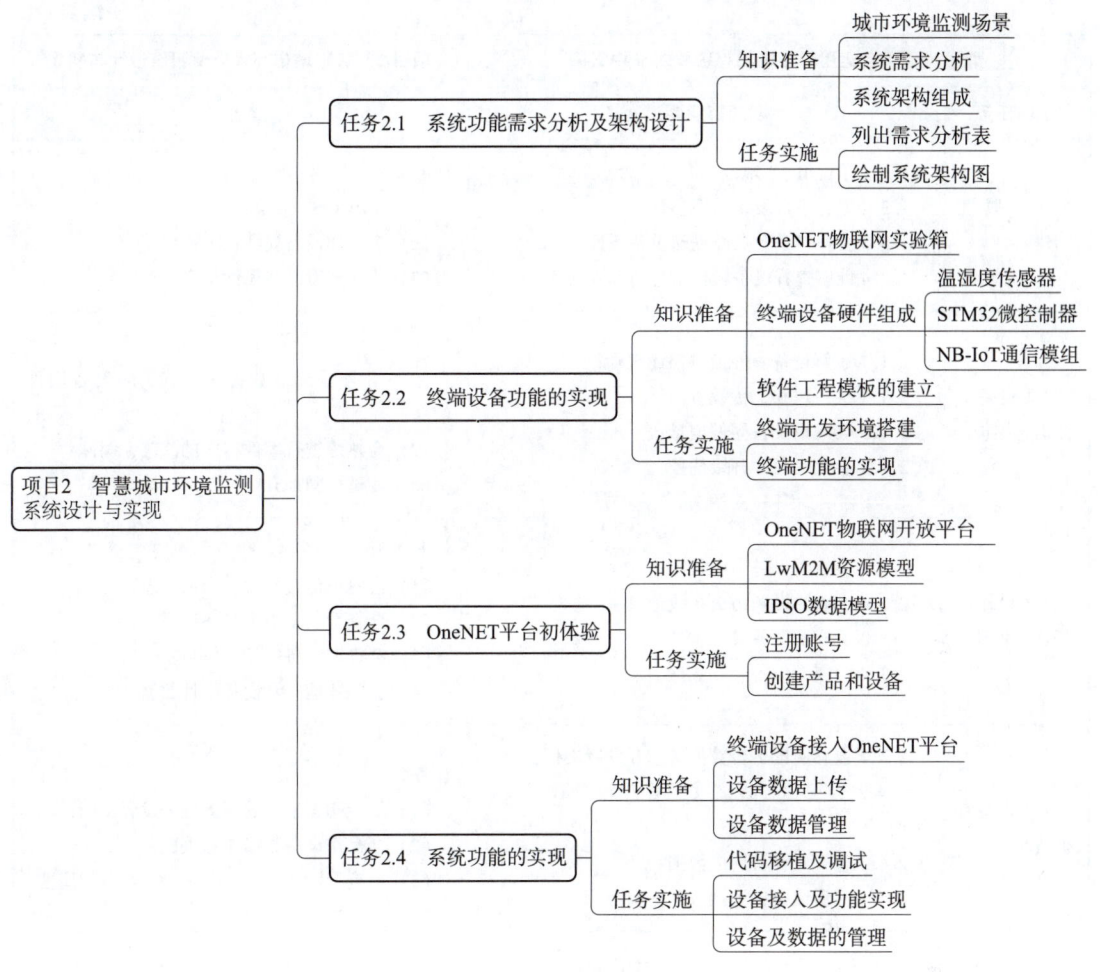

图 2.0.2　学习思维导图

表 2.0.1　本项目学习内容与物联网云平台运用职业技能等级要求（中级）的对应关系

物联网云平台运用职业技能等级要求（中级）		项目 2　智慧城市环境监测系统设计与实现
工作任务	职业技能要求	技能点
1.1 产品创建	1.1.1 能够创建物联网平台账号，能够根据平台资源模型创建公开协议产品； 1.1.2 能够正确选择产品的通信协议	任务 2.3 （1）注册 OneNET 平台账户并登录； （2）进入 OneNET 平台创建产品，选择接入协议、数据格式和联网方式
1.2 设备创建	1.2.1 会操作设备管理页面创建设备； 1.2.2 能够为设备指定唯一编码； 1.2.3 能够查看平台中设备描述信息； 1.2.4 能够批量创建设备	任务 2.3 （1）进入 OneNET 平台创建设备； （2）会指定设备 IMEI 和 IMSI； （3）会进入设备详情页查看设备信息

43

续表

物联网云平台运用职业技能等级要求（中级）		项目 2　智慧城市环境监测系统设计与实现
工作任务	职业技能要求	技能点
1.3 属性创建	1.3.1 了解 IPSO 规范； 1.3.2 熟悉平台设备属性参数； 1.3.3 会操作平台页面创建设备属性； 1.3.4 能够查看设备属性信息	任务 2.3 （1）了解 IPSO 规范； （2）会创建设备属性； （3）能够查看设备属性信息
2.1 设备固件信息维护	2.1.1 了解设备固件信息描述规则； 2.1.2 会打包和上传设备固件； 2.1.3 会编辑设备固件信息； 2.1.4 会创建固件升级任务	任务 2.2 （1）会查看硬件数据手册，了解设备固件信息； （2）会熟练进行固件程序的修改、调试； （3）能进行固件升级
2.3 设备运行状态管理	2.3.1 会查看设备当前状态； 2.3.2 会查看设备历史在线记录； 2.3.3 会查看设备日志； 2.3.4 会查看设备统计数据	任务 2.4 （1）会熟练地查看设备当前状态； （2）会查看设备历史状态记录； （3）会查询设备的日志信息； （4）会熟练地查看设备统计数据
2.4 设备数据管理	2.4.1 能够阅读平台数据管理开发者文档； 2.4.2 会根据开发者文档操作设备数据展示页面； 2.4.3 会查看设备历史数据； 2.4.4 能看懂设备上报数据的属性	任务 2.4 （1）学会阅读平台数据管理开发者文档； （2）会操作设备数据展示页面； （3）会查看设备历史数据和上报数据的属性

任务 2.1　系统功能需求分析及架构设计

任务描述

Z 公司中标了一个某区域智慧城市环境监测系统的设计项目，并将该项目交由 W 先生负责。W 先生在接受该任务后，决定在开始设计之前，需先明确项目需求，以为后期项目设计提供依据与支撑。

为达到上述目标，W 先生作为项目负责人，立即组织项目组开展项目需求调研工作。通过团队人员的梳理，为完成该项工作，需先熟悉项目相关标准规范与技术资料，结合类似项目参考案例，做好需求调研准备；通过访谈、调研会等多种方式与客户进行沟通，调研客户需求，及时填写项目需求调研表。表格填写的内容须清晰明了，符合规范要求，然后根据需求调研表完成系统架构设计。

知识准备

2.1.1 城市环境监测场景

环境监测，是指环境监测机构对环境质量状况进行监视和测定的活动，通过对环境质量因素代表值的测定以确定环境质量的高低和环境污染状况，环境监测的内容主要包括物理指标的监测、化学指标的监测和生态系统的监测，它是生态环境保护的基础，是生态文明建设的重要支撑。

1. 环境监测的目的

环境监测的目的是准确、及时、全面地反映环境质量现状及发展趋势，为环境管理、污染源控制、环境规划等提供科学依据。其具体包括：

① 根据环境质量标准评价环境质量。

② 根据污染分布情况，追踪污染路线，寻找污染源，为实现监督管理，控制污染提供依据。

③ 研究污染扩散模式和规律，确定污染源所造成的污染影响，为预测预报环境质量，控制环境污染和环境治理提供依据。

④ 收集本底数据，积累长期监测资料，为研究环境容量、实施总量控制和目标管理、预测预报环境质量提供数据支持。

⑤ 为保护人类健康、环境，合理使用自然资源，制定环境法规、标准、规划等。

2. 环境监测的分类

1）按监测目的分类

（1）监视性监测（例行监测、常规监测）。

包括监督性监测（污染物浓度、排放总量、污染趋势）和环境质量监测（空气、水质、土壤、噪声等监测），是监测工作的主体，监测站第一位的工作。目的是掌握环境质量状况和污染物来源，评价控制措施的效果，判断环境标准实施的情况和改善环境取得的进展。

（2）特定目的监测（特例监测、应急监测）。

① 污染事故监测：污染事故对环境影响的应急监测，这类监测常采用流动监测（车、船等）、简易监测、低空航测、遥感等手段。

② 纠纷仲裁监测：主要针对污染事故纠纷、环境执法过程中所产生的矛盾进行监测，这类监测应由国家指定的、具有质量认证资质的部门进行，以提供具有法律责任的数据，供执法部门、司法部门仲裁。

③ 考核验证监测：政府目标考核验证监测，包括环境影响评价现状监测、排污许可证制度考核监测、"三同时"项目验收监测、污染治理项目竣工时的验收监测、污染物总量控制监测、城市环境综合整治考核监测。

④ 咨询服务监测：为社会各部门、各单位等提供的咨询服务性监测，如绿色人居环境监测、室内空气监测、环境评价及资源开发保护所需的监测。

(3) 研究性监测（科研监测）。

针对特定目的科学研究而进行的高层次监测。进行这类监测事先必须制定周密的研究计划，并联合多个部门、多个学科协作共同完成。

2) 按监测介质或对象分类

环境监测的介质对象大致可分为水质监测、空气监测、土壤监测、固体废物监测、生物监测、噪声和振动监测、电磁辐射监测、放射性监测、热监测、光监测、卫生监测等。

① 水质监测对象包括未被污染和已受污染的天然水（江、河、湖、海、地下水）、各种各样的工业废水和生活污水等。主要监测项目大体可分为两类：一类是反映水质污染的综合指标，如温度、色度、浊度、pH值、电导率、悬浮物、溶解氧、化学耗氧量和生化需氧量等；另一类是有毒物质，如酚、氰、铅、铬、镉、汞、镍和有机农药、苯并芘等。除上述监测项目外，还应测定水体的流速和流量。

② 大气污染监测是监测大气中的污染物及其含量，目前已知的大气污染物有100多种，这些污染物以分子和粒子两种形式存在于大气中。分子状污染物的监测项目有二氧化硫、二氧化氮、一氧化碳、臭氧、总氧化剂、卤化氢以及碳氢化合物等。粒子状的污染物的监测项目有总悬浮颗粒物（Total Suspended Particulates，TSP）、可吸入颗粒物（Inhalable Particulate Matter，PM10）、自然降尘量及尘粒的化学组成（如重金属和多环芳烃）等。此外，局部地区还可根据具体情况增加某些特有的监测项目（如酸雨和氟化物的检测）。大气污染物的浓度与气象条件有着密切的关系，在监测大气污染的同时还需测定风向、风速、气温、气压等气象参数。

③ 土壤和固体废弃物监测，土壤污染主要是由两方面因素引起：一是工业废弃物，主要是废水和废渣浸出液污染；二是化肥和农药污染。土壤污染的主要监测项目是对土壤，作物中有害重金属如铬、铅、镉、汞及残留的有机农药进行监测。固体废弃物包括工业、农业废物和生活垃圾，主要监测项目是固体废弃物的危险特性监测和生活垃圾特性监测。

④ 生物污染监测，地球上的生物，无论是动物或植物，都是从大气、水体、土壤、阳光中直接或间接地吸取各自所需的营养。在它们吸取营养的同时，某些有害的污染物也会进入生物体内，有些毒物在不同的生物体中还会被富集，从而使动植物生长和繁殖受到损害，甚至死亡。环境污染物通过生物的富集和食物链的传递，最终危害人类健康。生物污染监测是对生物体内环境污染物的监测，监测项目有重金属元素、有机农药、有毒的无机和有机化合物等。

⑤ 物理污染监测包括噪声、振动、电磁辐射、放射性、热辐射等物理能量的环境污染监测。噪声、振动、电磁辐射、放射性对人体的损害与化学污染物质不同，当环境中的这些物理量超过阈值时会直接危害人的身心健康。所以物理因素的污染监测也是环境监测的重要内容，其监测项目主要是环境中各种物理量的水平。

3) 按专业部门分类

可分为：气象监测、卫生监测、资源监测等。

此外，又可分为：化学监测、物理监测、生物监测等。

4) 按监测区域分类

① 厂区监测：是指企事业单位对本单位内部污染源及总排放口的监测，各单位自设的监测站主要从事这部分工作。

② 区域监测：指全国或某地区环保部门对水体、大气、海域、流域、风景区、游览区环境的监测。

3. 环境监测的技术特点

（1）生产性：环境监测的基础产品是监测数据。

（2）综合性：监测手段包括物理、化学、生物化学、生物、生态等一切可以表征环境质量的方法，监测对象包括空气、水体、土壤、固体废物、生物等客体，必须综合考虑和分析才能正确阐明数据的内涵。

（3）连续性：由于环境污染具有时空的多变性特点，只有长期坚持监测，才能从大量的数据中揭示其变化规律，预测其变化趋势。数据越多，预测的准确性才能越高。

（4）追踪性：环境监测是一个复杂的系统，任何一步的差错都将影响最终数据的质量。为保证监测结果具有一定的准确性、可比性、代表性和完整性，需要有一个量值追踪体系予以监督。

【小思考】

环境治理对我们的深远意义在哪里？

2.1.2 系统需求分析

系统需求分析是指通过全面了解和掌握系统的需求，包括用户的实际需求、预期目标以及功能要求等，来确定系统的规模和功能模块的过程。

系统需求分析是开发物联网系统非常重要的阶段，也是比较困难的阶段，通过系统分析过程回答系统要"做什么"这个关键性问题，以确保系统建设的方向正确。整体来说，系统分析阶段的任务是通过调研获取具体的用户需求，进而转换为系统的逻辑模型，即功能需求和非功能需求。

1. 需求分析的步骤

遵循科学的需求分析步骤可以使需求分析工作更高效。需求分析的一般步骤如图2.1.1所示。

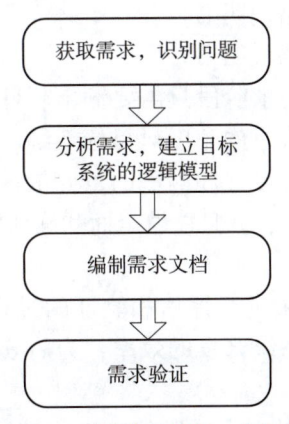

获取需求，识别问题
↓
分析需求，建立目标系统的逻辑模型
↓
编制需求文档
↓
需求验证

图 2.1.1 需求分析的一般步骤

在功能方面，需求包括系统要做什么，相对于原系统，目标系统需要进行哪些修改，目标用户有哪些，以及不同用户需要通过系统完成何种操作等。

在性能方面，需求包括用户对系统执行速度、响应时间、吞吐量和并发度等指标的要求。

在运行环境方面，需求包括目标系统对网络设置、硬件设备、温度和湿度等周围环境的要求，以及对操作系统、数据库和浏览器等软件配置的要求。

在界面方面，需求涉及数据的输入/输出格式的限制及方式、数据的存储介质和显示器的分辨率要求等问题。

1) 获取需求，识别问题

开发人员从功能、性能、界面和运行环境等多个方面识别目标系统要解决哪些问题，要满足哪些限制条件，这个过程就是对需求的获取。开发人员通过调查研究，要理解当前系统的工作模型和用户对新系统的设想与要求。

此外，在需求获取时，还要明确用户对系统的安全保密性、可靠性（不发生故障的概率）、可移植性和容错能力等其他要求。比如，多长时间需要对系统做一次备份，系统对运行的操作平台有何要求，发生错误后重启系统允许的最长时间是多少等。

2) 分析需求，建立模型

在获得需求后，开发人员应该对问题进行分析抽象，逐步细化所有的功能，找出系统各元素间的联系、接口特性和设计上的限制，分析他们是否满足需求，剔除不合理部分，增加需要部分，综合成系统的解决方案，给出要开发的系统的详细逻辑模型。模型是对事物高层次的抽象，通常由一组符号和组织这些符号的规则组成。常用的模型图有数据流图、E-R图、用例图和状态转换图等。不同的模型从不同的角度或不同的侧重点描述目标系统。绘制模型图的过程，既是开发人员进行逻辑思考的过程，也是开发人员更进一步认识目标系统的过程。

3) 制定需求文档

获得需求后要将其描述出来，即将需求文档化。对于大型的软件系统，需求阶段一般会输出三个文档：

系统定义文档（用户需求报告）；

系统需求文档（系统需求规格说明书）；

软件需求文档（软件需求规格说明书）。

对于简单的软件系统而言，需求阶段只需要输出软件需求文档就可以了。软件需求文档主要描述软件的需求，从开发人员的角度对目标系统的业务模型、功能模型和数据模型等内容进行描述。作为后续的软件设计和测试的重要依据，需求阶段的输出文档应该具有清晰性、无二义性和准确性的特点，并且能够全面和确切地描述用户需求。

4) 需求验证

需求验证是对需求分析的成果进行评估和验证的过程。为了确保需求分析的正确性、一致性、完整性和有效性，提高系统开发的效率，为后续的软件开发做好准备，需求验证的工作非常必要。

在需求验证的过程中，可以对需求阶段的输出文档进行多种检查，比如一致性检查、完整性检查和有效性检查等。同时，需求评审也是在这个阶段进行的。评审通过才可进行下一阶段的工作，否则应重新进行需求分析。

2. 需求调研的方法

要了解用户需求和痛点，应采取适当的需求调研方法，需求的获取一般包括实地观察法、体验法、问卷调查法、用户访谈法、需求调研会法、单据报表等文件分析法，这些方法各有特点，一般在实际工作过程中，针对想要了解的内容和需要了解的对象的工作特点采用不同的方法组合进行需求调研获取。

1) 实地观察法

实地观察法，即需求分析人员到工作现场，看业务工作是如何开展的，拿了什么、干了什么，什么时候填写了哪些单据，制作了什么报表等。

实地观察法最大的优点是直观，尤其对于体力劳动占比大的工作，通过观察可以了解许多东西；但对于脑力劳动占比大的工作，大多情况下不容易看出所以然，如果没有相关的沟通交流，可能收获甚微。另外使用实地观察法也比较费时费力，尤其对于那些工作周期很长的工作，仅凭实地观察无法在短期内获得全部工作循环的内容。因此，实地观察法一般比较适用于工作周期不是很长且体力劳动占比大的工作类型，另外也可以与其他需求调研方式联合使用，以提高效率。

2) 体验法

所谓体验法，就是需求调研人员亲自到相关部门顶岗做一段时间业务工作，通过亲身体会来理解该岗位的工作。体验法最大的优点是理解业务比较深刻，但同时其缺点是一般情况下使用较少，主要原因是成本太大，因为从学会该项工作到自己实际操作参与，再到深刻理解其中内涵，需要很长的时间，因此对于外部公司专业需求分析人员进行业务需求调研时几乎不使用。

但也有特殊情况，比如这个岗位涉及的工作内容非常重要，关系到系统开发甚至公司业务的成败，那么无论成本多高都需要执行，又比如系统开发人员是自己公司的员工，如本公司的 IT 人员自己进行系统开发和将来的维护工作，可以安排采用体验法来获取业务需求。

3) 问卷调查法

使用问卷调查法进行需求调研是一个效率相对来说较高的方法。对于调研者而言，通过编写调查问卷、收集问卷结果、分析问卷情况和回答内容就可以获得大量有用的信息；而对于被调研者，也不需要被打断自己的工作来配合沟通调查，合理安排时间回答问卷内容即可。但同时我们也要看到问卷调查的局限性：一是限于答卷者的态度、相关业务的特点和答卷者的文字表达能力；二是限于业务特点和调查问卷的编写质量。如果需求调研人员对所要调查的领域知之甚少，再怎么努力可能都无法编写出优秀的调查问卷，只能泛泛而问，这种情况下，回答者也只能泛泛而答。根据研究结果，总体来讲，通过调查问卷得到的答案，十之七八获得的信息无法做到很深刻，对于那些关键的问题或需求，必须配合采用其他方式进行针对性调研。

4) 用户访谈法

需求调研最常用的入手方法是访谈，用得最多的也是访谈。访谈也叫研究性交谈，通常是采用口头交流的方式，通过询问者和被询问者之间的提问和回答，收集一些客观的、不带偏见的事实材料等信息。访谈可以非常正式，提前约好访谈对象、访谈时间及地点、准备好访谈话题及提纲；也有较随意的访谈，比如在车上或者用餐时，又比如通过电话或者视频聊天的形式。但通常工作中，对于专门的且较深入的访谈运用比较多的还是正式访谈，具体包括访谈对象确定、访谈准备、访谈预约、访谈进行、访谈内容整理、访谈结果确认等环节。

5）需求调研会法

如果需要讨论的问题涉及的相关人员较多，一般可通过组织需求调研会进行需求讨论。需求调研会最大的优点是各相关人员集中讨论，在组织得当的情况下可以提高调研效率。但同时也需要注意，由于参会人员较多，需要做的准备工作也较多，且对会谈过程的把握非常重要，对主持人能力要求较高，以避免会议进程及探讨内容不专一，得到不准确需求。

6）单据报表等文件分析法

该分析法是指分析用户当前使用的纸质或电子单据、报表、文档等，通过研究这些相关文件承载的信息，分析其产生、流动的方式，从而熟悉业务、挖掘需求。

该种方法通常由相关文件收集、相关文件分析、相关文件管理、分析结果确认等环节组成。

3. 需求分析的内容

1）系统的背景分析

首先介绍系统背景。明确系统的整体规划，包括系统的建设计划、组织机构图、系统的现状分析、系统的目标分析、系统的主要功能、运行环境、技术支持、安全性问题、服务质量问题等。

2）系统功能需求分析

功能性需求即系统必须完成哪些事，必须实现哪些功能，以及为了向其用户提供有用的功能所需执行的动作。功能性需求是系统需求的主体，它包括基本功能和高级功能。基本功能涉及系统的详细设计，比如系统的数据结构、输入输出界面、系统画面等，还有系统操作的说明。高级功能涉及系统的数据管理，包括数据库设计、数据库结构优化、数据处理、系统性能优化、数据库备份恢复、安全性保障等。

例如，智能家居系统的功能需求至少应包含以下内容：

（1）环境控制：智能家居系统可以调节家庭环境，例如自动控制室内温度、湿度和空气质量等。

（2）照明控制：智能家居系统可以控制家中的灯具、窗帘等，以满足不同的照明需求。

（3）电器控制：智能家居系统可以控制家中的电器设备，例如电视、空调、洗衣机等，以便实现节能和方便操作。

（4）安防监控：智能家居系统可以提供安防监控功能，例如监控家庭安全、预防盗窃等。

（5）健康管理：智能家居系统可以监测家庭成员的健康状况，例如监测睡眠、体重等，并可以提醒用户采取必要的健康管理措施。

（6）娱乐互动：智能家居系统可以提供娱乐互动功能，例如语音交互、音乐播放、视频通话等。

（7）节能环保：智能家居系统可以控制家庭能源消耗，例如自动调节电器设备的工作状态、监控用水量等，以达到节能环保的目的。

（8）远程控制：智能家居系统可以提供远程控制功能，以便用户在任何时间、任何地点都可以控制家庭设备。

3）系统非功能需求分析

非功能需求，包括性能、安全性、可靠性、可维护性、可用性、可测试性、易扩展性等。

（1）性能：包括响应时间、数据精度、资源使用率、系统容量、输入数据的完整性、准确性。

（2）安全性：安全性需求是指系统在消除潜在风险和应对风险承受方面的需求。可以从硬件、平台、软件等层面来说明其安全性需求。

（3）可靠性：指系统鲁棒性强，能处理运行中出现的异常，如人为操作错误、输入非法数据等，这些异常，系统能尽量避免，一旦发生可以正确的处理。

（4）可维护性：当系统出现故障时，能够快速检测和诊断故障的原因，并能够及时采取相应的措施进行修复。系统需要具备数据备份和恢复功能，以防止数据丢失和灾难性故障。

（5）易扩展性：系统进行设计时需要考虑到未来功能增加的需求及实施便捷性，功能之间较少依赖或耦合，以保证不需要对现有系统结构进行大的改动就可以实现快速响应。

2.1.3 系统架构组成

新一代的物联网系统由四个重要的技术层组成，即感知层、传输层、平台层和应用层。其中信息感知是实现物与物之间相互联系与控制的关键技术，也是构建物联网信息传输网络的前提。在现代众多环境监测领域对环境数据的监测过程中，往往使用大量传感器节点组成环境监测网络，对各生产环境信息进行采集，帮助各行业生产者、经营者和科研管理人员及时了解生产情况，为分析决策提供第一手数据。更多环境参数的有效获取在提升环境治理决策水平的同时，也向整个监测网络的建设与运行提出了新的挑战。对于智慧城市环境监测系统的设计，着重对监测布点体系感知层、传输层和平台层的相关技术进行分析。

物联网系统架构如图2.1.2所示。

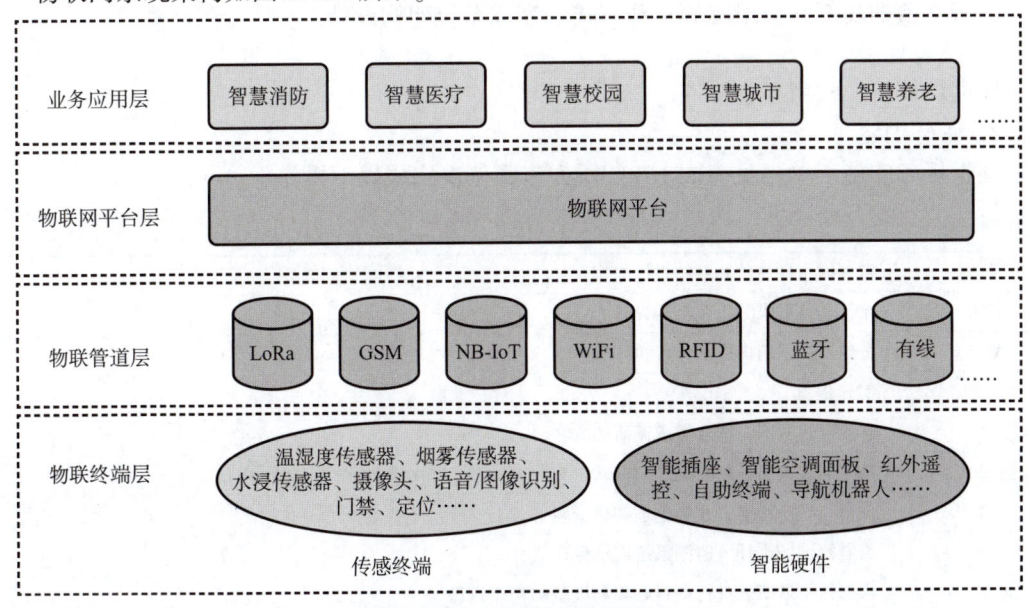

图 2.1.2　物联网系统架构

1. 感知层

感知节点负责将网络与各种传感器和终端设备连接起来，管理感知层的数据节点，并完成数据采集及控制指令发布。通过传感器和终端设备获取信息数据源，对城市环境的温度、湿度、光照度、空气质量等信息进行实时感知。

2. 传输层

主要负责传递和处理感知层获取的信息，感知层收集的数据可以通过 LPWAN 网络和 4G 移动通信技术及网络连接进行数据传输。

3. 平台层

云平台是为物联网系统提供终端统一管理、海量数据存储、远程即时通信、高性能计算分析等服务的数据业务中心。云平台能够实现有效的终端管理，提供终端的注册和授权管理，使用户能够快速获得设备端的信息和数据，并且能够灵活地向设备端推送消息和下发控制指令；同时，云平台能够提供高性能的数据处理及大规模数据管理服务，实现数量庞大的终端连接的有效维护，数据可靠传输及海量数据的处理和存储。

4. 应用层

应用层一般对接用户终端，用户终端即搭载在移动设备、计算机上的应用软件，包括移动 APP、网页界面、PC 软件终端程序等。用户软件是用户控制与管理云平台、硬件设备的交互工具，通过用户软件可实时掌握系统的状态，对设备进行集中化管理，实现对设备的远程控制、历史数据查询与统计、故障查询与诊断、个性化服务定制等功能。

任务实施

1. 任务目的

（1）熟悉项目资料，提取项目关键信息，选取恰当的需求调研方法，完成需求调研准备、客户需求收集，编制智慧城市环境监测系统需求调研表；

（2）根据需求分析确定智慧城市环境监测系统感知层的硬件设备、传输层的网络通信方式、云平台的功能和应用层的实现方式，完成系统架构设计。

2. 任务环境

联网计算机、常用办公软件。

3. 任务内容

根据任务实施工单（见表 2.1.1）所列步骤依次完成以下操作。

表 2.1.1 任务实施工单

项目	智慧城市环境监测系统设计与实现		
任务	系统功能需求分析及架构设计	学时	2
计划方式	分组对决、组内成员分工协作		
序号	实施步骤		
1	熟悉项目资料，选取需求调研的方法		
2	按照需求调研计划收集客户需求		
3	反复与客户沟通，收集整理调研资料		
4	编制智慧城市环境监测系统需求调研表		
5	根据需求调研表进行资料收集和设备的初步选型		
6	详细设计系统的架构，绘制架构图		

任务评价

完成系统功能需求分析和架构设计后，进行任务检查与评价，可采用小组互评等方式。任务评价单如表 2.1.2 所示。

表 2.1.2　任务评价单

项目	智慧城市环境监测系统设计与实现	成员姓名	
任务	系统功能需求分析及架构设计	日　　期	
考核方式	过程评价	本次总评	
职业素养 (20 分，每项 10 分)	□重视生态环境问题，增强社会责任意识 □善于沟通交流，有较好的团队协作精神		较好达成□（≥16 分） 基本达成□（≥12 分） 未能达成□（≤11 分）
专业知识 (40 分，每项 20 分)	□初步掌握需求调研的步骤和方法 □初步掌握系统架构图的绘制方法		较好达成□（≥32 分） 基本达成□（≥24 分） 未能达成□（≤23 分）
技术技能 (40 分，每项 20 分)	□能够根据项目背景输出需求分析表 □能够合理设计系统架构图		较好达成□（≥32 分） 基本达成□（≥24 分） 未能达成□（≤23 分）
（附加分） (5 分)	□在本任务实训过程中能够主动积极完成，提出自己的独特见解		

任务 2.2　终端设备功能的实现

任务描述

在完成需求分析和系统架构设计后，W 先生团队从感知层开始，着手系统终端的搭建，系统终端功能的实现主要包括硬件和软件两部分。首先需要完成终端硬件模块的选择和环境的搭建，再结合程序调试，实现终端设备的功能。

作为团队成员，需要完成对传感器、核心控制器件的选型，无线通信技术的选择，建立软件工程模板，读懂例程，结合项目需求修改例程，完成终端设备单机的功能调试。

知识准备

2.2.1　OneNET 物联网实验箱

基于 OneNET 平台做物联网开发的优势在于可以利用物联网实验箱配套的硬件设备。物联网实验箱采用模块化布局的方式将实验模块搭载在底板上，并采用导向排座连接模块和底板，方便模块的安装与拆卸。在一块实验箱底板上最多可同时搭载 12 块实验模块，使实验箱模块可以灵活的组合。开发者可以根据自己的需要，选择不同的模块，搭建自己的应用电路，方便快捷地实现自己的应用开发，实验箱底板下用于模块存放和配件放置。

物联网实验箱一共配套了 26 个实验模块，包括 1 个核心模块、5 个通信模块、2 个显示模块、11 个检测模块和 7 个执行模块，涉及的通信方式包括 WiFi、2G、4G、NB-IoT、蓝牙、LoRa 和 ZigBee，具有丰富的硬件资源，能满足大多数物联网开发应用场景，使开发者可以综合全面地对物联网硬件进行学习。物联网实验箱外形如图 2.2.1 所示。

图 2.2.1　物联网实验箱外形

1. 实验箱组成

1）实验箱底板

实验箱底板作为实验模块的载体，是整个物联网实验箱的主体部分，为所有实验模块供电，并提供通信回路，实现模块间的信号交互。整个实验箱底板由三部分组成，分别是电源电路、E-Link 电路和模块接口。其中，电源电路将电源适配器提供的 12 V 电源转换为能直接为模块供电的 5 V 电源。E-Link 电路板载了 E-Link 芯片，可以实现对 MCU 的程序下载，并输出一路串口，实现对 MCU 串口信息的获取，使实验箱只需要一根串口线就可以实现实验箱与 PC 端的通信和程序下载。注意使用 E-Link 获取串口信息时，串口助手需要选定 DTR，否则没有串口打印信息。

终端设备的硬件介绍

实验箱模块接口主要有两类，分别为核心模块接口和其他模块接口。唯一的核心模块位于底板右下角，每侧 18 个引脚，共 36 个引脚与底板和其他模块进行信息交互。两侧引脚不相同，所以核心模块安装时方向不能出错。在设计时，核心模块已经做了防反插设计。

其他模块两侧的引脚是中心对称，在模块安装时，用户可以不考虑安装方向，直接将模块安装在接口上即可。（需要特别注意的是在搭建硬件系统的过程中，所有接口的连接、模块的取放、安装都应采取防静电措施，以免引起电子器件的静电损伤，造成系统损坏。）

物联网实验箱内部接口布置如图 2.2.2 所示。

2）实验箱模块

（1）核心控制模块。

采用高性能 ARM Cortex-M3 32 位微处理器 STM32F103RET6。

（2）通信模块。

① WiFi 模块：搭载 ESP8266-12F 模组；

② 2G 模块：搭载 M6312 模组；

③ NB-IoT 模块：搭载 M5310-A 模组；

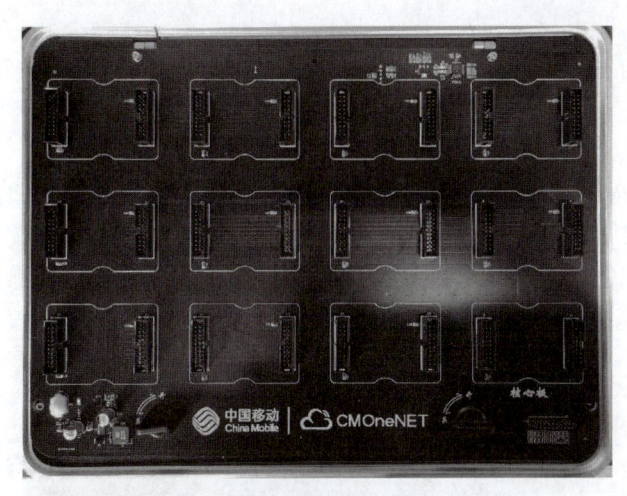

图 2.2.2　物联网实验箱内部接口布置

④ 4G 模块：搭载 M8321 模组；
⑤ 蓝牙模块：搭载 WH-BLE102 模组。
(3) 检测模块。
① ZigBee-温湿度模块：搭载 SHT20 温湿度传感器+单片机 STM32F103C8T6+E-Link+ZigBee 模块；
② ZigBee-光照模块：搭载 BH1750 光照传感器+单片机 STM32F103C8T6+E-Link+ZigBee 模块；
③ LoRa-气压模块：搭载 BMP180 气压传感器+单片机 STM32F103C8T6+E-Link+LoRa 模块；
④ 时钟模块：搭载时钟芯片 PCF8563；
⑤ 机械振动模块：搭载 SW-18020 机械振动传感器；
⑥ 空气质量模块：搭载 MP135 空气质量传感器；
⑦ 噪声模块：搭载咪头 mic9070+音频功放芯片 LM386+单片机 STM8S003F3；
⑧ 加速度模块：搭载 ADXL362 三轴加速度传感器；
⑨ 超声波模块：搭载超声波探头 TCT40-16RT+接口芯片 MAX3232+运放芯片 LM324+单片机 STC15L104W；
⑩ 一氧化碳模块：搭载一氧化碳传感器 MQ7；
⑪ 烟感模块：搭载烟雾检测传感器 MQ2。
(4) 执行模块。
① LoRa-蜂鸣器模块：搭载蜂鸣器+单片机 STM32F103C8T6+E-Link+LoRa 模块；
② 继电器模块：搭载直流和交流继电器控制电路；
③ 马达模块：搭载机械振动马达；
④ 风扇模块：搭载 5V 风扇；
⑤ 触摸按键模块：搭载 2 路触摸按键电路；
⑥ 机械按键模块：搭载 CH422+4 路机械按键；
⑦ 语音输出模块：搭载语音芯片 WYN-6040。

（5）显示模块。

① 数码管模块：搭载数码管驱动芯片 CH422+数码管 3641AH；

② LCD 模块：搭载 1.44 寸 128×128 液晶显示屏。

2. 硬件连接

实验箱的硬件连接可以分为外部连接和内部连接。实验箱外部接口主要是电源和串口通信接口，如图 2.2.3 所示，两个接口均在实验箱底板背面实验箱内配了相应的电源线和串口通信线，用户只需将两根线分别接上即可实现电源供电和程序下载、串口输出。内部连接即将模块通过模块接口连接到底板上即可。

图 2.2.3　实验箱外部接口

2.2.2　终端设备的硬件组成

环境监测的参数类型繁多，包括水质、空气、土壤、噪声、光照和气象等监测对象，根据系统功能需求分析和架构设计，智慧城市环境监测系统分为感知层、传输层、平台层和应用层，其主要功能由感知层的终端设备和云平台两部分组成，终端设备负责采集环境数据并进行无线传输，OneNET 平台接收数据后负责数据存储和展示。

终端设备利用各种传感器，如温湿度传感器、pH 值传感器、光照传感器、气体浓度传感器、土壤湿度传感器等，实现对环境温湿度、pH 值、光照强度、各种气体浓度、土壤湿度等物理参数的测量，再通过无线通信的方式汇集监测数据，传输到云平台，便于人们远程监测和处理。由此，从以上功能可知，每一个终端设备至少应该由传感器、微控制器、电源、无线传输模块组成，针对初学者，为简单起见，这里选用温湿度作为环境参数的测量，由实验箱底板提供电源，底板将电源适配器提供的 12 V 电源通过 DC/DC 稳压器 TPS5430 转换为各功能模块所需的 5 V 电源，通过 AMS1117-3.3 转换为各模块所需的 3.3 V 电源。同时采用底板板载 E-Link 芯片，可以实现对核心模块的 MCU 的程序下载，并输出一路串口，实现对 MCU 串口信息的获取。终端设备硬件组成如图 2.2.4 所示。

```
                        ┌─────────────────────────── 实验箱底板 ┐
                              NB-IoT无线
                              通信模块
                                 ↕
          电源      →                    ←      复位电路
                              STM32
          温湿度传感器  →      微控制器      ←      下载电路

          存储电路   →                    ←      时钟电路
        └──────────────────────────────────────────────────┘
```

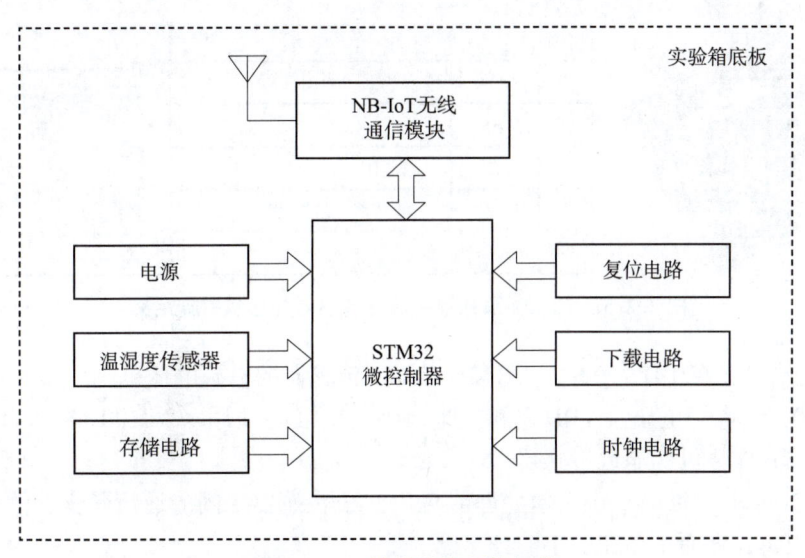

图 2.2.4　终端设备硬件组成

1. 温湿度传感器

温湿度传感器中包含一个感温元件和一个感湿元件。感温元件可以是热电偶、热敏电阻或半导体温度传感器等，它会随着环境温度的变化而产生电阻、电压等电学特性的变化。而感湿元件可以是电容、电阻、电导等，它会随着环境湿度的变化而产生电学特性的变化。当温湿度传感器暴露在环境中时，感温元件和感湿元件会根据环境温度和湿度的变化而产生对应的电学信号。这些信号经过传感器内部的处理和放大电路之后，可以被读取和处理器处理，从而得到环境的温度和湿度数据。

SHT2x 系列数字温湿度传感器包括低成本版本 SHT20、标准版本 SHT21，以及高端版本 SHT25。除需与空气接触的湿度敏感区域之外，整个芯片完全包覆成型——可使电容式湿度传感器免受外界影响，具有良好的长期稳定性，适合各类应用。

新一代 Sensirion 温湿度传感器 SHT2x，选用适于回流焊的双列扁平无引脚 DFN 无铅封装，底面 3 mm×3 mm，高度 1.1 mm，具有超小型的体积，特别适合移动测量设备。传感器输出经过标定的数字信号，是规范的 I2C 总线格局。SHT2x 配有一个全新规划的 4C 代 CMOSens 芯片、一个经过改善的电容式湿度传感元件和一个规范的能隙温度传感元件，内置放大器、A/D 转化器、OTP 内存和数字处理单元，能一起检测温度和湿度。SHT2x 的功能和可靠性，特别是在高湿环境下的稳定性，相比前一代传感器 SHT1x 和 SHT7x 有很大提高，而数据传输操作更为简单。每一个传感器都经过校准和测验，在芯片内存储了电子识别码，能够经过输入指令读出这些识别码。此外，SHT2x 的分辨率能够经过输入指令进行改动，传感器能够检测到电池低电量状况，有极低功耗的节能形式，具有优异的长期稳定性。SHT2x 系列中最高精度的 SHT25 的相对湿度测量精度达 1.8%，温度测量精度为 0.2 ℃。

凭借这一系列特性及其被证明的可靠性和长期稳定性，SHT2x 湿度传感器系列提供了卓越的性价比。因此，这里选择已成为行业标准的数字温湿度传感器 SHT2x 作为系统的感知测量元件。SHT2x 系列数字温度传感器外形和引脚定义如图 2.2.5 所示。

引脚	名称	定义
1	SDA	串行数据，双向
2	VSS	接地
5	VDD	电源电压
6	SCL	串行时钟，双向
3,4	NC	不连接

图 2.2.5　SHT2x 系列数字温度传感器外形和引脚定义

（1）电源引脚（VDD，VSS）：SHT2x 温湿度传感器的电源电压范围为 2.1~3.6 V，推荐电压为 3.0 V。电源电压（VDD）和接地（VSS）之间须用一个 100 nF 的电容器去耦，该电容器的位置应尽可能靠近传感器。

（2）串行时钟（SCL）：用于微处理器与 SHT2x 传感器之间的通信同步。由于接口包含了完全静态逻辑，因而不存在最小的 SCK 频率。

（3）串行数据（SDA）：用于传感器的数据输入和输出。当向传感器发送命令时，SDA 在串行时钟（SCL）的上升沿有效，且当 SCL 为高电平时，SDA 必须保持稳定。在 SCL 下降沿之后，SDA 值可被改变。

在环境温度为 25 ℃、电源电压为 3.0 V 条件下，SHT2x 传感器性能参数如表 2.2.1 所示。

表 2.2.1　SHT2x 传感器性能参数

参数项	量程范围	精度	分辨率	重复性	迟滞	非线性	响应时间
温度	−40~125 ℃	±0.3 ℃	±0.01 ℃	±0.1 ℃	—	—	<30 s
相对湿度	0~100%	±2%	0.04%	±0.1%	±1%	<0.1%	<8 s

2. STM32 微控制器

STM32 是意法半导体推出的 32 位 ARM Cortex-M 内核微控制器系列，具有高性能、低功耗、可靠性强等特点，广泛应用于工业控制、智能家居、汽车电子、医疗设备等领域。

（1）STM32 系列的特点。

高性能：STM32 系列单片机采用了 ARM Cortex-M 内核，具有出色的处理性能和运行速度。此外，它们还具有较大的 Flash 存储器和 SRAM 存储器，可以轻松处理复杂的应用程序。

丰富的外设：STM32 系列单片机具有丰富的外设，包括多个定时器、计数器、PWM 输出、模数转换器（Analog to Digital Converter，ADC）、数模转换器（Digital to Analog Converter，DAC）、通信接口等。这些外设可以帮助开发人员实现各种不同的应用需求。

低功耗：STM32 系列单片机采用了先进的低功耗技术，可以在不降低性能的情况下降低功耗。这使它们非常适合在需要长时间运行或需要电池供电的设备中使用。

易于开发：STM32 提供了丰富的软件和硬件工具，以帮助开发者快速开发嵌入式应用程序。

（2）STM32 系列的性能指标。

内核：STM32 系列内核包括 Cortex-M0，Cortex-M3，Cortex-M4 等，具有不同的性能和功能特点，可根据应用场景的需求进行选择。

时钟：STM32 系列支持多种时钟源，包括内部 RC 振荡器、内部晶体振荡器、外部晶体振荡器等，可根据应用场景的需求进行选择，同时还支持多种时钟分频和时钟输出等功能。

存储器：STM32 系列支持多种存储器类型，包括 Flash 存储器、RAM 存储器、EEPROM 存储器等，可以根据应用场景的需求进行选择，同时还支持多种存储器保护和存储器映射等功能。

（3）STM32 系列支持多种通信。

STM32 系列还支持多种通信协议，如 SPI、I2C、CAN、USART 等。这使 STM32 系列非常适合各种应用，特别是需要与其他设备或模块进行通信的应用。

串行外设接口（Serial Peripheral Interface，SPI）：SPI 是一种串行通信总线。STM32 系列支持单向和双向 SPI 通信，以及 SPI 的多主机和从机配置。SPI 通常用于与传感器、存储器和显示器等设备进行通信。

集成电路总线（Inter-Integrated Circuit，I2C）：I2C 总线是一种双向串行总线。STM32 系列支持标准模式、快速模式和高速模式 I2C 通信，以及 I2C 的主机和从机配置。I2C 通常用于与各种传感器、存储器和其他数字设备进行通信。

控制器局域网（Controller Area Network，CAN）：CAN 是一种高速、鲁棒性好的总线协议，通常用于汽车和工业领域中的控制和通信。STM32 系列支持标准和扩展 CAN 通信，并支持多个过滤器和接收 FIFO。

通用同步/异步收发传输器（Universal Synchronous/Asynchronous Receiver/Transmitter，USART）：USART 是一种通用的串行通信接口。STM32 系列支持各种 USART 模式，包括异步、同步、单向和双向通信。这些通信协议使 STM32 系列非常灵活，可以适应各种不同的应用需求。

这里选择实验箱配套的核心模块，主要由 STM32F103RET6 作为核心控制器，实现对传感器模块的信息采集和信号控制，可实现对数据的远程传输，同时也可实现串口数据读取。

硬件采用 LQFP-64 封装，STM32F103RET6 性能参数如表 2.2.2 所示。

表 2.2.2　STM32F103RET6 性能参数

内核	Cortex-M3，最高工作频率 72 MHz
Flash	512 K×8 bit
SRAM	64 K×8 bit
GPIO	51 个 GPIO，分别为 PA0~PA15、PB0~PB15、PC0~PC15、PD0~PD2
ADC	3 个 12 位的纳秒级的 A/D 转换器（21 通道）。 A/D 测量范围：0~3.6 V。双采样和保持能力。 2 通道 12 位 D/A 转换器
Timers	4 个 16 位定时器/计数器，每个定时器有 4 个 IC/OC/PWM 或者脉冲计数器
	2 个 16 位电机控制 PWM 定时器
	2 个看门狗定时器（独立看门狗和窗口看门狗）
	1 个 24 位倒计数器 systick 定时器
	2 个 16 位驱动 DAC 的基本定时器

续表

系统时钟	高速外部时钟（HSE）频率范围为 4~16 MHz，一般使用 8 MHz
	高速内部时钟（HSI）由片内 RC 振荡器产生，频率为 8 MHz 但不稳定
	低速外部时钟（LSE）通常以外部晶振作为时钟源，主要供给实时时钟模块，所以一般采用 32.768 kHz
	低速内部时钟（LSI）由片内 RC 振荡器产生。可以提供给实时时钟模块和看门狗模块，频率为 40 kHz
通信串口	13 个通信接口：2×IIC，3×SPI，5×USART，1×CAN，1×USB2.0，1×SDIO
工作电压	2.0~3.6 V
低功耗	3 种低功耗模式：休眠、停止、待机模式
调试模式	串行调试（SWD）和 JTAG 接口
温度范围	-40~85 ℃

3. NB-IoT 通信模组

NB-IoT 是一种基于蜂窝的窄带物联网技术，也是低功耗广域物联（LPWA）的最佳连接技术，承载着智慧家庭、智慧出行、智慧城市等智能世界的基础连接任务，广泛应用于如智能表计、智慧停车、智慧路灯、智慧农业、白色家电等多个方面，是智能时代下的基础连接技术之一。

NB-IoT 技术介绍

（1）NB-IoT 的网络架构。

NB-IoT 技术基于蜂窝技术实现，完整的端到端业务数据的收发，一般需要先连接到运营商 IoT 平台再到达应用平台进行数据的各种应用。NB-IoT 网络架构如图 2.2.6 所示。

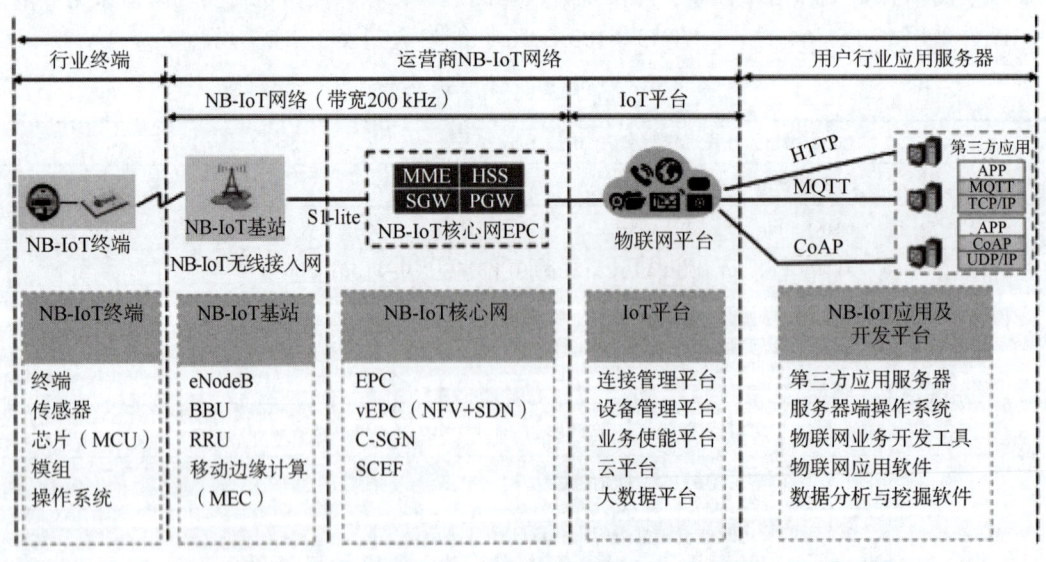

图 2.2.6 NB-IoT 网络架构

① 终端（User Equipment，UE）：UE 主要是通过空口连接到基站。终端侧主要包含行

业终端与 NB-IoT 模块。行业终端包括芯片、模组、传感器等，NB-IoT 模块包括无线传输接口、软 SIM 装置、传感器接口等。

② 无线接入网侧：包括两种组网方式，一种整体式无线接入网（Single Radio Access Network，Single RAN），包括 2G/3G/4G 以及 NB-IoT 无线网；另一种是 NB-IoT 新建。无线接入网侧主要承担空口接入处理、小区管理等相关功能，并通过 S1-lite 接口与 IoT 核心网进行连接，将非接入层数据转发给高层网元处理。

③ 核心网侧：网元包括两种组网方式：一种是整体式的演进分组核心网（Evolved Packet Core，EPC）网元，包括 2G/3G/4G 核心网；另外一种是物联网核心网。核心网侧通过 IoT EPC 网元以及 GSM、UITRAN、LTE 共用的 EPC 来支持 NB-IoT 和 eMTC 用户接入。

④ 物联网支撑平台：包括归属位置寄存器（Home Location Register，HLR）、策略控制和计费规则功能单元（Policy Control and Charging Rules Function，PCRF）、物联网 M2M 平台。

⑤ 应用服务器：是 IoT 数据的最终汇聚点，根据客户的需求进行数据处理等操作。

（2）NB-IoT 技术特点。

一是广覆盖，将提供改进的室内覆盖，在同样的频段下，NB-IoT 比现有的网络增益 20 dB，相当于提升了 100 倍覆盖区域的能力；

二是具备支撑连接的能力，NB-IoT 一个扇区能够支持 10 万个连接，支持低延时敏感度、超低的设备成本、低设备功耗和优化的网络架构；

三是更低功耗，NB-IoT 终端模块的待机时间可长达 10 年；

四是更低的模块成本，企业预期的单个接连模块不超过 5 美元。

（3）M5310-A 模组。

这里选择实验箱配套模块中 M5310-A 模组。M5310-A 是一款工作在频段 Band3/Band5/Band8 的工业级 NB-IoT 模组，作为 M5310 的升级版，它的封装尺寸及软硬件接口同 M5310 完全兼容，采用 LCC 封存。其尺寸仅为 19 mm×18.4 mm×2.2 mm，最大限度地满足终端设备对小尺寸模块产品的需求。M5310-A 在支持 M2M 芯片和 OneNET 云平台协议的基础上，支持最新 Release14 标准，支持更高通信速率，支持基站定位。同时 M5310-A 增加了 FOTA 功能，方便进行远程固件升级。凭借其紧凑的尺寸、超低的功耗、超宽的温度范围，M5310-A 可广泛适用于智能抄表、智慧城市、智能家居、智慧农业等行业应用场景，用以提供完善的数据传输服务。M5310-A 主要的性能参数如表 2.2.3 所示。

表 2.2.3　M5310-A 主要的性能参数

网络频段	Band3/Band5/Band8，通过 AT 命令来设置
传输速率	Single Tone：上行 15.625 Kbit/s； Multi Tone：上行 62.5 Kbit/s； 下行：21.25 Kbit/s
协议栈	CoAP，LwM2M，DTLS，MQTT-SN，UDP，TCP，IPv4，IPv6
发射功率	23 dBm ±2 dB
灵敏度	-130 dBm

续表

供电	VBAT 供电电压范围：3.1~4.2 V； 推荐供电电压：3.8 V
功耗	省电模式（PSM）：3 μA； 空闲模式（IDLE）：1.6 mA@ DRX=1.28 s
SIM 卡接口	3 V 支撑内置 SIM IC
天线接口特征阻抗	50 Ω
尺寸	19.0 mm×18.4 mm×2.2 mm
固件升级	串口升级或 SWD
接口	1×USIM、1×ADC、2×UART、1×RESET、1×天线接口、1×内置 eSIM
封装	LCC
芯片	海思 Hi2115
工作温度	−40~+85 ℃
存储温度	−45~+95 ℃

M5310-A 模组外形如图 2.2.7 所示。

图 2.2.7　M5310-A 模组外形

2.2.3　软件工程模板的建立

1. 安装微控制器开发工具

要完成微控制器开发环境搭建，我们需要下载和安装一个支持 STM32 微控制器的软件开发工具。目前此类软件开发工具有 Keil MDK、IAR EWARM、Embedded Studio 以及 True STUDIO 等。其中，Keil MDK 和 IAR EWARM 目前使用得最为普遍。本次任务我们选择 Keil MDK，可以在其官方网站（http://www.keil.com）上下载得到它的最新版 MDK5。注意 MDK5 采用器件包的方式管理它所支持的器件，因此如果我们使用 STM32F103 微控制器，还需要下载安装相应的器件包 Keil.STM32F1xx_DFP.2.3.0.pack。

完成 MDK5 及器件包的下载后，即可对其进行安装，先安装 MDK5，然后安装器件包。二者的安装都非常简单，可参照配套的实训手册。

2. 下载 STM32F10x 标准外设库

支持 STM32F103 系列微控制器的固件库，即 STM32Fl0x 标准外设库，可从 ST 公司官网（https://www.st.com/en/embedded-software/stsw-stm32054.html）下载得到。需要注意的是，本书项目二、三、四的主控器件均为实验箱核心控制模块的 STM32F103。

将 STM32F10x 标准外设库下载解压之后，一级目录结构如图 2.2.8 所示，Libraries 是库函数和启动文件，Project 是驱动示例和工程模板，Utilities 是基于 ST 官方开发板的例程以及第三方开源软件，Release_Notes.html 是库版本更新说明，stm32f10x_stdperiph_lib_um.chm 是库使用帮助文件。其中，最重要的三个文件夹是 Project、Libraries 和 Utilities。

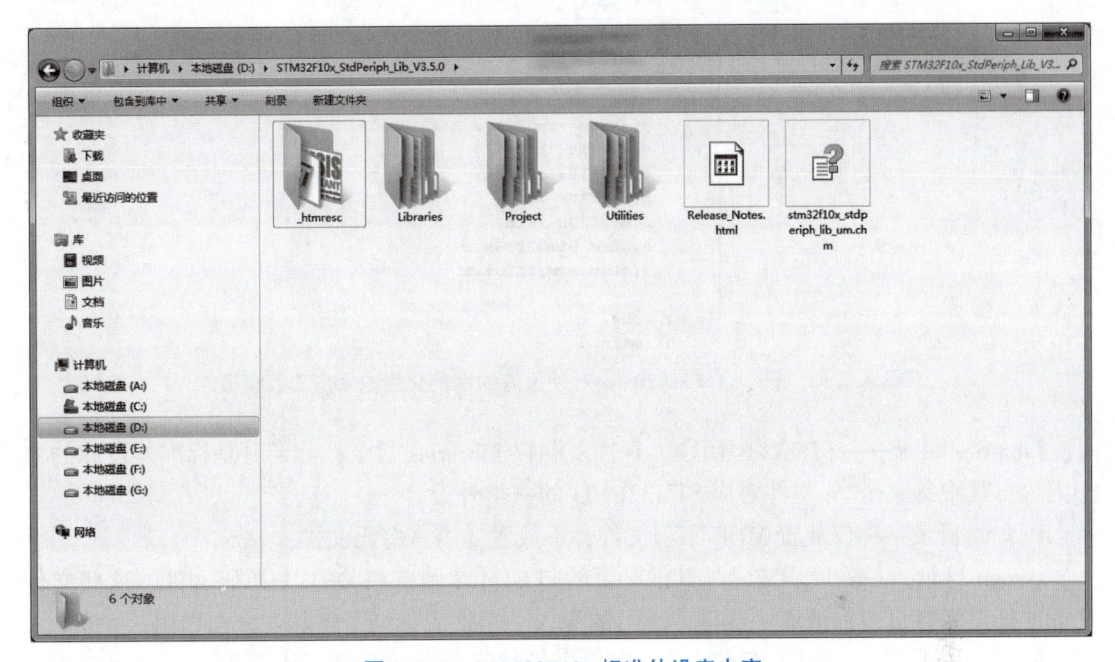

图 2.2.8　STM32F10x 标准外设库内容

（1）Project 文件夹用来存放 ST 官方提供的 STM32F10x 工程模板和外设驱动示例，包括 STM32F10x_StdPeriph_Template 和 STM32F10x_StdPeriph_Examples 两个子文件夹。每个外设子目录下又包含多个具体驱动示例目录，这些示例不仅是了解和验证 STM32 外设功能的重要途径，而且为 STM32F10x 相关外设开发提供参考。

（2）Libraries 文件夹用于存放 STM32F10x 开发要用到的各种库函数，其目录下包括 STM32F10x_StdPeriph_Driver 和 CMSIS 两个子文件夹。STM32F10x_StdPeriph_Driver 子文件夹是 STM32F10x 标准外设驱动库函数目录，包括了所有 STM32F10x 微控制器片上外设的驱动，如 GPIO、TIMER、SYSTICK、ADC 和 SPI 等。CMSIS 子文件夹是 STM32F10x 的内核库文件夹，包含 CM3 子目录。

（3）Utilities 文件夹用于存放 ST 官方评估板的板级支持包（Board Support Package，BSP）和额外的第三方固件。初始情况下，该文件夹下仅包含 ST 各款官方评估板的板级驱动程序（即 STM32_EVAL 子文件夹）。用户在实际开发时，可以根据应用需求，在 Utilities 文件夹下增删内容。

3. 构建软件工程模板

标准外设库文件及目录结构复杂，对初学者来说学习起来较难。因此本书将标准外设库文件进行简化整理，形成具有通用性的用户工程模板。开发者可以对用户工程模板所在目录进行命名，也可以根据自己的喜好对模板进行命名。

标准外设库的文件经简化整理之后如图2.2.9所示。

```
├─Libraries
│  └─STM32F10x_StdPeriph_Driver
│      ├─inc
│      └─src
│
├─Project
├─system
│      core_cm3.c
│      core_cm3.h
│      startup_stm32f10x_hd.s
│      stm32f10x.h
│      stm32f10x_conf.h
│      stm32f10x_it.c
│      stm32f10x_it.h
│      system_stm32f10x.c
│      system_stm32f10x.h
│
└─user_code
        main.c
```

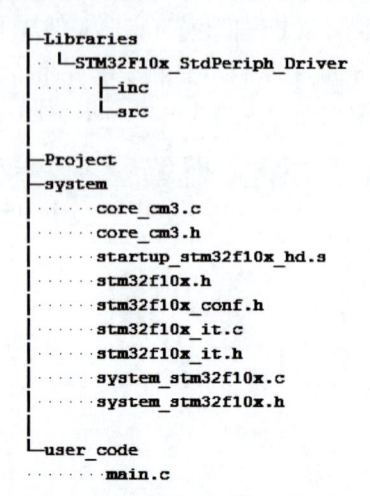

图2.2.9 基于STM32F10x标准外设库的经简化后的用户工程模板

Libraries 目录——STM32 库函数，直接复制自 Libraries 目录；此部分是标准外设库的核心内容，其中每一个.c文件对应STM32F103的一类外设。

Project 目录——仅放置 MDK 工程文件，不放置 c 语言源码文件；

system 目录——除库函数之外其他必要的与STM32紧密相关的.c源码文件，这些文件从标准外设库各目录抽取而来，随着学习的深入，学生应逐渐了解其含义与作用；

user_code 目录——用户程序，所有用户自行编写的源码文件；用户程序一般调用库函数提供的各种功能，组合完成特定的任务。

需要说明的是，标准外设库 Libraries \ CMSIS \ CM3 \ DeviceSupport \ ST \ STM32F10x \ startup 目录下是各种编译环境下的启动文件。arm 目录代表 Keil MDK 环境，iar 目录代表 IAR EWARM 开发环境。每个目录下面有数个以 startup_stm32f10x 开头的.s文件（汇编语言源程序），这些文件对应STM32不同容量的处理器。

源码整合完成之后，打开 Keil MDK，新建用户工程模板，放置于工程目录。模板只需建立一次，以后可以采用复制并修改的方式完成不同工程的建立。新建 MDK 工程如图2.2.10所示。

新建工程时需要选择器件。由于主控目标板采用的芯片型号是STM32F103RET6，因此在选择器件的时候应该选择"STM32F103RE"，如图2.2.11所示。前面软件安装时已经提到，Keil MDK5 采用了器件包独立安装机制，因此前面在安装完开发环境 MDK5 之后，还要安装相应的器件包 Keil.STM32F1xx_DFP.2.3.0.pack。

工程建立完毕之后，在工程目录下会出现 MDK 的几个工程文件，双击.uvprojx 文件即可打开工程。打开 MDK 工程之后，可以单击按钮添加文件，如图2.2.12所示。

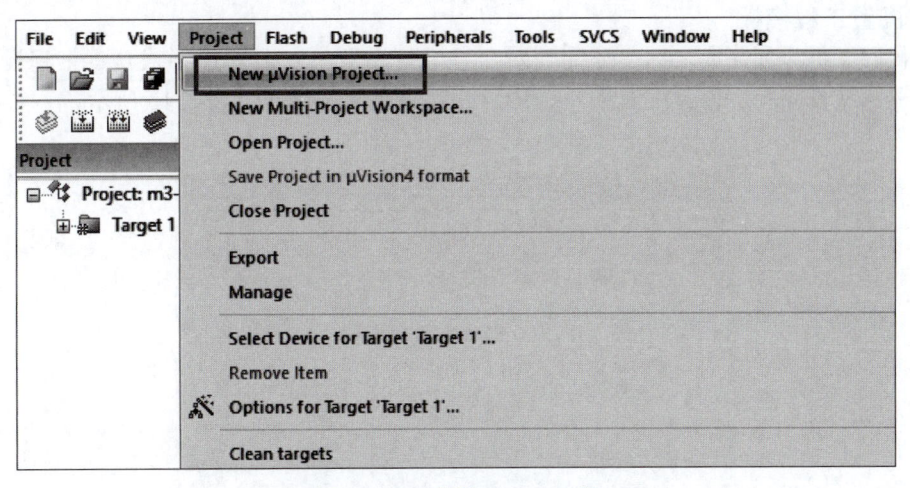

图 2.2.10　新建 MDK 工程

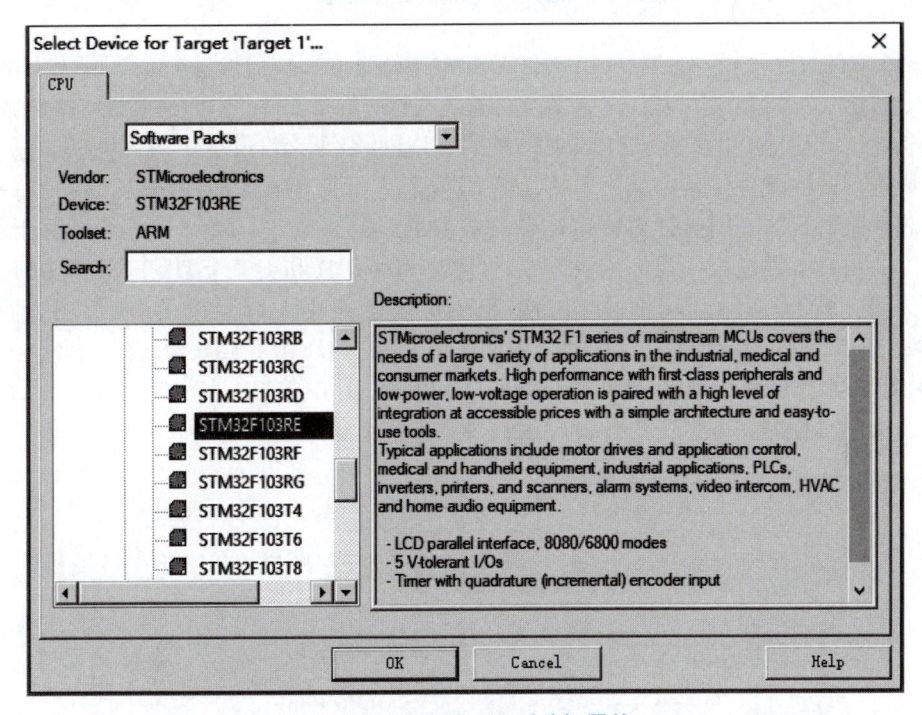

图 2.2.11　新建工程时选择器件

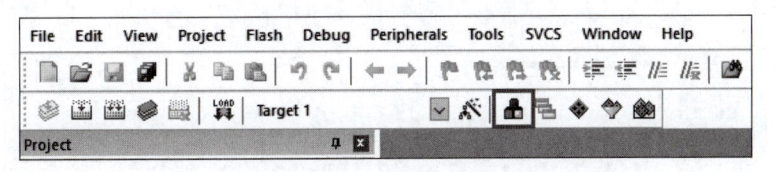

图 2.2.12　单击按钮添加文件

4. 配置工程模板

源代码文件添加完成之后，还需要对工程进行设置，才能够编译成功。工程设置主要包括配置头文件路径，以及配置编译选项。配置头文件路径如图 2.2.13 所示。

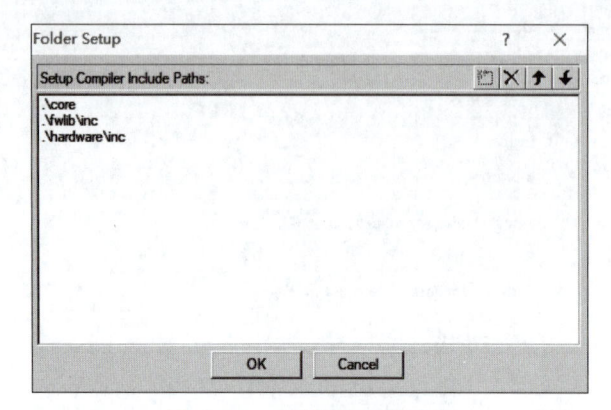

图 2.2.13　配置头文件路径

放置头文件的目录主要有三处：Libraries \ STM32F10x_StdPeriph_Driver \ inc 目录里主要放置外设库的头文件；system 目录里除了 .c 源码文件外还有相应的头文件，因此也应该将路径加入；此外，用户在编写应用程序的过程中也会创建头文件，用户程序所在目录 user_code 也应加入。

编译选项的配置主要是定义宏。因为源码是为适配所有器件而编写的，但是每一块电路板的芯片是特定的，因此针对特定的器件需要通过定义宏进行选择性编译。对于使用标准外设库的用户工程模板，我们需要定义 STM32F10X_HD 和 USE_STDPERIPH_DRIVER 两个宏，如图 2.2.14 所示。其中 STM32F10X_HD 表示使用大容量的 STM32F103。如芯片 Flash 容量是 512KB，属于大容量芯片，因此需定义 STM32F10X_HD 这个宏，而不是定义成 STM32F10X_LD、STM32F10X_MD 等。USE_STDPERIPH_DRIVER 表示使用标准外设库的驱动，我们的用户程序如果想使用外设库函数，必须定义这个宏。

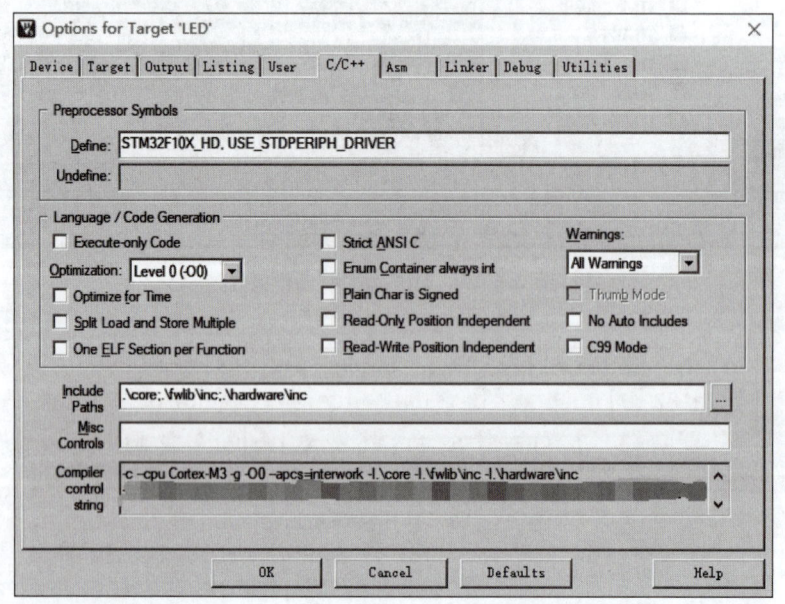

图 2.2.14　定义 STM32F10X_HD 和 USE_STDPERIPH_DRIVER 两个宏

MDK 工程还有诸多选项可以进行设置，对模板工程而言，配置完头文件路径和编译选项即可正常编译。

任务实施

1. 任务目的

（1）熟悉 OneNET 物联网实验箱；

（2）搭建基于 OneNET 物联网实验箱的开发环境；

（3）熟悉 MDK5 软件建立工程模板的流程。

2. 任务环境

（1）各小组 OneNET 物联网实验箱一个；

（2）联网计算机一台（含有软件工具包）、STM32F10x 标准外设库、示例程序包一个。

3. 任务内容

参照实训手册依次完成任务实施工单（见表 2.2.4）所列的训练操作内容。

表 2.2.4　任务实施工单

项目	智慧城市环境监测系统设计与实现		
任务	终端设备功能的实现	学时	4
计划方式	分组完成、组内成员分工协作		
序号	实施步骤		
1	识别 OneNET 物联网实验箱中的各类模块		
2	安装 Keil MDK 环境及串口驱动		
3	导入 Pack 建立软件工程模板		
4	移植、修改编译单机版功能程序		
5	下载程序，调试设备实现数据采集功能		

任务评价

完成任务训练后，进行任务检查与评价，可采用小组互评等方式。任务评价单如表 2.2.5 所示。

表 2.2.5　任务评价单

项目二	智慧城市环境监测系统设计与实现	成员姓名	
任务 2.2	终端设备功能的实现	日　　期	
考核方式	过程评价	本次总评	
职业素养 （30 分，每项 10 分）	□具有严谨细致、执着专注的职业态度 □具备发现问题解决问题的能力 □善于沟通交流，有较好的团队协作精神	较好达成□（≥24 分） 基本达成□（≥18 分） 未能达成□（≤17 分）	
专业知识 （30 分，每项 10 分）	□了解 OneNET 物联网实验箱功能 □掌握项目组成的硬件模块的功能和关键指标 □掌握 NB-IoT 技术的特点	较好达成□（≥24 分） 基本达成□（≥18 分） 未能达成□（≤17 分）	

续表

技术技能 (40 分，每项 10 分)	□会查看硬件数据手册，了解设备固件信息 □会熟练使用 MDK5 软件进行修改、调试固件程序 □能够自主解决问题完成固件升级 □能够实现终端设备功能	较好达成□（≥32 分） 基本达成□（≥24 分） 未能达成□（≤23 分）
（附加分） （5 分）	□在本任务实训过程中能够主动积极完成，并帮助其他同学完成	

任务 2.3　OneNET 平台初体验

任务描述

在前面的任务中，W 先生团队已经完成单机终端设备的实现，但要实现物联网的远程管理控制，我们必须先要解决平台的问题。接下来，针对 OneNET 物联网平台，学习如何在平台上进行初次登录和产品的创建，了解物联网开放平台的主要功能及资源模型。

知识准备

2.3.1　OneNET 物联网开放平台

OneNET 物联网开放平台是中国移动打造的面向产业互联和智慧生活应用的物联网平台，OneNET 支持适配各种网络环境和协议类型，可实现各种传感器和智能硬件的快速接入，提供丰富的 API 和应用模板以支撑各类行业应用和智能硬件的开发，有效降低物联网应用开发和部署成本，满足物联网领域设备连接、智能化改造、协议适配、数据存储、数据安全以及大数据分析等平台级服务需求。

1. 主要优势

（1）设备快速开发。

支持 MQTT、CoAP、LwM2M、HTTP 等多种行业主流标准协议及私有协议接入；支持 2G、4G、NB-IoT、WiFi、蓝牙、Thread 等多种通信模组接入，提供设备端 SDK 及基于模组的接入能力，帮助开发者快速实现设备接入和产品智能化开发。

（2）一站式应用开发。

提供通用领域服务和行业业务建模基础模型，帮助开发者在线快速构建云上应用和进行应用托管；提供和物 APP，用户不必关注底层实现，只需通过配置专属交互控制界面，即可完成智能家居场景 APP 应用开发，提高应用开发效率。

（3）高效数据处理。

提供高可靠的实时消息云服务，保障开发者业务稳定运行，提供规则引擎、场景联动等能力，帮助开发者灵活定义设备数据的解析过滤规则、存储、输出等，降低用户数据处理成本。

(4)增值服务升级。

提供远程升级 OTA、位置定位 LBS、消息队列 MQ、数字可视化 View、人工智能 AI 等增值能力，助力开发者产品升级；以强大的 OneNET 生态为基础，打通国内外产品线上线下渠道，助力产品快速出货和流量变现。

2. 名词解释

这里将本书中使用到的 OneNET 云平台的名词做一个解释，便于读者了解，如表 2.3.1 所示。

表 2.3.1 OneNET 云平台常用名词解释

名词	名词解释
产品	产品是一组具有相同功能定义的设备集合，产品下的资源包括设备、设备数据、设备权限、数据触发服务以及基于设备数据的应用等多种资源，用户可以创建多个产品
产品 ID	即参数 product_id，是由平台分配的，在平台范围内产品的唯一识别号，作为设备登录鉴权参数之一
MQTT	消息队列遥测传输协议（Message Queuing Telemetry Transport，MQTT）是一个物联网传输协议，被设计用于轻量级的发布/订阅式消息传输，旨在为低带宽和不稳定的网络环境中的物联网设备提供可靠的网络服务。MQTTS 指 MQTT+SSL/TLS，在 MQTTS 中使用 SSL/TLS 协议进行加密传输
CoAP	受约束的应用协议 CoAP 是一种软件协议，旨在使非常简单的电子设备能够在互联网上进行交互式通信。CoAPS 指 CoAP over DTLS，在 CoAPS 中使用 DTLS 协议进行加密传输
LwM2M	LwM2M 是 OMA 组织制定的一种轻量级的、标准通用的物联网设备管理协议，该协议提供了轻便小巧的安全通信接口及紧凑高效的数据模型，以实现 LwM2M 设备管理和服务支持，其消息传递通过 CoAP 协议达成
泛协议	平台支持基于 MQTT，CoAP 等标准协议接入，对于其他类型协议（Modbus、JT808、私有协议、云平台）的设备，在无法直接与平台建立连接的情况下，可使用泛协议 SDK，快速构建桥接服务，搭建设备与平台、平台与平台的双向数据通道
OneJSON 协议	OneJSON 数据协议是针对物联网开发领域设计的一种数据交换规范，数据格式是 JavaScript 对象表示法（JavaScript Object Notation，JSON），用于设备端和物联网平台的双向通信，可以更便捷地实现和规范设备端和物联网平台之间的业务数据交互
accessKey	安全性更高的访问密钥，用于访问平台时的隐性鉴权参数（非直接传输），通过参与计算并传输 Token 的方式进行访问鉴权。目前平台提供用户、设备两种类型 accessKey
Token	安全性更高的鉴权参数，由多个参数运算组成，在通道中直接传输
产品认证	物联网终端产品认证是由中移物联网有限公司发起，对物联网终端是否符合平台接入及其他技术规范进行认证的服务，认证的方式为线上+线下双重认证
产品物模型	产品物模型是对设备的数字化抽象描述，描述该型号设备是什么，能做什么，能对外提供哪些服务
属性	用于描述设备的动态特征，包括运行时的状态，应用可发起对属性的读取和设置请求
事件	设备运行时可以被触发的上行消息，如设备运行的记录信息，设备异常时发出的告警、故障信息等；可包含多个输出参数

69

续表

名词	名词解释
服务	用于描述终端设备可被外部调用的能力，可设置输入参数和输出参数。服务可实现复杂的业务逻辑，例如执行某项特定的任务；支持同步或异步返回结果
设备	归属于某一个产品下，是真实设备在平台的映射，用于和真实设备通过连接报文建立连接关系，平台资源分配的最小单位，设备之间通过设备名称来区分
设备名称	设备在平台的身份标志，单个产品下唯一。添加设备时由用户自定义，可以用 SN、IMEI 等信息作为设备名称
设备分组	物联网平台支持建立设备分组，分组中可包含不同产品下的设备。通过设备组来进行跨产品管理设备
应用 API	平台提供设备、服务等云端 API，帮助快速开发应用，满足场景业务需求
应用长连接	应用长连接是提供点对点通信的服务，可实现应用设备数据的实时获取和控制命令下发，适用于设备操作频繁，对交互性、时效性要求比较高的应用场景，如智能家居 APP、大屏应用等，可以减少网络请求次数和流量开销
数据推送	HTTP 推送服务通过 HTTP/HTTPS 请求方式，将项目下设备及应用数据推送给应用服务器。平台作为 HTTP 客户端，应用服务器作为 HTTP 服务端进行数据通信。服务使用流程为：实例创建、实例验证、规则配置、消息推送。目前每个用户最多创建 10 个 HTTP 推送实例
消息队列	消息队列是具有低时延、高并发、高可用特点的消息通信中间件，可作为规则引擎的消息目的地，快速稳定地将项目数据推送至应用平台。服务使用流程为：实例创建、队列及消费代理创建、规则配置、客户端订阅消费。目前每个用户最多创建 10 个消息队列实例
规则引擎	规则引擎提供数据流转能力，可对项目下设备和应用数据进行过滤转换，并推送至用户指定应用服务器。规则引擎流转规则需要配置消息源（推送消息类型）、消息处理规则及消息目的地（推送方式）。目前每个项目支持最多创建 10 个流转规则
场景联动	场景联动是一种开发自动化业务逻辑的编程方式，目前支持设备、时间、第三方数据源等多维度的条件触发，您可以自定义设备之间的联动规则，系统执行自定义的业务逻辑，满足多场景联动需求

2.3.2 LwM2M 资源模型

用户可以在 OneNET 云平台创建多个产品资源，云平台会自动为每个产品分配独一无二的产品 ID、Masterkey 和注册码。每个产品下面又包含多种平台资源，主要包括设备、设备数据流，能够可视化展示相应数据流。用户可以在一个产品目录下创建多个设备，而云平台为了区别每个设备，就会给设备分配独一无二的设备 ID 和 API key 作为设备唯一的身份标识。终端硬件设备采集的数据上传到云平台后，会以数据点的形式存储在对应的数据流之中。云平台可以通过简单的逻辑判断来达到数据流异常预警的目的，当数据流达到预警触发条件时，云平台就会通过短信或者邮件的方式提醒用户数据流出现异常。OneNET 对物联网参与对象进行了抽象，并实现了 LwM2M 资源模型，如图 2.3.1 所示。

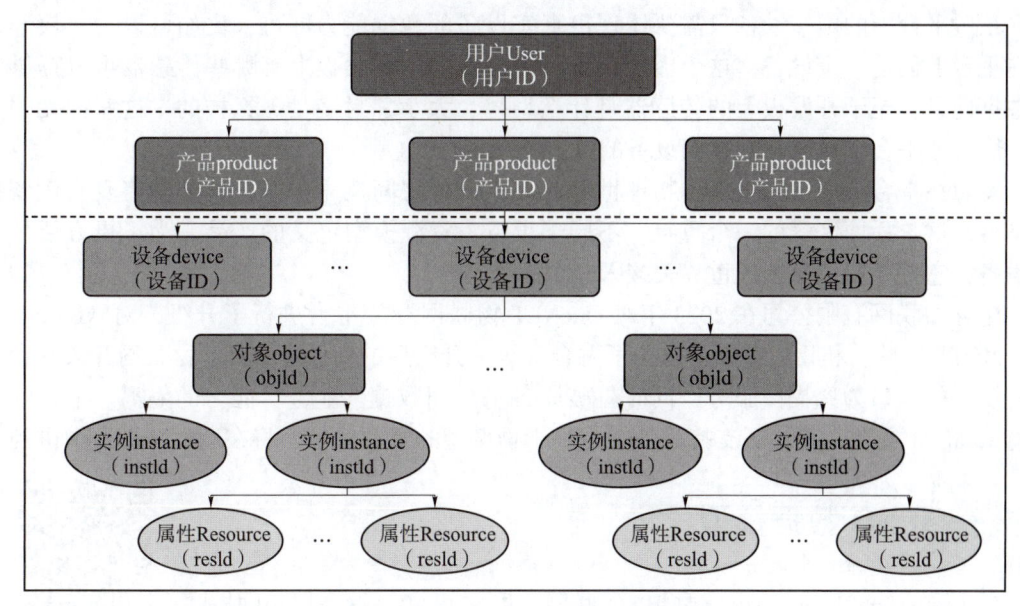

项目 2　智慧城市环境监测系统设计与实现

图 2.3.1　LwM2M 资源模型

　　针对 LwM2M 产品和设备，OneNET 定义了其资源模型。资源的顶层是用户，每个用户有自己独立的一个用户 ID。每个用户下面可以创建多个产品，根据用户的类型以及是否实名认证，用户能够创建的产品数有差异。完成认证的个人用户，允许创建 10 个产品。完成认证的企业用户允许创建 100 个产品。

　　每个产品下面，又可以创建多个设备。完成认证的个人用户，每个产品下面可以接入 1 000 个设备，企业用户则允许每个产品下面接入 100 万个设备。

　　具体怎么来理解产品和设备呢？对于产品，我们可以理解为一个应用产品解决方案，比如智慧城市应用解决方案。

　　假如你拥有一个物联网创业公司，你想为你的客户提供一套智慧城市应用解决方案，从你的视角来看，那么需要做三件事情：第一，开发智慧城市硬件；第二，开发智慧城市软件；第三，让硬件和软件能够互联互通。前面已经讲解了硬件资源，假设软件已经有了。考虑实现第三件事，软件和硬件互联互通的问题。你可以开发自己的云平台来串联软硬件，但开发成本较高，后期维护成本也挺大。恰好 OneNET 云平台契合你的需求，因此，你决定借助 OneNET 平台来实现你的软件和硬件的互联互通。在这个场景中，你首先需要在 OneNET 平台上创建一个产品，所起到的作用就是收集你这个解决方案的所有硬件数据，并向智慧城市软件提供这些数据，从而有效地连接硬件和软件。

　　那么设备怎么理解呢？设备可以理解为在应用解决方案中使用到的所有传感器，比如智慧城市解决方案中的温湿度传感器、光照传感器等。资源模型中，一个产品下面可以接入多个设备，正如智慧城市应用解决方案中，可以囊括多种智能设备和传感器一样。

　　在设备之下，平台定义了对象、实例和属性三级资源，这三级形成一个三元组——objId/instId/resId。通过这个三元组就可以刻画设备所拥有的每一个资源，或者称之为数据流。这个三元组我们将会在介绍 IPSO 数据模型时进行详细讲解。

　　资源模型定义的设备是一种信息世界的虚拟概念，它跟物理世界真实的设备有区别也

71

有联系。平台上的虚拟设备只需要体现出真实设备的数据能力即可，比如可以为一块开发板在平台上创建一个设备，这个虚拟设备只需要反映出开发板上有哪些传感器可以提供实时数据即可，至于开发板上的传感器是什么型号、大小、封装是怎么样的，这些都无须关心，因此在平台上也看不到真实设备的这些物理属性。

要想在平台上的虚拟设备和物理世界的真实设备之间建立联系，就必须将真实设备接入平台，这是后面课程的一个重点。不同于设备，资源模型定义的产品是为了更方便地管理设备，它并不需要从物理世界去接入一个产品。

中移物联网有限公司在2023年对OneNET物联网开放平台进行了升级，对NB-IoT套件、MQTT套件、和物生活平台进行了融合升级，升级后的新版OneNET物联网开放平台将通过统一的入口为您提供服务，同时打破原各平台间数据、业务、能力的隔离。平台除了支持LwM2M资源模型，还支持另外一种基于物模型的资源模型，将在后面的课程中讲到。

2.3.3　IPSO 数据模型

IPSO 数据模型

IP for Smart Objects，也就是 IPSO 联盟，顾名思义，就是以 IP 技术为支撑，推动智能物件的互联互通。IPSO 是一个非营利性组织，由多个国际成员组成，包括全球多家知名 IT、通讯和能源技术公司。该联盟致力于使物联网智能物件基于开放标准的 IP 协议进行互操作，实现互相交流、理解和信任。IPSO 联盟于2017年加入开放行动通讯联盟（OMA）。

在 OSI 参考模型（见图 2.3.2）中，IPSO 数据模型位于网络层和应用层之上，叫做数据模型层，也就是图中的 Data Models 层次。在网络层，IPSO 数据模型支持 IPv4、IPv6，以及基于 IPv6 的低速无线个域网标准 6LowPAN，可以看出，IPSO 数据模型的网络层正是以 IP 技术为核心支撑的。在网络层之上的应用层，IPSO 是基于 CoAP 协议和 LwM2M 协议的，后两者是物联网领域非常重要的两个协议，后面我们会有专门的章节来介绍。

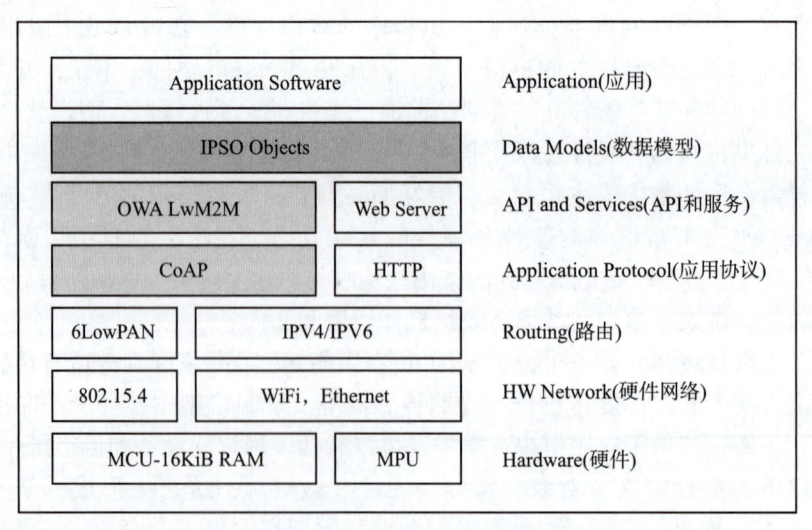

Application Software		Application(应用)
IPSO Objects		Data Models(数据模型)
OWA LwM2M	Web Server	API and Services(API和服务)
CoAP	HTTP	Application Protocol(应用协议)
6LowPAN	IPV4/IPV6	Routing(路由)
802.15.4	WiFi，Ethernet	HW Network(硬件网络)
MCU-16KiB RAM	MPU	Hardware(硬件)

图 2.3.2　OSI 参考模型

IPSO 联盟希望完成下述五个目标：

（1）推动 IP 协议成为智能物件相互连接与通信的首要解决方案。

（2）通过白皮书发布、案例研究、标准起草及升级等手段，推动 IP 协议在智能物件中的应用及其相关产品及服务的市场营销。

（3）了解智能物件相关行业和市场。

（4）组织互操作测试，使联盟成员及利益相关方证明其基于 IP 的智能物件相关产品和服务可共同运行，且满足行业的通信标准。

（5）支持 IETF 及其他标准组织开发智能物件的 IP 协议技术标准。

其中最核心的是推动 IP 协议成为智能物件相互连接与通信的首要解决方案，这也是 IPSO 中 IP 的由来。

IPSO 联盟目前已经发布了两部智能物件的指南。第一部是入门包，叫作 Starter Pack；第二部是扩展包，也就是 Expansion Pack。在这两部指南中，定义了常见物件的编码和资源。以入门包为例，IPSO 定义了诸如光照传感器、温度传感器、湿度传感器、能源测量和光照控制等 18 种智能物件的表示方式。

IPSO 定义的基本智能物件如表 2.3.2 所示。

表 2.3.2　IPSO 定义的基本智能物件

序号	智能物件名称	Object（对象）	Object ID（对象 ID）	Multiple Instances？（是否有多个实例）
1	数字输入	IPSO Digital Input	3200	Yes
2	数字输出	IPSO Digital Output	3201	Yes
3	模拟输入	IPSO Analogue Input	3202	Yes
4	模拟输出	IPSO Analogue Output	3203	Yes
5	通用传感器	IPSO Generic Sensor	3300	Yes
6	光照传感器	IPSO Illuminance Sensor	3301	Yes
7	存在传感器	IPSO Presence Sensor	3302	Yes
8	温度传感器	IPSO Temperature Sensor	3303	Yes
9	湿度传感器	IPSO Humidity Sensor	3304	Yes
10	能源测量	IPSO Power Measurement	3305	Yes
11	驱动执行	IPSO Actuation	3306	Yes
12	设定点	IPSO Set Point	3308	Yes
13	负载控制	IPSO Load Control	3310	Yes
14	光照控制	IPSO Light Control	3311	Yes
15	功率控制	IPSO Power Control	3312	Yes
16	加速度计	IPSO Accelerometer	3313	Yes
17	磁力计	IPSO Magnetometer	3314	Yes
18	晴雨表	IPSO Barometer	3315	Yes

IPSO 为每个智能物件定义了唯一的物件编码，也就是 Object ID，比如温度传感器被定义为 3303，湿度传感器被定义为 3304，等等。对每一个智能物件，还定义了其在 LwM2M 协议中的资源标识，也就是如表 2.3.3 所示的智能物件信息中的 Object URN。这也反映出，

IPSO 数据模型可以适配 LwM2M 协议。事实上，现在它们都归属于 OMA 组织。

表 2.3.3 智能物件信息

Object（对象）	Object ID（对象 ID）	Object URN（对象资源标识）	Multiple Instances?（是否有多个实例）	Description（描述）
IPSO Temperature	3303	urn:oma:lwm2m:ext:3303	Yes	Temperature sensor, example units = Cel

在每个智能物件中，IPSO 还定义了一系列资源。以温度传感器为例，该传感器拥有 7 个资源。温度传感器资源列表如表 2.3.4 所示。

(1) Sensor Value，代表传感器检测的实时温度；
(2) Units，代表温度的单位，摄氏度还是华氏度；
(3) Min Measured Value，代表传感器上电以来检测到的最低温度；
(4) Max Measured Value，代表传感器上电以来检测到的最高温度；
(5) Min Range Value，代表传感器能够检测的最低温度；
(6) Max Range Value，代表传感器能够检测的最高温度；
(7) Reset Min and Max Measured Values，重置上电以来检测到的最低、最高温度。

表 2.3.4 温度传感器资源列表

Resource Name（资源名称）	Resource ID（资源 ID）	Access Type（访问类型）	Multiple Instances?（是否有多个实例）	Mandatory（必选还是可选项）	Type（数据类型）	Descriptions（描述）
Sensor Value	5700	R	No	Mandatory	float	传感器实时检测值
Units	5701	R	No	Optional	string	数值单位
Min Measured Value	5601	R	No	Optional	float	上电以来检测到的最低温度
Max Measured Value	5602	R	No	Optional	float	上电以来检测到的最高温度
Min Range Value	5603	R	No	Optional	float	最小测量值
Max Range Value	5604	R	No	Optional	float	最大测量值
Reset Min and Max Measured Values	5605	E	No	Optional	opaque	重置最低、最高历史温度

每个资源都有各自独立的编码，用 Resource ID 来表示，比如实时温度，就用 5700 来表示。其他传感器如果也具备实时检测的功能，比如 3304 湿度传感器，它能检测实时的湿度

值，那么它的 Sensor Value 编码同样也是 5700。

除了定义每个资源的编码以外，IPSO 还定义了每个资源的访问类型，也就是 Access Type。绝大部分传感器资源都是 R 类型的，表示这个资源是可读的（Readable）。也有部分资源除了可读以外，还可写，比如光照控制，它有一个资源叫作 On/Off，资源 ID 是 5850，它的 Access Type 就是 R/W，表示 On/Off 这个资源既可读也可写，换句话说，用户可以通过这个资源读取到光照控制器的开关状态，也可以通过写这个资源，达到控制开关的目的。

少部分资源具备另外一个 Access Type，用字母 E 表示，代表 Executable，可执行的意思。比如 3305 能源测量传感器，它就拥有一个 E 类型的资源，叫作重置能源累计消耗量，用户就可以发送一条指令去控制该传感器，让累计消耗量重置为 0。

除了资源的编码以及访问类型以外，IPSO 还严格地规定了每个传感器是否强制要求必须具备某个资源，也就是 Mandatory 列，每个资源的数据类型是什么，等等。

可以看出，通过 IPSO 数据模型，日常生活中常见的传感器及其资源就被规范化了。它实际上是在应用程序和物联网平台之间架起了一座方便的桥梁，对设计应用程序以及与物联网平台对接，都带来了极大的便利。

IPSO 数据模型三元组如图 2.3.3 所示。

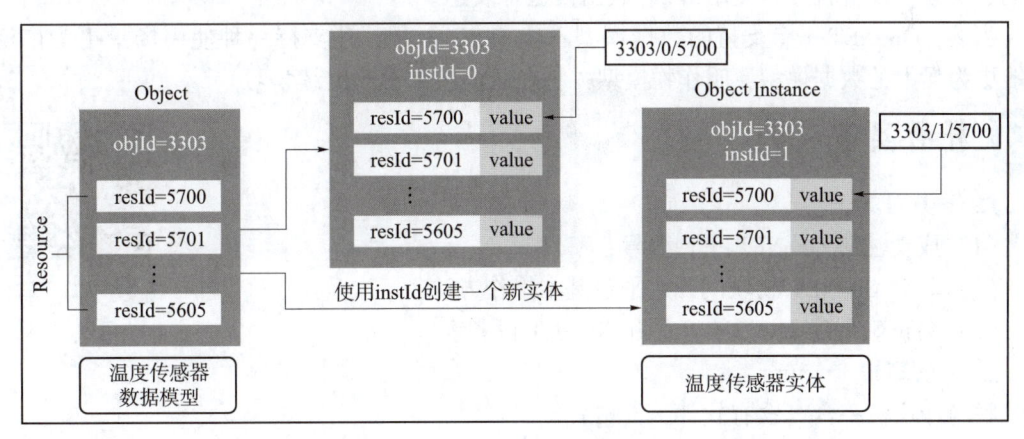

图 2.3.3 IPSO 数据模型三元组

为了将实际物件上的传感器刻画为信息世界的资源，我们可以遵循 IPSO 数据模型。然而在开发过程中，难免会碰到一种情况，就是同一个设备上，可能具备多个不同的传感器，有的传感器甚至是同一个类型，比如一个开发板上可能同时拥有多个可以受控的 LED 光照控制单元，一个监测设备上有两个温度传感器，等等。

如果仅仅使用 ObjectID 3303，以及 Resource ID 5700 来刻画上面情况的温度传感器及其资源，则必定无法区分到底是哪一个传感器。因此 IPSO 模型引入了一个实体 ID，也就是 instId，来刻画传感器实体。因此，objId/instId/resId 这样一个三元组，就能唯一刻画一个资源，3303/0/5700，就表示第一个温度传感器的实时温度；3303/1/5700，就表示第二个温度传感器的实时温度。instId 默认是从 0 开始的。平台显示的 IPSO 数据如图 2.3.4 所示。

这个三元组并不陌生，前面介绍的 LwM2M 资源模型正是采用了这个三元组。用这样一个三元组刻画的资源，通常称之为数据流。每一个数据流上，会源源不断地产生时序数据，在不同的时刻，有不同的测量结果，每一条测量结果，称之为数据点。

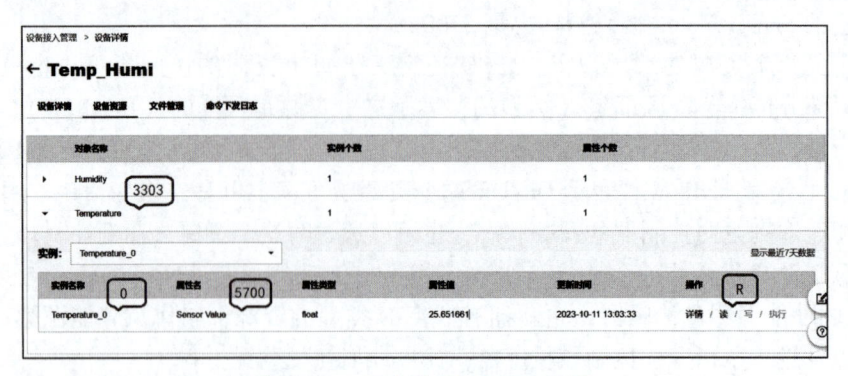

图 2.3.4 平台显示的 IPSO 数据

通过这个三元组刻画的数据流，就能够将真实的传感器资源在物联网平台上、应用程序中进行唯一的刻画，从而能够做到实际物件在信息世界的表达。

OneNET 平台上默认集成了 IPSO 数据模型。在创建产品时，当选择接入协议为 LwM2M，数据协议为 IPSO 时，就创建了一个兼容 IPSO 数据模型的产品。在该产品下，可以创建设备，设备就可以使用 IPSO 数据模型来表达。

当然，OneNET 平台支持的数据模型不止 IPSO 一种，还支持一种使用场景更为广泛、功能更为强大的数据模型，叫作物模型，将在后面的课程中继续学习。

任务实施

1. 任务目的

（1）成功注册 OneNET 平台账号；
（2）掌握 OneNET 物联网开放平台基本操作方法；
（3）会正确创建 LwM2M 产品和 NB-IoT 设备。

OneNET 平台产品和设备

2. 任务环境

联网计算机一台（含有软件工具包）。

3. 任务内容

参照实训手册依次完成任务实施工单（见表 2.3.5）所列的训练操作内容。

表 2.3.5 任务实施工单

项目	智慧城市环境监测系统设计与实现		
任务	OneNET 平台初体验	学时	4
计划方式	分组完成、组内成员分工协作		
序号	实施步骤		
1	访问平台地址，注册 OneNET 账号		
2	在 OneNET 物联网开放平台中创建基于 LwM2M 协议产品		
3	在 LwM2M 产品之下创建 NB-IoT 设备		

任务评价

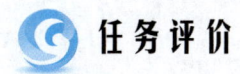

完成任务实施后，进行任务检查与评价，可采用小组互评等方式。任务评价单如表 2.3.6 所示。

表 2.3.6 任务评价单

项目	智慧城市环境监测系统设计与实现	成员姓名	
任务	OneNET 平台初体验	日　　期	
考核方式	过程评价	本次总评	
职业素养 (30 分，每项 10 分)	□具有严谨细致、执着专注的职业态度 □具备发现问题解决问题的能力 □善于沟通交流，有较好的团队协作精神	较好达成□　(≥24 分) 基本达成□　(≥18 分) 未能达成□　(≤17 分)	
专业知识 (30 分，每项 10 分)	□掌握 OneNET 物联网开放平台的架构和功能 □理解 LwM2M 资源模型 □理解 IPSO 数据模型	较好达成□　(≥24 分) 基本达成□　(≥18 分) 未能达成□　(≤17 分)	
技术技能 (40 分，每项 5 分)	□会注册登录 OneNET 平台账户并进行实名认证 □会进入 OneNET 平台创建产品，选择接入 LwM2M 协议、IPSO 数据格式和 NB-IoT 联网方式 □会进入 OneNET 平台创建设备 □会指定设备 IMEI 和 IMSI □设置设备鉴权信息 □会进入设备详情页查看设备信息 □会创建设备属性 □查看设备属性信息	较好达成□　(≥32 分) 基本达成□　(≥24 分) 未能达成□　(≤23 分)	
(附加分) (5 分)	□在本任务实训过程中能够主动积极完成，并帮助其他同学完成		

任务 2.4　系统功能的实现

任务描述

在前面的过程中 W 先生团队完成了智慧城市环境监测系统的搭建与单机实现，讲述了如何在 OneNET 平台上添加产品和设备，接下来的任务就是让真实设备接入 OneNET 平台，将真实设备与 OneNET 平台上的设备进行映射，然后将设备的数据上传到 OneNET 平台进行设备和数据管理，实现系统功能。

知识准备

2.4.1 终端设备接入 OneNET 平台

如前所述，本项目所设计的智慧城市环境监测系统的终端功能较为简单，主要实现环境温湿度数据的监测以及数据的无线传输。前面已经完成了系统的单机功能实现，并在 OneNET 平台上添加了产品和设备，接下来就要实现数据上传平台。此功能需要在 Keil MDK 中编写终端程序，编写完以后再烧写到核心模块上。实验箱上电运行以后，根据程序实现的逻辑完成两个主要步骤：一个是设备通过 NB-IoT 网络接入到 OneNET 平台上，完成设备的注册；另一个是通过 NB-IoT 网络上传温湿度数据，进行数据查看与管理。实验箱中硬件模块搭建如图 2.4.1 所示。

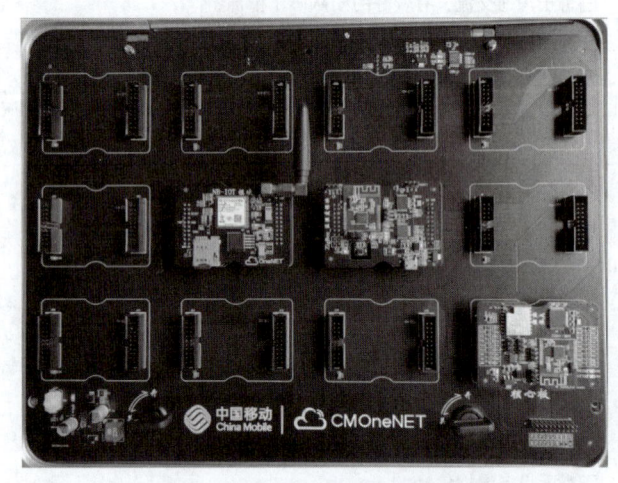

图 2.4.1 实验箱中硬件模块搭建

1. 设备接入逻辑

NB-IoT 模组 M5310-A 首先要附着到 NB-IoT 网络上，然后才能在 NB-IoT 网络上传输数据。因此，设备接入首先是要接入 NB-IoT 网络，其次是要通过 NB-IoT 网络接入到 OneNET 平台上。

MCU 进行系统的调度控制，它和 NB-IoT 模组通过串口直连。MCU 将采集的传感器数据传给 M5310-A 模组。M5310-A 模组接收到数据以后，将数据发送到 NB-IoT 网络当中进行传输，传输数据的格式，也就是传输协议使用的是 LwM2M 协议。NB-IoT 是物理通信网络，LwM2M 是承载的软件协议，接入逻辑如图 2.4.2 所示。

2. 设备接入流程

NB-IoT 设备接入 OneNET 平台流程图如图 2.4.3 所示。NB-IoT 设备接入 OneNET 平台的完整流程需要经过 7 个步骤。这 7 个步骤需要分别在设备域和平台域上操作完成，操作步骤必须按照顺序来。前面 2 个步骤，创建产品和创建设备，在 OneNET 平台创建了一个 NB-IoT 产品，并且在产品下面创建了一

NB-IoT 设备接入 OneNET 流程

项目 2 智慧城市环境监测系统设计与实现

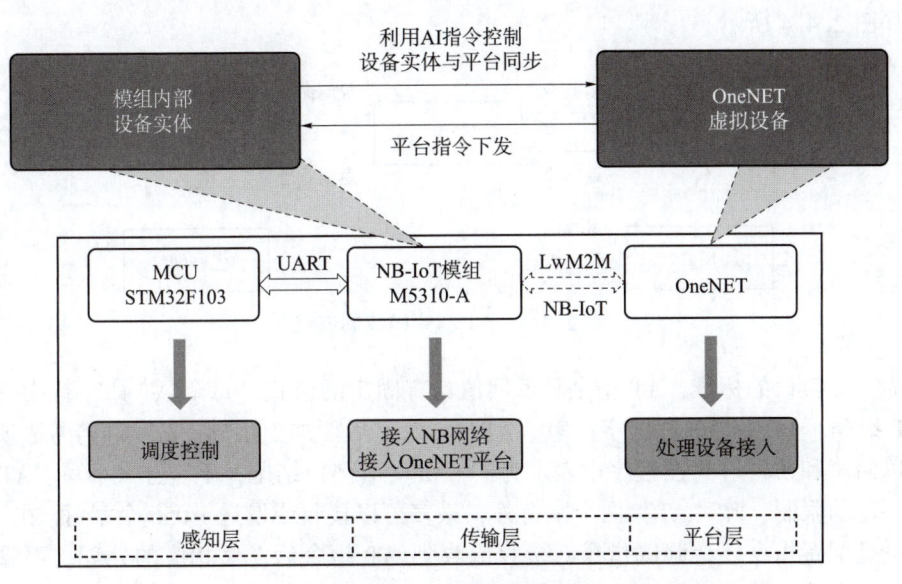

图 2.4.2 接入逻辑

个设备，指定了设备的 IMEI 号和 IMSI 号。步骤 4 在设备列表里面进行了设备信息查看，此时设备未接入还是离线状态。要想设备显示在线状态，就必须要接入设备，也就是进行步骤 3 的操作。在步骤 3 中，NB-IoT 模组首先要附着到 NB-IoT 网络上，然后再注册到 OneNET，从而实现设备接入。接入以后，执行步骤 4，我们就可以发现设备处于在线状态了。采集到温湿度数据以后，执行步骤 5 的数据上报，在 OneNET 平台上我们就可以依次进行资源列表查看和对象实例操作，也就是步骤 6 和 7 的内容。

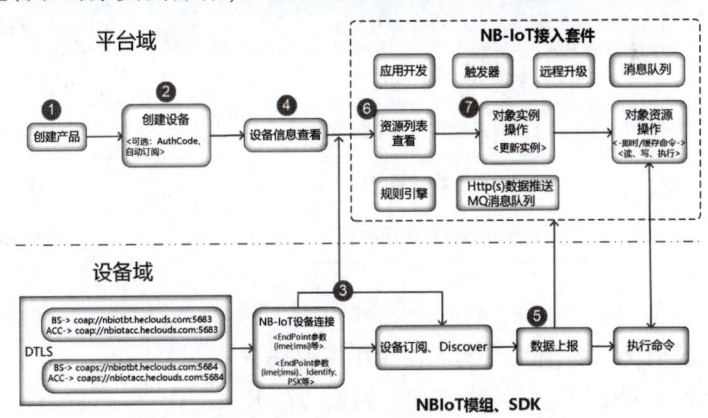

图 2.4.3 NB-IoT 设备接入 OneNET 平台流程图

3. M5310-A 模组的 AT 指令

AT 指令是无线传输模块与控制器之间的通信规则和标准。用户通过终端设备（Terminal Equipment, TE）或电脑向终端适配器（Terminal Adapter, TA）发送 AT 指令，TA 控制移动设备（Mobile Equipment, ME），可以实现呼叫、短信、电话本、数据业务、传真等方面的控制，为模块设定控制参数或发布控制命令，完成对设备的配置和调试。AT 指令的控

NB-IoT 设备入网流程及 AT 指令

制流程如图 2.4.4 所示。

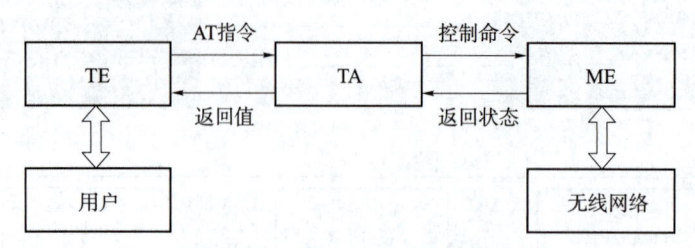

图 2.4.4　AT 指令的控制流程

作为一个接口的标准，AT 指令和返回值具有固定的格式。每个 AT 命令行中只能包含一条 AT 指令。AT 指令通常以字符串"AT"开头，后面加上字母、数字和符号表明具体的功能，以回车和换行符（在程序中表示为"\r\n"字符）结尾，不区分大小写。AT 指令的长度有一定的限制，除"AT"两个字符外，最多可以接收或发送 1 056 个字符。在 AT 指令中，无论是配置指令还是调试指令，接收端收到 AT 指令后，做相应的处理。不管成功与否，每个指令执行后都有相应的返回信息。对于其他一些非预期的信息（如连接失败、通信中断等），模块将会给出对应的提示信息。用户通过返回值来判断模块是否工作正常。当传输出现错误时，模块会返回相应的错误代码，提示用户错误类型，以便进行相应的错误处理。用户还可以发送 AT 指令来设置是否接收错误代码。AT 指令分为配置指令、测试指令、查询指令和执行指令。如表 2.4.1 所示的 AT 指令的分类中，对 AT 指令的类型、功能和格式做了详细说明。各种类型的指令很相似，在操作时一定要谨慎细致。

表 2.4.1　AT 指令的分类

类型	功能	格式
配置指令	配置用户自定义的参数	AT+XXX=<…>
测试指令	设置内部参数及其取值范围	AT+XXX=?
查询指令	查询参数的当前值	AT+XXX?
执行指令	读取不可更改的参数	AT+XXX

说明：

（1）<…>中的值为缺省值。在实际使用中不必输入<>。

（2）各个参数必须按规定的顺序排列，用逗号隔开。

（3）如果参数是字符串格式，则必须使用双引号引起来。当不使用双引号时，不计空格字符。

（4）虽然 AT 指令本身不区分大小写，但有些参数需要区分。

（5）各个厂家根据具体生产的模块，会自定义一些特殊的 AT 指令。因此，具体使用时要参考厂商提供的产品说明手册。

NB-IoT 设备接入 OneNET 平台的具体实现要靠软件来完成。这里就需要了解 NB-IoT 模块的 AT 指令，查看 M5310-A 模组的产品说明手册，可列出 M5310-A 模组对接 OneNET 平台的完整 AT 指令，如表 2.4.2 所示。

表 2.4.2　M5310-A 模组的 AT 指令集

AT 指令	作用
M5310-A 上电检查流程	
AT+NRB	判断模组是否启动成功
AT+CIMI	判断 SIM 卡初始化是否成功
AT+CEDRXS=0，5	禁用 eDRX 省电模式
AT+CPSMS=0	禁用 PSM 省电模式
AT+CEREG？	判断网络附着情况，标识位返回 1——本地网络已入网；5——漫游已入网；其他情况为注册异常
AT+CSQ	信号质量检查
M5310-A 模组侧设备创建、资源订阅及注册流程	
AT+MIPLCREATE=<totalsize>，<config>，<index>，<currentsize>，<flag> 参数说明： a. totalsize：指示<config>部分总数据长度，按 ASCII 计数； b. config：具体的设备配置数据； c. index：配置数据分片参数； d. currentsize：当前分片部分数据长度； e. flag：配置数据流结束符。 返回值： +MIPL CREAT：<ref>（ref 是设备实例 ID，于后续操作）； OK	在模组侧创建一个通信设备实体，同一时间一个终端只允许存在一个通信设备实体
AT+MIPLDELETE=<ref>	在模组侧删除一个通信设备实体
AT+MIPLADDOBJ=<ref>，<objid>，<inscount>，<bitmap>，<atts>，<acts> 参数说明： a. ref：设备实例 ID； b. objid：Object ID； c. inscount：实例个数； d. bitmap：实例位图，字符串格式，每一个字符表示为一个实例，1 表示可用，0 表示不可用； e. atts：属性个数，默认设置为 0 即可； f. acts：操作个数，默认设置为 0 即可。 例子：AT+MIPLADDOBJ=0，3303，1，" 1"，1，0	在模组侧添加一个待订阅的 object 及其所需的 instance
AT+MIPLDELOBJ=<ref>，<objid>	删除一个已经订阅的 object 及其所属 instance

续表

AT 指令	作用
AT+MIPLDISCOVERRSP = <ref>, <objid>, <result>, <length>, <data> 参数说明： a. ref：设备实例 ID； b. objid：Object ID； c. result：保留，应设置为 1； d. length：data 长度； e. data：object 的资源列表多个属性之间使用分号";"隔开。 例子： AT+MIPLDISCOVERRSP = 0, 3303, 1, 4," 5700"	在模组侧添加一个待订阅的 object 所需的 resource 资源列表
AT+MIPLOPEN = <ref>, <lifetime>, <timeout> a. lifetime：本次注册平台的生命周期，单位是 s； b. timeout：注册的超时时长，可选参数，默认为 30，单位是 s。 例子：AT+MIPLOPEN = 0, 3000, 30	在模组侧向 OneNET 平台发起注册请求
M5310-A 模组侧 OneNET 数据收发流程	
AT+MIPLNOTIFY = <ref>, <msgid>, <objid>, <instid>, <resid>, <type>, <len>, <value>, <index>, <flag>［, <ackid>］ 参数说明： a. ref：设备实例 ID； b. msgid：该 resource 所属的 instance observe 操作时下发的 msgid； c. objid：Object ID； d. instid：Instance ID； e. resid：Resource ID； f. type：上报资源的数据类型（1——string, 2——opaque, 3——integer, 4——float, 5——bool, 6——hex_str）； g. len：value 值的长度； h. value：上报的数据值； i. index：指令号。可以发 N 条报文，从 N-1 到 0 降序编号，0 表示本次 Notify 指令结束； j. flag：消息标识，指示第一条或中间或最后一条报文。 例子：AT + MIPLNOTIFY = 0, 0, 3303, 0, 5700, 4, 4," 29.8", 0, 0	在模组侧向 OneNET 平台上报指定资源的数据
+MIPLREAD = <ref>, <msgid>, <objid>, <instid>, <resid>	（OneNET 平台请求 MCU 读取消息）平台下发 Read 数据读取操作时，模组收到服务器请求后，将通过串口上报该消息到 MCU
AT + MIPLREADRSP = < ref >, < msgid >, < result >, < objid >, <instid>, <resid>, <type>, <len>, <value>, <index>, <flag> 例子： AT + MIPLREADRSP = 0, 32705, 1, 3200, 0, 5700, 1, 4, " abcd", 0, 0	MCU 完成相应的 Read 操作后，向平台回复 Read 操作结果

续表

AT 指令	作用
+MIPLWRITE = <ref>，<msgid>，<objid>，<instid>，<resid>，<type>，<len>，<value>，<flag>，<index>	（OneNET 平台请求写数据到终端）平台下发 Write 写数据操作时，即从平台下发数据到终端，模组收到服务器数据后，将通过串口上报该消息
AT+MIPLWRITERSP = <ref>，<msgid>，<result> 例子： AT+MIPLWRITERSP = 0，25845，2	MCU 完成相关 Write 操作后，向平台回复 Write 操作结果
+MIPLEXECUTE = <ref>，<msgid>，<objid>，<instid>，<resid> [，<len>，<cmd>]	平台下发 Execute 执行操作时，即从平台下发相关数据到终端，模组收到服务器数据后，将通过串口上报该消息
AT+MIPLEXECUTERSP = <ref>，<msgid>，<result> 例子： AT+MIPLEXECUTERSP = 0，18166，2	MCU 执行完 Execute 操作后，向平台回复 Execute 操作结果
M5310-A 模组侧设备注销流程	
AT+MIPLCLOSE = <ref> 例子： AT+MIPLCLOSE = 0	在模组侧向 OneNET 平台发起设备注销请求
M5310-A 模组侧设备存活时间更新流程	
AT+MIPLUPDATE = <ref>，<lifetime>，<withObjectFlag> 参数说明： A. ref：设备实例 ID； b. lifetime：更新的 lifetime 值，单位是 s； c. withObjectFlag：是否需要同时更新注册的 Object 对象。 例子： AT+MIPLUPDATE = 0，300，1	在模组侧向 OneNET 平台发起设备存活时间更新请求

4. 终端软件的设计

本项目提供了 Demo 案例，在工程的 main.c 中，已经做好了系统时钟初始化、GPIO 初始化、ADC 采集初始化、USART 串口初始化，写好了 M5310-A 模组的入网流程，在进行程序设计时只需要补充相应的代码即可。

在代码编写过程中，着重注意以下三点：

一是要进行网络配置。LwM2M 协议有引导机和接入机的概念，类似于 DNS 解析（输入域名是通过域名解析服务器指向对应的主机的 IP 地址，再从主机调用网站的内容）。同时，在软件中还要配置"IMEI；IMSI"这个组合，此组合唯一标识了一个设备，这两个值必须与 OneNET 平台上的值对应，只有这样，才能够实现真实设备和 OneNET 资源模型的设备进行映射。

二是要进行资源配置。在资源模型中，NB-IoT 设备的资源就是 IPSO 数据流，一个数据流由一个三元组来刻画，写成"objid/instid/resid"的形式，分别代表对象 ID、实例 ID 和资源 ID，通过这一个三元组就把硬件的能力转变成平台上的一种数字化的表达，真实的硬件就被映射为虚拟的网络资源。三元组中的 objid/resid 需要符合 IPSO 标准的定义。

三是要进行设备保活。也就是设备需要定期地向 OneNET 平台发送心跳数据，这样平台才可以知道设备的连接状态。

分析 main 函数，其主要实现设备与 OneNET 平台通信的完整过程：

（1）初始化时钟、串口等资源；

（2）指定引导机地址、本机"IMEI；IMSI"号；

（3）注册三个回调函数 read_callback，write_callback 和 execute_callback，表示 OneNET 主动发起与实验箱通信的读、写、执行三种操作处理方法；

（4）准备传感器资源，供 OneNET 订阅；

（5）连接 OneNET，向 OneNET 注册登录；

（6）循环发送传感器数据，定义循环时间为 30 s；

（7）心跳数据每 300 s 发送一次。

可以看到，main.c 中添加温度资源和湿度资源的代码片段如下：

1）修改网络配置代码

```
char uri[]="coap://183.230.40.40:5683";        //引导机服务
char *servaddr=" 183.230.102.118";             //接入机 IP 地址,暂时无用
const char endpoint_name[]="IMEI;IMSI";        //IMEI 号和 IMSI 号
```

2）添加温湿度资源，进行资源配置

```
//添加温度资源
    temp.type = NBIOT_FLOAT;
    temp.flag = NBIOT_READABLE;
    ret = nbiot_resource_add(dev,
        3303,   /* objId */
        0,      /* instId */
        5700,   /* resId */
        &temp);
    if(ret)
    {
        nbiot_device_destroy(dev);
        printf("device add resource(temp) failed, code = %d.\r\n", ret);
    }

//添加湿度资源
    humi.type = NBIOT_FLOAT;
    humi.flag = NBIOT_READABLE;
    ret = nbiot_resource_add(dev,
        3304,
        0,
        5700,
        &humi);
    if(ret)
    {
     nbiot_device_destroy(dev);
        printf("device add resource(humi) failed, code = %d.\r\n", ret);
    }
```

3) read_callback 为读回调函数, 当 OneNET 平台发送 "读" 指令时, 该回调函数会被调用

```c
void read_callback(
    uint16_t objid,
    uint16_t instid,
    uint16_t resid,
    nbiot_value_t *data)
{
    if (objid == 3303 && instid == 0 && resid == 5700) { /* 温度 */
        SHT20_INFO sht20 = { 0 };
        sht20 = SHT20_GetValue();
        temp.value.as_float = sht20.tempreture;
    } else if (objid == 3304 && instid == 0 && resid == 5700) { /* 湿度 */
        SHT20_INFO sht20 = { 0 };
        sht20 = SHT20_GetValue();
        humi.value.as_float = sht20.humidity;
    }
}
```

4) write_callback 为写回调函数, 当 OneNET 平台发送 "写" 指令时, 该回调函数会被调用

```c
void write_callback(
    uint16_t objid,
    uint16_t instid,
    uint16_t resid,
    nbiot_value_t *data)
{
    printf("write /%d/%d/%d:%d\r\n",
        objid,
        instid,
        resid, data->value.as_bool);
}
```

5) 向 OneNET 注册登录, 周期性的发送设备注册命令

```c
//注册登录 OneNET
    ret = nbiot_device_connect(dev, 100);

    if (ret)
    {
        nbiot_device_close(dev, 100);
        nbiot_device_destroy(dev);
        printf("connect OneNET failed.\r\n");
        nbiot_reset();
    } else {
        printf("connect OneNET success.\r\n");
    }
```

```
do
{
    //周期性发送设备注册命令
    //如果资源有更新,则上传至 OneNET
    ret = nbiot_device_step(dev, 1);
    if (ret)
    {
        printf("device step error, code = %d.\r\n", ret);
    }

    //每 30 s 更新一下设备资源的值
    res_update(30);
}
```

2.4.2 设备数据上报

NB-IoT 设备数据上报流程

1. 整机调试

本项目中 M5310-A 模块使用了两个串口,MCU 通过 USART2 串口发送 AT 指令,控制 M5310-A 模块连接到中国移动 NB-IoT 网络,AT 指令的执行结果返回到 USART2 后再传到 USART1 上,因此,从串口调试工具所连接的 USART1 可以查看到返回的 AT 指令的执行结果。将修改编译好的 Demo 程序,下载到实验箱的核心模块中,打开串口调试工具,这里 USART1 的波特率为 115 200 bit/s,通过串口调试工具观察 AT 指令的执行结果,判断系统功能是否正常。串口调试工具显示的 NB-IoT 入网成功如图 2.4.5 所示,串口调试工具显示的接入 OneNET 平台成功如图 2.4.6 所示。

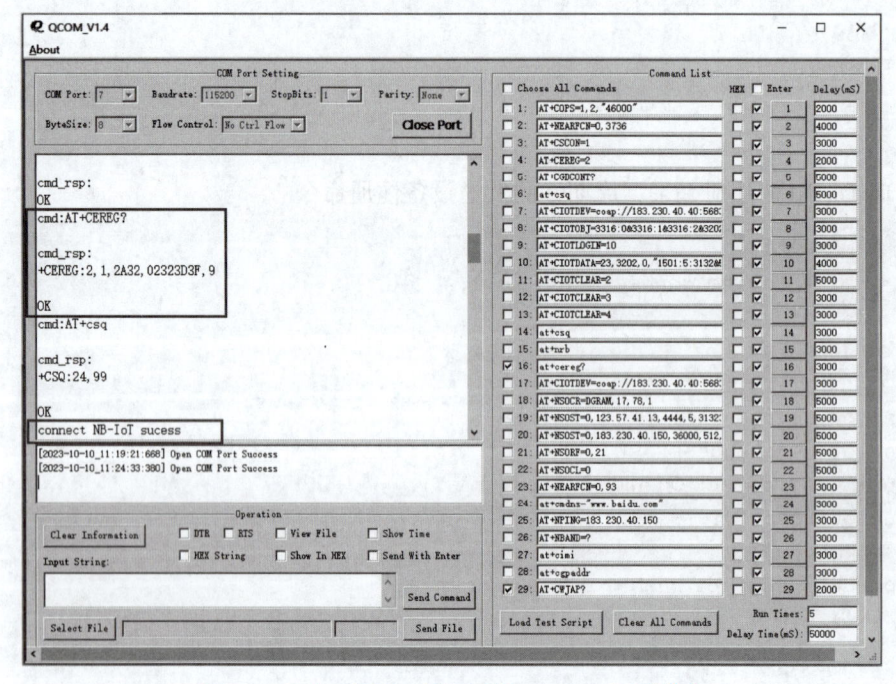

图 2.4.5 串口调试工具显示的 NB-IoT 入网成功

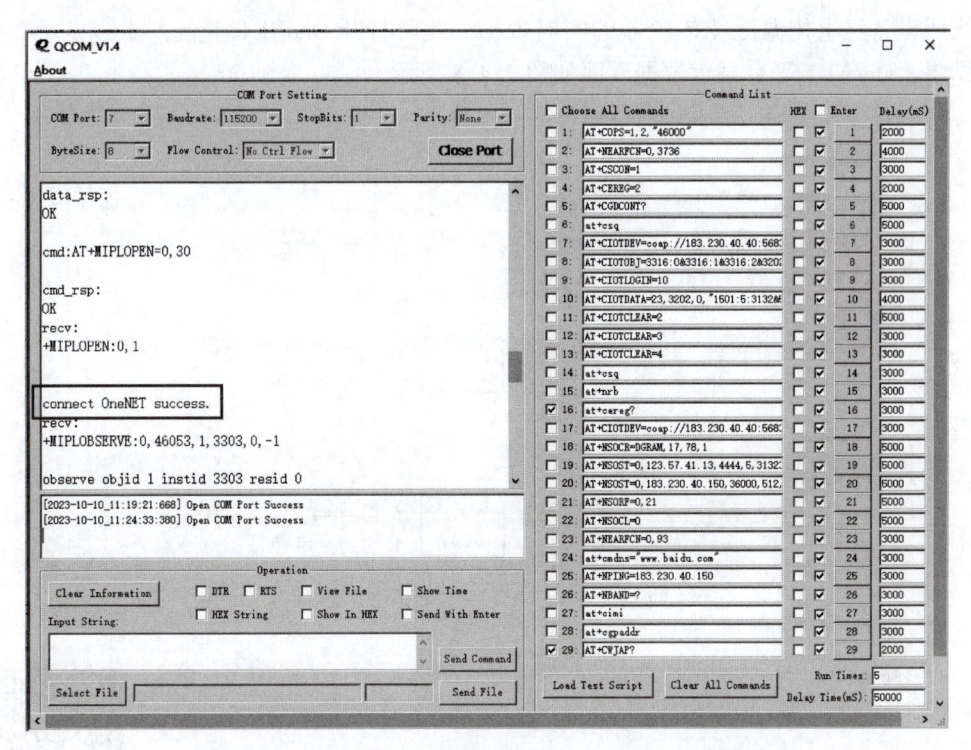

图 2.4.6　串口调试工具显示的接入 OneNET 平台成功

当串口调试工具返回结果显示"connect NB-IoT sucess",表明设备接入 NB-IoT 网络成功；AT 指令继续发送接入平台的指令,当收到"connect OneNET success",表明设备接入 OneNET 平台成功。此时打开 OneNET 平台,观察智慧城市环境监测系统的设备状态为在线,设备成功接入到平台。OneNET 平台管理界面如图 2.4.7 所示。

图 2.4.7　OneNET 平台管理界面

2. 数据展示

前面我们修改代码时已经添加温湿度资源,当串口调试工具返回结果显示

"Data AT+MIPLNOTIFY=0,3304,0,5700,4,"73.940857",1",
"Data:AT+MIPLNOTIFY=0,3303,0,5700,4,"25.522959",1"

87

表明设备正上传温湿度传感器的实时数据。此时打开 OneNET 平台，能够显示数据上报的结果，OneNET 平台显示数据界面如图 2.4.8 所示。

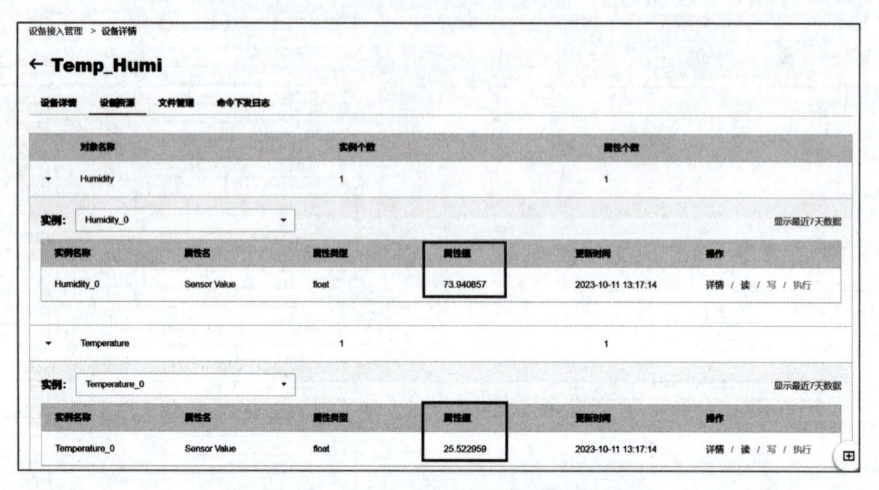

图 2.4.8 OneNET 平台显示数据界面

2.4.3 设备及数据管理

1. 产品管理

OneNET 平台可以实现设备的接入，也能够对产品设备以及数据进行管理，在用户创建的产品中可以查看产品名称、节点类型、接入协议、联网方式、开发状态、创建时间等，还具有产品开发、设备管理、产品删除的功能，单击"产品开发"按钮，则会显示产品的详细信息，包括产品 ID（它由系统自动生成），access_key（通过 API 访问产品时需要用到产品 key）、接入协议、数据协议、产品下包含的设备数量等信息，以及设备开发、Topic 管理和远程配置等功能。

OneNET 平台设备管理及数据管理

OneNET 平台显示的产品信息如图 2.4.9 所示。

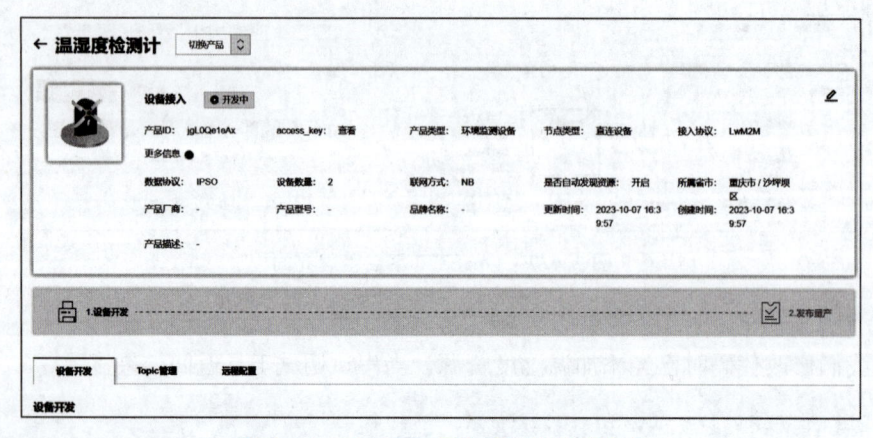

图 2.4.9 OneNET 平台显示的产品信息

2. 设备管理

在产品开发页面单击"设备管理"按钮，进入设备管理界面，用户同样可以查看到设备名称、所属产品、设备状态等概要信息。单击"详情"按钮，则会显示设备的详细信息，包括它所属的产品 ID，该设备的设备密钥（也称为设备 key）等。在通过 API 接口访问设备时，可以使用该设备的设备 key，也可以使用它所属的产品 key，后者的权限范围更大，可以访问到产品下的所有设备。在设备资源下，会列出设备的所有资源，比如温度传感器所代表的数据流会显示成 Temperature 对象，湿度传感器所代表的数据流会显示成 Humidity 对象。将鼠标悬停到对象上，则会显示 IPSO 对象的数字 ID，如 Temperature 会显示为 3303。

OneNET 平台显示的设备信息如图 2.4.10 所示。

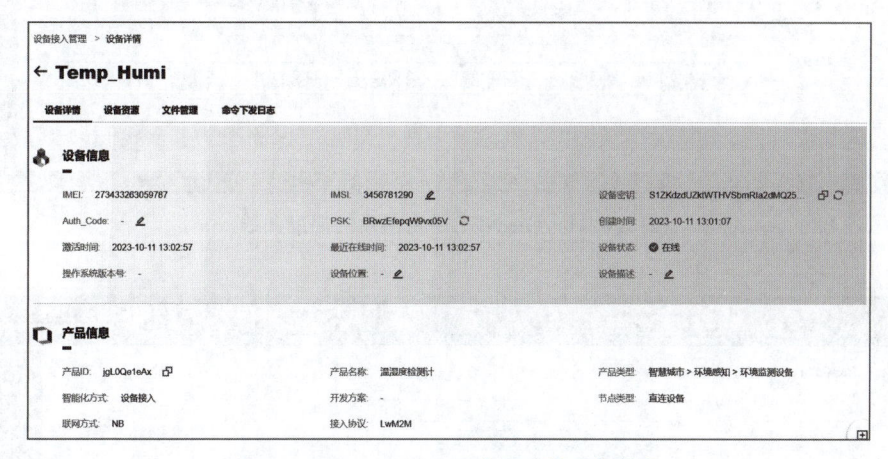

图 2.4.10　OneNET 平台显示的设备信息

3. 数据管理

在设备管理详情里，可以查看设备上传的所有传感器采集数据，本项目中展开 Temperature 对象，将鼠标悬停到 Temperature_0 实例名称上，将会显示实例 ID，其值为 0，表示这是设备上的第一个温度传感器。将鼠标悬停到 Sensor Value 上，则会显示为 5700，这是 IPSO 规范定义的温度资源 ID。单击"详情"按钮，则会弹出温度数值的历史曲线。系统支持历史数据查询。同样，本项目中展开 Humidity 对象，可直观地查看某一时段的湿度数值曲线。

OneNET 平台展示的湿度曲线如图 2.4.11 所示。

OneNET 平台展示的温度曲线如图 2.4.12 所示。

4. 命令日志

平台还具有查看命令日志的功能，对于某时段的收发命令进行查询，有两种方式。

第一种方式查询某个已知设备的日志信息，可以从设备管理列表单击"详情"按钮进入，然后切换到"命令下发日志"选项卡，即可以查询平台向设备下发的命令日志。

第二种方式查询所有设备的日志信息，可以进入"运维监控"菜单，选择"设备日志"，在这里通过选择产品、业务类型、日志状态以及时间段，可以进行批量查询。如果已知设备名称，可以输入设备名称进行查询；如果已知链路 ID，可以输入链路 ID 进行查询；如果已知消息 ID，还可以根据消息 ID 进行精确查询。

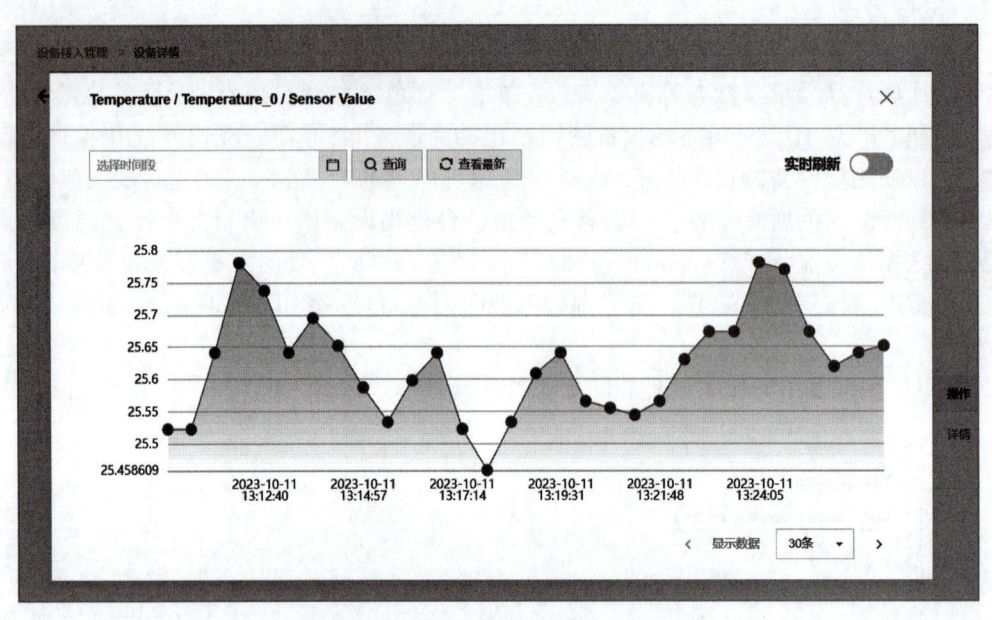

图 2.4.11　OneNET 平台展示的温度曲线

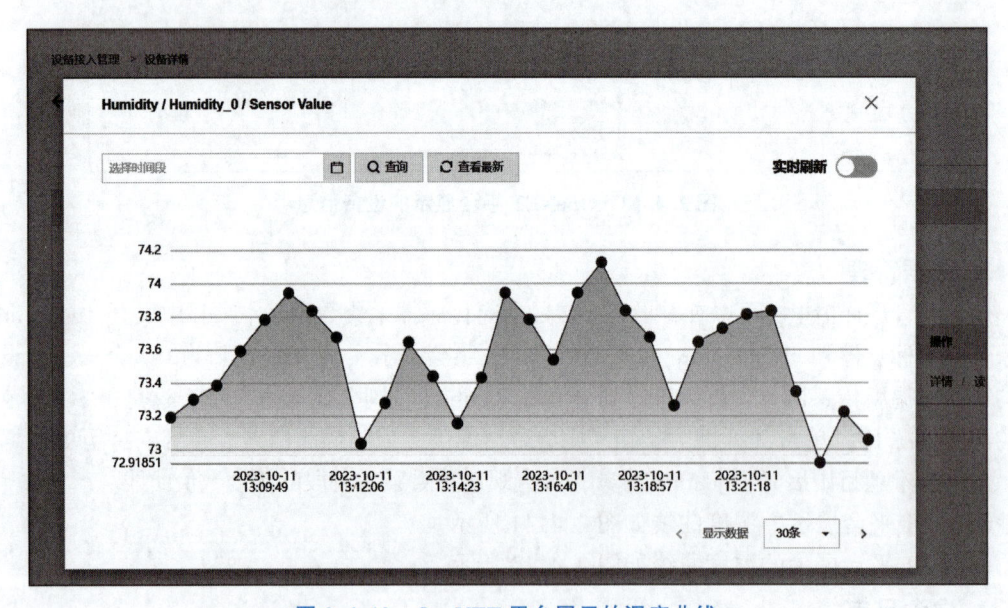

图 2.4.12　OneNET 平台展示的湿度曲线

设备日志查询如图 2.4.13 所示。

5. 文件管理

在"文件管理"选项卡，可以显示与设备关联的文件信息。用户可以手动上传文件，也可以调用北向 API 来上传文件。文件管理尤其适合摄像头类型的设备，摄像头拍摄的照片可以以文件的形式与设备的结构化资源数据同时进行存储，有助于追溯设备的历史信息。

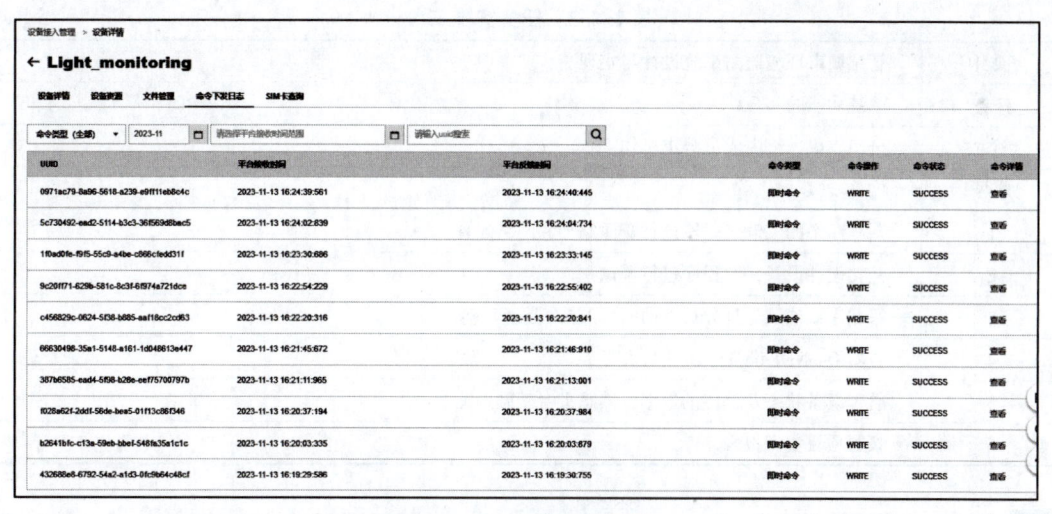

图 2.4.13　设备日志查询

文件管理页面如图 2.4.14 所示。

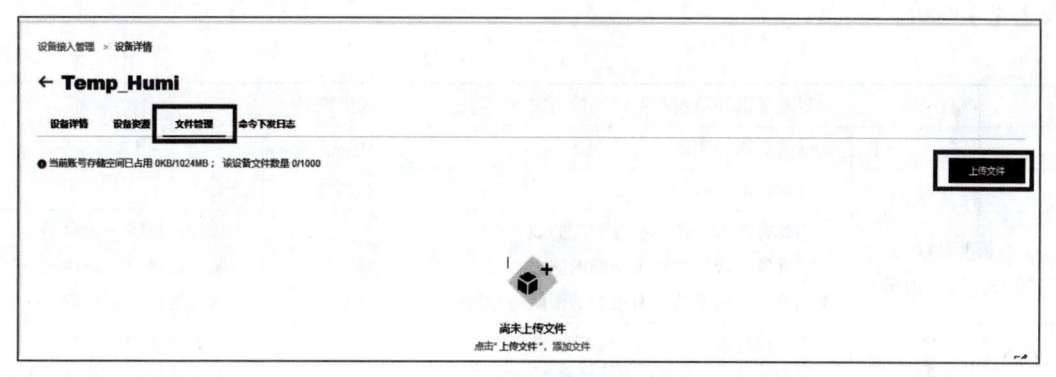

图 2.4.14　文件管理页面

任 务 实 施

1. 任务目的
（1）会正确修改、编译下载终端程序；
（2）熟悉 NB-IoT 设备的接入流程；
（3）熟悉 NB-IoT 设备的数据上报流程；
（4）会熟练地查看产品和设备的信息，对设备和数据进行管理。

2. 任务环境
（1）各小组 OneNET 物联网实验箱一个；
（2）联网计算机一台（含有软件工具包）、程序包一个。

3. 任务内容
参照实训手册依次完成任务实施工单（见表 2.4.3）所列的训练操作内容。

表 2.4.3 任务实施工单

项目	智慧城市环境监测系统设计与实现		
任务	系统功能的实现	学时	4
计划方式	分组完成、组内成员分工协作		
序号	实施步骤		
1	对程序中的关键代码段进行资源添加和网络配置		
2	连接硬件设备，对程序进行调试		
3	采用串口调试工具分析返回的 AT 指令是否正确		
4	查看 OneNET 设备的属性和状态		
5	管理设备状态及上传的数据，熟悉平台基础功能		
6	撰写项目实训报告		

任务评价

完成任务实施后，进行任务检查与评价，可采用小组互评等方式。任务评价单如表 2.4.4 所示。

表 2.4.4 任务评价单

项目	智慧城市环境监测系统设计与实现	成员姓名	
任务	系统功能的实现	日期	
考核方式	过程评价	本次总评	
职业素养 （30 分，每项 10 分）	□具有严谨细致、执着专注的职业态度 □具备发现问题解决问题的能力 □善于沟通交流，有较好的团队协作精神	较好达成□ （≥24 分） 基本达成□ （≥18 分） 未能达成□ （≤17 分）	
专业知识 （30 分，每项 10 分）	□掌握终端设备接入 OneNET 平台的流程 □理解 AT 指令的含义和读懂关键代码 □掌握设备数据上传流程	较好达成□ （≥24 分） 基本达成□ （≥18 分） 未能达成□ （≤17 分）	
技术技能 （40 分，每项 5 分）	□会查看设备当前状态 □会查看设备历史在线记录 □会查看设备日志 □会查看设备统计数据 □能够阅读平台数据管理开发者文档 □会根据开发者文档操作设备数据展示页面 □会查看设备历史数据 □能看懂设备上报数据的属性	较好达成□ （≥32 分） 基本达成□ （≥24 分） 未能达成□ （≤23 分）	
（附加分） （5 分）	□在本任务实训过程中能够主动积极完成，并帮助其他同学完成		

技能提升

（1）城市环境还有众多参数可监测，基于 IPSO 数据模型结合你所拥有的硬件资源，补充软件代码，仿照前面的实训步骤，在云平台上添加新的传感器资源，接入设备，将数据上传，完成数据点查看。

（2）本项目案例基于 IPSO 数据模型完成设备接入与数据管理，请自学 OneNET 官网提供的开发者文档，选择产品智能化开发，基于模组开发选择 NB 模组 M5310-A，下载平台提供的 MCU SDK 包，结合硬件调试程序，完成设备接入和温湿度数据的采集上报。

请选择任意一种方式完成实训操作，提升专业技能和自学能力。

拓展阅读

大自然对人类的报复，是随着人类社会的经济发展而渐趋严重的。人类生产力在不断提高，人口数量也迅速增长。当前，人类生存环境问题的传播愈广（世界性）和传递至深（世代性）越来越突出。进入 21 世纪以来，环境问题日益成为每个人都无法回避的危机。

1. 全球气候变化，海平面上升

全球气候变化是在统计学意义上全球范围内气候平均状态的巨大改变或者持续较长一段时间的气候变动（一般为 10 年或更长）。

近 30 年，北极冰层厚度减少了 40%，从原来的 3.1 m 变成 1.8 m。具有全球 91% 冰面的南极，已有 5 大冰块从陆地分离流入海洋。1973—1993 年，南极半岛西部的冰层减少了 20%。恒河源头的冰山正在以每年 30 m 的速度消失。

2. 土壤流失严重，耕地面积减少，土地荒漠化的危害愈见加大

荒漠化（沙漠化）指气候异常和人类活动等因素造成的干旱、半干旱和亚湿润干旱地区的土地退化。近半个世纪以来，由于人类过度耕种、过分放牧和狂砍滥伐森林，使土地变得贫瘠、植被遭到破坏、水土流失严重，加剧了荒漠化对人类的威胁。

根据《全球环境展望（四）》报告，约有 20 亿人依靠干旱地区的生态系统，其中 90% 生活在发展中国家。在全世界，土地总面积的 30% 以上是旱地，其中 30% 已经退化，特别容易荒漠化。因不可持续的土地管理方法及气候变化造成的土壤流失，全球每年有 2 万~5 万 km^2 的土地退化。

3. 水资源不足和水污染，制约经济发展，影响人类生活

水资源紧张是 21 世纪人类面临的头等重要问题。淡水占全球水资源的 2.6%，只有不到 1.2% 存在于土壤和空气中。目前全世界有 1/10 的河流遭污染，有 10 多亿人饮用污染水；有的国家地表污染高达 70%，欧洲北海一些水域因污染以致捕捞的鱼有 1/3 不能食用。

约占世界人口总数40%的80个国家和地区（约15亿人）淡水不足，有20亿人饮水紧张，其中26个国家（约3亿人）极度缺水。预计到2025年，世界上将会有30亿人面临缺水，40个国家和地区的淡水供应严重不足。

4. 大气污染，危害人类的健康

由于人类活动或自然过程引起某些有害物质进入大气，达到一定浓度并延续一定时间以后，危害空气环境，影响人类健康并致病的现象，称为大气污染。危害空气质量的有害物质就是大气污染物。大气污染物有100多种。

有自然因素形成的大气污染物和人为因素造成的大气污染物两种。前者如森林火灾、火山爆发等，后者如工业废气、生活燃煤、汽车尾气、农垦烧荒、建筑烟尘、生活炊烟及路边烧烤、核爆炸等。

大气污染物按其存在状态可分为两大类：

（1）气溶胶污染物：主要有粉尘、烟、液滴、雾（大量悬浮在近地面空气中的微小水滴或冰晶组成的气溶胶系统，是近地面空气中水汽凝结或凝华的产物）、霾（灰霾，空气中的灰尘、硫酸、硝酸、烃类等粒子使大气混浊，视野模糊并导致能见度恶化）、降尘、飘尘、悬浮物等；

（2）气态污染物：主要有硫氧化合物（SO_2为主），氮氧化合物（NO_2为主），碳氧化合物（CO_2为主）及碳、氢结合的烃类。

项目测评

1. 单选题

（1）下列关于NB-IoT技术的说法中，错误的是？（　　）

A. NB-IoT技术的带宽为180 kHz

B. NB-IoT技术使用非授权的频谱通信

C. NB-IoT技术适用于低传输速率的应用场合

D. NB-IoT技术具有低功耗、大连接等优势

（2）在OneNET平台上添加一个联网方式为NB-IoT的产品时，其设备接入可以选择（　　）协议？

A. MQTT　　　　B. LwM2M　　　　C. EDP　　　　D. Modbus

（3）关于创建设备，错误的是？（　　）

A. 一个设备只能按照一种协议与平台交互

B. 设备ID都是由平台自动生成的

C. 一个产品下可以创建多个设备

D. 一个设备下只能创建一个数据流

（4）IPSO规范定义了对象（Object）和资源（Resource），OneNET在IPSO基础上进行了扩展定义，其资源用以下哪个形式来表达？（　　）

A. objid：instid：resid　　　　B. objid/instid/resid

C. instid：objid：resid　　　　D. instid/objid/resid

（5）NB-IoT设备接入OneNET一般会经过以下几步流程：①创建设备；②创建产品；③接

入 OneNET；④接入 NB-IoT 网络；⑤数据上报；⑥设备订阅。以下顺序正确的是？（　　）

A. ①②③④⑤⑥
B. ②①④③⑥⑤
C. ④③②①⑤⑥
D. ③④①②⑤⑥

2. 多选题

（1）在 OneNET 平台上添加设备时，必须指定以下哪些信息？（　　）

A. 设备名称　　B. 设备 ID　　C. IMEI　　D. 订阅方式

（2）M5310-A 模组使用的 AT 指令，包括哪几种类型？（　　）

A. 测试指令　　B. 配置指令　　C. 查询指令　　D. 执行指令

项目 3

智慧园区节能减排监控系统设计与实现

引导案例

在重庆市及高新区政府的关怀下，重庆 AI city 云谷地块于 2023 年 1 月 6 日顺利封顶。重庆 AI city 园区主要通过打造零碳建筑推动园区应用转型，实现园区能源自给，减少园区碳排放。此外，园区构建"智能大脑"，推动园区管控数字化转型，实现了智慧化节能化管理运营，并刷新"最完整的 5G 城市智能生态、首个机器人友好园区、最大的步入式屋顶花园、碳中和低能耗社区"等多项纪录。重庆 AI city 园区效果图如图 3.0.1 所示。

图 3.0.1　重庆 AI city 园区效果图

重庆 AI city 园区通过在建筑之间分散式部署智慧杆塔、智能座椅，在建筑屋顶铺设光伏，实现园区能源自给，从而减少建筑碳排放。智慧杆塔集智能照明、环境监测、绿色能源、设施监管等功能于一身。一方面自带光伏，能够执行公共智能照明并充当汽车充电桩、USB 手机充电装置给园区用户电动汽车和手机充电，实现绿色能源供给，降低碳排放。另一方面，建筑采用节能环保材料并铺设屋顶光伏，提升园区能源自给率。

在推进智慧园区建设的同时，如何实现园区的节能减排也是非常重要的议题。一些较先进的智慧园区已经广泛应用了各种节能环保技术，以降低园区的能源消耗和减少碳排放。例如使用智能电网系统，实现对电力供需的动态平衡和优化配置，大幅提高电力使用效率；

使用智能照明和温控系统，根据环境变化主动调节用电设备运行参数等。

本项目将对智慧园区节能减排监控系统进行分析和设计，并基于 OneNET 平台进行功能实现。

职业能力

知识：

（1）了解智慧园区节能减排监控系统的整体架构；

（2）熟悉 CoAP、LwM2M 等南向通信协议的特点；

（3）理解 HTTP 协议、表述性状态传递（REpresentational State Transfer，REST）架构、Token 等知识；

（4）熟悉 Postman 工具进行第三方应用开发的基本方法。

技能：

（1）能根据项目系统架构图，撰写方案设计报告；

（2）能在 OneNET 平台上熟练地创建 LwM2M 产品和设备；

（3）能熟练完成系统搭建、代码移植、设备接入和数据管理；

（4）能使用 Postman 调用北向 API 接口，实现第三方应用对系统的远程控制。

素质：

（1）具有绿色环保、可持续发展的理念；

（2）树立行业规范与标准意识；

（3）具备网络安全意识，保护信息安全和隐私权益；

（4）具有较强的团队协作能力。

学习导图

本项目对智慧园区节能减排监控系统进行了项目背景介绍，对主流的物联网南向接入协议做了全面讲解，在项目二的基础之上进行功能拓展，实现硬件系统的搭建和软件资源的添加，使设备接入平台，通过第三方应用开发的实践，实现对系统的远程控制。

学习思维导图如图 3.0.2 所示。

本项目学习内容与物联网云平台运用职业技能等级要求（中级）的对应关系如表 3.0.1 所示。

```
                                          ┌ 知识准备 ┬ 智慧园区监控系统应用场景
                                          │         ├ 系统功能需求分析
                       ┌ 任务3.1 系统功能需求分析及方案设计 ┤         └ 系统架构设计
                       │                  └ 任务实施 ┬ 列出需求分析表
                       │                            └ 撰写系统方案设计报告
                       │
                       │                  ┌ 知识准备 ┬ 南向通信协议
                       │                  │         ├ CoAP
                       │                  │         ├ LwM2M
项目3 智慧园区           │                  │         ├ 其他协议
节能减排监控系 ─────── 任务3.2 终端设备接入 ┤         └ 泛协议
统设计与实现             │                  └ 任务实施 ┬ 创建LwM2M产品和设备
                       │                            └ 终端设备接入及数据上报命令下发
                       │
                       │                            ┌ HTTP
                       │                            ├ REST架构
                       │                  ┌ 知识准备 ┼ Token
                       │                  │         ├ JSON
                       │                  │         └ Postman
                       └ 任务3.3 智慧园区节能减排监控系统功能实现 ┤
                                          │         ┌ 使用Postman调用北向API
                                          └ 任务实施 ┼ 使用API接口获取设备资源
                                                    └ 实现灯光的远程控制
```

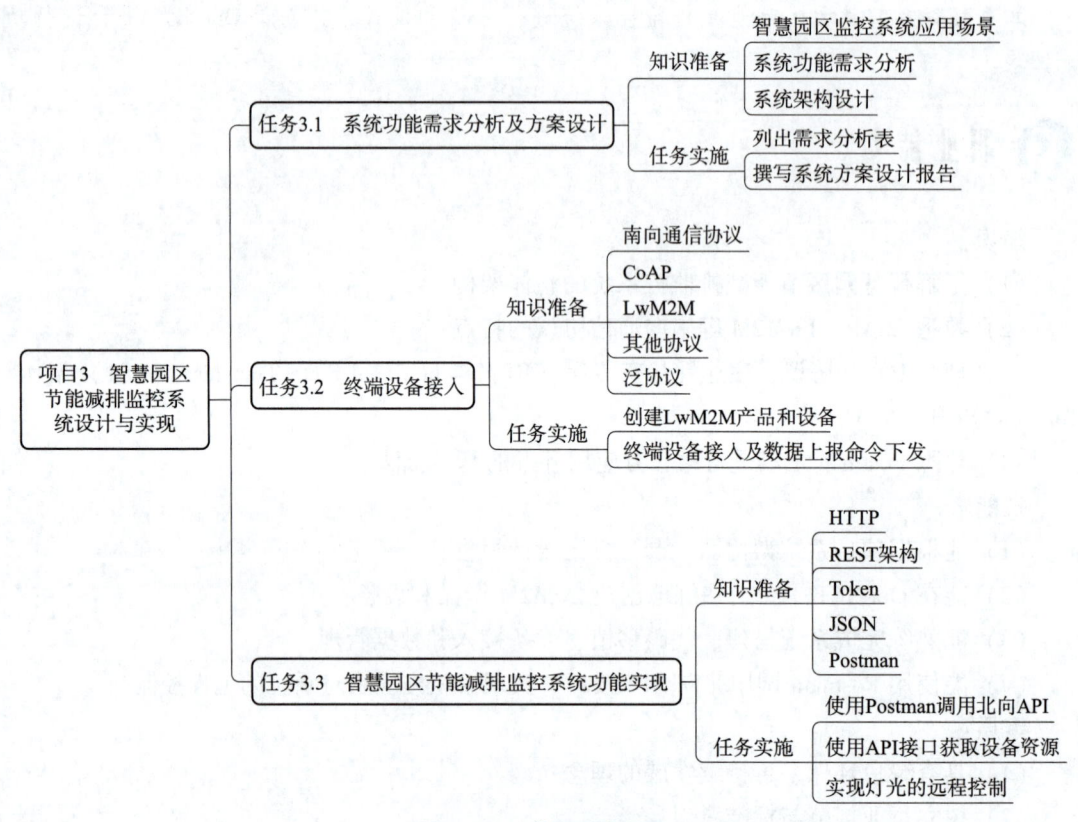

图 3.0.2 学习思维导图

表 3.0.1 本项目学习内容与物联网云平台运用职业技能等级要求（中级）的对应关系

物联网云平台运用职业技能等级要求（中级）		智慧园区节能减排监控系统设计与实现
工作任务	职业技能要求	技能点
1.1 产品创建 1.2 设备创建 1.3 属性创建	1.1.1 能够创建物联网平台账号，能够根据平台资源模型创建公开协议产品； 1.1.2 能够正确选择产品的通信协议； 1.2.1 会操作设备管理页面创建设备； 1.2.4 能够查看平台中设备描述信息； 1.3.4 能够查看设备属性信息	任务 3.2 （1）会创建物联网平台 LwM2M 协议产品； （2）会创建基于 NB-IoT 的设备； （3）会在平台上查看设备状态和信息； （4）能够查看设备属性信息
2.1 设备固件信息维护	2.1.1 了解设备固件信息描述规则； 2.1.2 会打包和上传设备固件； 2.1.3 会编辑设备固件信息； 2.1.4 会创建固件升级任务	任务 3.2 （1）会进行设备固件程序修改和调试； （2）能够对固件进行升级

续表

物联网云平台运用职业技能等级要求（中级）		智慧园区节能减排监控系统设计与实现
工作任务	职业技能要求	技能点
3.3 命令控制接口使用	3.3.1 熟悉平台的命令接口规范； 3.3.2 使用应用接口下发命令至设备； 3.3.3 使用应用接口查询命令状态； 3.3.4 使用应用接口查询命令历史数据	任务 3.3 （1）会阅读平台开发者文档关于 API 接口部分的内容； （2）会使用 API 接口获取设备资源列表； （3）会使用 API 接口读设备资源； （4）会使用 API 接口写设备资源
4.4 数据推送策略管理	4.4.1 能够使用云平台配置分组推送 URL； 4.4.2 能够使用云平台配置分组推送时间间隔； 4.4.3 能够使用云平台配置分组推送消息量	技能提升任务 （1）会阅读平台开发者文档关于数据推送部分的内容； （2）会在云平台上创建 HTTP 推送实例，配置推送的 URL，验证实例； （3）会在云平台上设置规则引擎； （4）会在云平台上实现消息推送至应用服务器

任务 3.1　系统功能需求分析及方案设计

任务描述

某智能科技公司从事物联网产品设计，现承接了一个智慧园区节能减排监控项目，需要设计一个节能减排监控系统，实现对智慧园区环境的实时监测、数据分析、自动控制，以更加精准的方式实现园区环境监管，达到智能决策的目的，并提高环境问题精准锁源、靶向治理水平。作为项目组成员，请你学习以下内容后，熟悉项目的需求和系统的方案设计。

知识准备

3.1.1　智慧园区监控系统应用场景

园区指一般由政府（民营企业与政府合作）规划建设的，供水、供电、供气、通信、道路、仓储及其他配套设施齐全、布局合理且能够满足从事某种特定行业生产和科学实验需要的标准性建筑物或建筑物群体，包括工业园区、产业园区、物流园区、都市工业园区、科技园区、创意园区等。作为智慧园区的重要组成部分之一，监控系统在园区安防方面起着至关重要的作用。

1. 监控系统在工业园区的应用

工业园区、产业园区等区域,为提高工业化的集约强度,聚集了各种生产要素,污染源较多,园区监控系统除了视频监控外,更应注重对园区空气质量的监测。当前,我国环境保护处于负重前行、补齐短板的关键期,必须加大力度、全力攻坚。空气质量监测是大气质量控制的基础,需要一系列真实准确的监测数据作为环境治理保护的支撑。对于一些污染源较多的工业园区、产业园区等区域,需要精准度高的环境监控系统。通过在主要污染区、重点监控区、人流量密集或者大型社区内部等区域安装 PM2.5 传感器、CO_2 传感器、温湿度传感器等监测设备,全面排查园区内全部企业的有毒有害气体环境风险隐患,实地勘察周边环境敏感区和环境风险防控措施,对园区内空气质量进行全面监控,保障园区生产、生活的顺利进行。

2. 监控系统在物流园区的应用

目前我国物流行业兴起,物流公司涌现,很多城市也建立了物流园区。物流园区是指在物流作业集中的地区,在几种运输方式衔接地,将多种物流设施和不同类型的物流企业在空间上集中布局的场所,也是一个有一定规模的和具有多种服务功能的物流企业的集结点。由于物流园区通常需要放置大量货物,出于安全考虑,监控系统必不可少。物流园区主要通过端到端流程监控,监督员工工作流程、高效工作,实现事后可查证,避免纠纷,提升物品安全保障。全面的视频监控是物流园区监控系统的基本要求,对于一些特殊的物流园区(如粮食物流园区)来说,除了视频监控,对于环境温湿度监控也有需求。近年来,我国各粮食物流重要节点纷纷建立了大型的粮食物流园区。在大型粮食物流园区建设中接入大量设备间时,往往没有配置精密空调等环境设备,也没有温湿度的实时监控设备,常常采取维护人员到现场测量环境温湿度。对大量设备间的温湿度监控缺失,容易出现因温湿度超标引起设备运行故障,而温湿度监控不到位也使维护人员难以预知此类故障。因此,对于粮食物流类智慧园区的建设,其监控系统需覆盖所有设备间,实现全面的视频及温湿度监控。

3. 监控系统在科技园区的应用

科技园区一般是指集聚高新技术企业的产业园区。科技园区已经成为推动技术创新、加速知识转移、加快经济发展的重要方式,是地区和城市经济发展和竞争力的重要来源。科技园区发展至今,不仅仅是进行科技研发和转化的载体,在建设方面更加注重"人的发展",它融合了人的生活、居住等因素,使科技园区和社区之间的融合之势更加迅猛。科技园区突出"工作、生活、休闲"于一体,园区的安全性、办公环境的舒适性是科技智慧园区监控系统的主要目标,通过摄像头、温湿度传感器、光照传感器等感知终端对园区环境进行全面监测和实时控制,对园区的安全和科学系统化管理进行全面监控、及时了解和掌握,对意外情况能迅速做出正确判断,并给出正确、快速的指挥和处理,实现园区智能监控。

【小思考】

我国正通过多领域举措推动碳中和进程,近几年我国出台了哪些政策来推进碳中和的发展?

3.1.2 系统功能需求分析

一般而言，园区的管理涵盖消防、治安、市政、道路、交通、绿化、城管、环境等众多对象，职责部门繁多，管理条线复杂，专业化程度高，设施运营难度大。传统的园区管理以"人"为载体，通过人工巡检与重点设施的半自动管控结合的方式保障园区的运营，存在信息沟通不畅、反馈机制欠缺、管理比较被动等问题。园区物理环境的有效监测是实现园区有效运行的基础，为园区平台配备实时监控系统，有力保障园区平台高效、稳定、安全运行。

智慧园区监控系统的设计目标是帮助人们创建更加智能化的生活环境和工作环境，能够实现对环境参数的实时查看和控制，满足园区管理智能化的需求。

通过对智慧园区监控系统的分析，从功能性和非功能性两个方面对系统进行详细的分析，从而为系统设计阶段提供指导。

1. 功能性需求

智慧园区监控系统的功能性需求方面需要考虑：

（1）实时感知园区环境参数。

智慧园区监控系统的基本功能需求即实现园区内环境状态的实时感知。无论何种类型的智慧园区，都需要利用光照传感器、温度传感器、湿度传感器等传感器来监测园区内部的环境，并将采集的数据及时上传至管理平台。

（2）根据园区环境状态，实现公共设施的自动控制。

对于园区内公共能耗设施，如路灯、空调等，可以根据园区实时环境状况进行自动控制。自动控制的执行就需要设定一套联动规则，当传感器感应到园区环境发生变化时，调用此联动规则，对触发的条件进行匹配查询，做出相应的联动动作。

例如，光照传感器感应到自然光强度降到一定阈值时，会启动联动规则进行条件匹配，监控网关会对路灯发送启动指令，开启路灯。此过程不需要用户的参与，减少了消息通信过程中的等待时间，体现了智慧园区监控系统的及时性。

（3）实现园区环境状态的便捷查看。

园区管理人员能够通过电脑网页端或者移动设备端来远程实时查看园区内环境的变化，实现智慧园区可视化监控，并且可以做出及时处理。

2. 非功能性需求

系统的设计不能仅仅局限于某一项功能的实现，而是应该从宏观上对系统未来的发展进行参考设计。完整的智慧园区监控系统不仅需要实现系统中用户最关注的功能需求，并且还会对系统的规范性和扩展性进行整体把握，在不改变系统结构的前提下，适应环境变化。

系统应该具备以下几点要求：

（1）及时性要求。

对于相对复杂的异常事件，系统应该及时通知用户，保证信息传达的及时性。

（2）可靠性要求。

监控系统关系到园区用户的财产安全，系统采用无线通信技术，数据的传输需要通过无线通信进行传输，为确保系统在应急情况（诸如断网、断电等）下也能正常工作，系统应该有应急情况处理机制，比如相对固定的突发事件，即使在无网络连接状态下，系统也能正常工作。

（3）可扩展性要求。

在监控系统的设计过程中，要紧贴当前先进技术的应用，并且为以后的系统更新留有可扩展性界面设计，让新产品、新技术能够兼容系统，更好地完善系统功能。

3.1.3 系统架构设计

智慧园区监控系统采用云技术架构，通过"云-管-端"的承载方式，构建面向新型的互联网+智慧型园区。感知层采用多种智能终端采集信息。通过园区网将数据信息传送到系统的核心——云平台，在云平台完成对园区业务的统一管理、统一处理、统一存储，消除信息孤岛，实现园区智能化管理。结合智慧园区监控系统需求，根据物联网的体系结构，在结构上把智慧园区监控系统分为感知层、传输层、云服务层、应用层四个层级，智慧园区监控系统功能层级结构如图3.1.1所示。

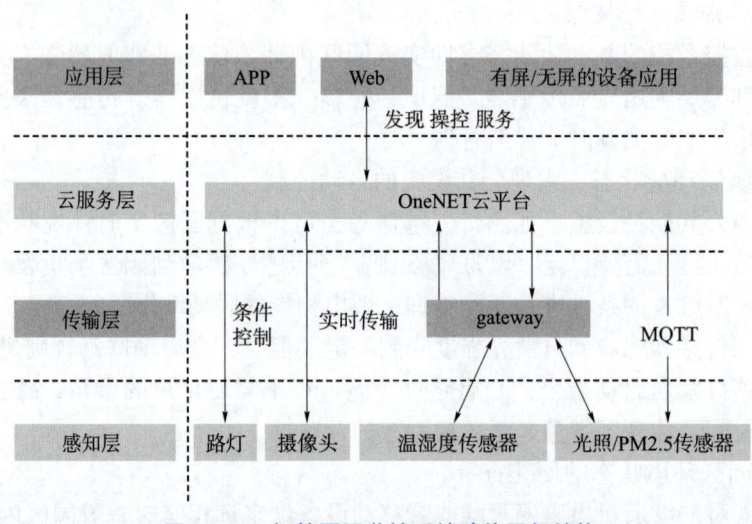

图3.1.1 智慧园区监控系统功能层级结构

1）感知层

感知层主要实现对园区环境状况的自动感知。其主要包括对园区空气参数进行采集，以便进行空气质量监测；对园区光照强度进行感知，以便实现路灯智能控制；利用摄像头对园区运行状况进行监控等。

2）传输层

该层主要利用无线、有线、4G、5G等通信方式，将感知层采集到的数据信息传输到网络层，同时接收云服务层的数据请求并发送到感知层。由于数据必须满足实时性，因此其对数据的传输速度有很大要求，同时传输途中应保证数据准确无丢失。

3）云服务层

该层的主要作用是与传输层和应用层建立双边通信。对传输层和应用层的控制请求和数据进行实时响应和分析，是系统中处理业务和事件的层级。

4）应用层

该层作为结构的最上层，面向园区管理员，主要作用是与用户进行交互。该层的表现为一个基于 Web 开发技术的智能平台，用户通过 PC 端或者移动端访问该平台，可以实时监控采集层智能终端设备的状态信息和数据信息、数据展示及远程管理控制。

整个智慧园区监控系统的工作结构由各类传感器、智能网关、路由器、云平台和监控中心构成。其首先利用无线通信技术实现智能网关和传感器及继电器之间的数据交换；其次利用互联网将数据传输到云平台中，并对该数据进行远程存储和分析；最后将结果返回到监控中心，反之监控中心也是通过此步骤将操作指令传输给传感器的，以此完成智慧园区的监控功能，实现其一定程度上的智能化需求。智慧园区监控系统技术架构如图 3.1.2 所示。

智慧园区监控系统	应用	环境实时监控、安防报警功能、智能路灯/门禁控制、远程控制
	决策 存储	OneNET云平台 数据存储、数据采集记录、设备操作记录、安防报警记录
	传输	WiFi、4G、5G、ZigBee、NB-IoT
	感知	摄像头、温湿度传感器、光照传感器、气压传感器、CO_2传感器、灯光控制、门禁控制、空调控制等

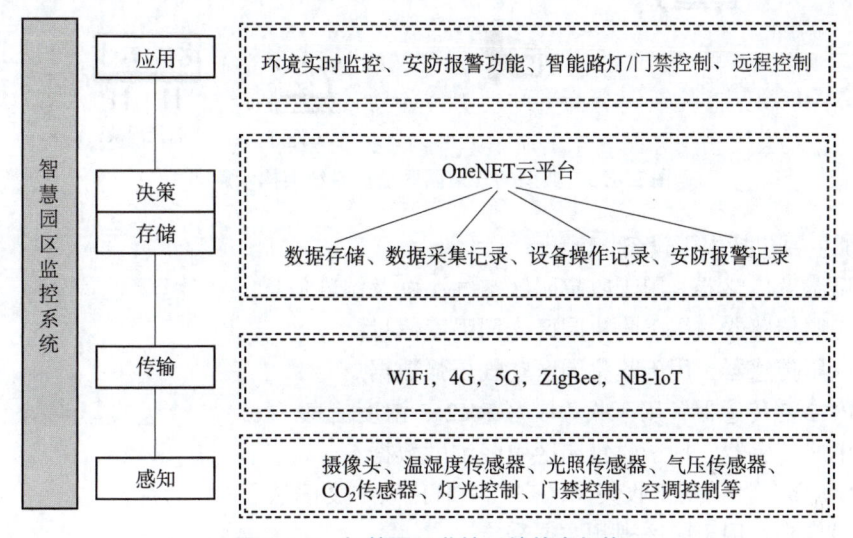

图 3.1.2 智慧园区监控系统技术架构

根据智慧园区监控系统功能层级划分，可将其技术实现分为 5 个关键环节。

感知环节主要由智能感知终端设备组成，包括路灯、摄像头、温湿度传感器、红外传感器、光照传感器、气压传感器、CO_2 传感器、甲醛传感器和 PM2.5 传感器等。主要作用是对环境中的数据信息进行采集。智慧园区的环境监控项目众多，为保证园区环境状态的全面感知，所需终端设备类型多、数量大。

传输环节主要实现采集信息的上传，将感知设备采集的数据传输至 OneNET 云平台。传输环节可采用的技术方案较多，如 WiFi、4G、5G、ZigBee、NB-IoT 等。基于 NB-IoT 的主要面向大规模物联网连接应用，支持低功耗设备在广域网的蜂窝数据连接，具有覆盖广、连接多、速率低、成本低、功耗低、架构优等特点。本项目采用 NB-IoT 技术进行信息的传输。

存储环节主要实现上传数据的存储。

决策环节主要实现数据的管理，本项目将两个环节进行整合，基于 OneNET 进行实现。

应用环节主要实现智慧园区监控系统的主要功能，如环境实时监控、智能路灯/门禁控制、远程控制等。

典型的智慧园区监控系统架构示意图如图 3.1.3 所示。

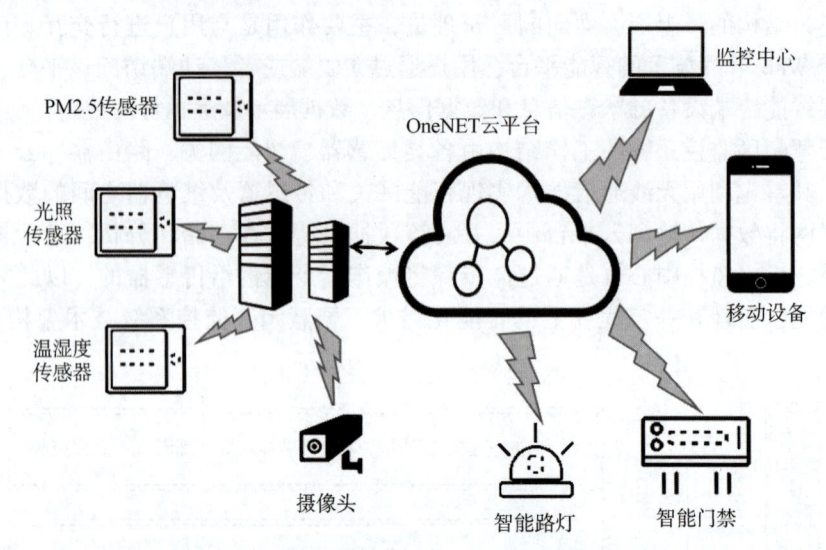

图 3.1.3 典型的智慧园区监控系统架构示意图

该系统主要包括以下设备。
（1）温湿度传感器，用于收集园区空气温度及湿度信息。
（2）光照传感器，用于收集园区光照强度信息。
（3）气压传感器，用于收集园区空气压强数据。
（4）PM2.5 传感器，用于收集园区 PM2.5 浓度信息。
（5）甲醛传感器，用于收集园区甲醛浓度数据。
（6）CO_2 传感器，用于收集园区空气二氧化碳浓度信息。
（7）摄像头，用于园区视频数据采集。
（8）智能路灯，实现园区路灯自动控制。
（9）智能门禁，实现园区门禁自动控制。
（10）网关设备，包括 WiFi 中继、路由器。
（11）应用系统及设备，包括监控中心、系统软件、移动终端。

在本项目中，我们将实现一个简易的智慧园区监控系统，即智慧园区节能减排监控系统，主要关注光照传感器，实现园区环境信息的采集上传，并以 LED 灯的自动控制为例，对园区公共区域内照明系统智能化控制进行体验，并基于 OneNET 云平台进行远程监控。

任务实施

1. 任务目的
（1）针对智慧园区节能减排监控系统进行需求分析及总结，列出需求分析表；
（2）根据系统架构图撰写方案设计报告。

2. 任务环境
联网计算机、常用办公软件。

3. 任务内容

根据任务实施工单（见表 3.1.1）所列步骤依次完成以下操作。

表 3.1.1　任务实施工单

项目	智慧园区节能减排监控系统设计与实现		
任务	系统功能需求分析及方案设计	学时	2
计划方式	分组完成、组内成员分工协作		
序号	实施步骤		
1	总结本项目的需求分析		
2	列出需求分析表		
3	选取适当的技术进行总体方案确定		
4	撰写方案设计报告		

任务评价

完成系统功能需求分析和方案设计后，进行任务检查与评价，可采用小组互评等方式。任务评价单如表 3.1.2 所示。

表 3.1.2　任务评价单

项目	智慧园区节能减排监控系统设计与实现	成员姓名	
任务	系统功能需求分析及方案设计	日　　期	
考核方式	过程评价	本次总评	
职业素养 （20 分，每项 10 分）	□具有绿色环保、可持续发展的理念 □具有较强的团队协作能力	较好达成□（≥16 分） 基本达成□（≥12 分） 未能达成□（≤11 分）	
专业知识 （40 分，每项 20 分）	□熟悉需求分析的方法 □掌握系统的整体设计方法	较好达成□（≥32 分） 基本达成□（≥24 分） 未能达成□（≤23 分）	
技术技能 （40 分，每项 10 分）	□准确分析出系统的各项需求 □系统设备选型是否恰当 □绘制系统架构图是否合理 □撰写系统方案设计报告	较好达成□（≥32 分） 基本达成□（≥24 分） 未能达成□（≤23 分）	
（附加分） （5 分）	□在本任务实训过程中能够主动积极完成，提出自己的独特的见解		

任务 3.2　终端设备接入

任务描述

在完成需求分析和系统方案设计后，我们需要了解云平台的南向通信协议，熟悉主要的南向通信协议类型及其特点和适用场景，并实现终端设备的接入。学习本部分知识，完成南向通信协议的选型以及将终端设备接入物联网云平台。

知识准备

3.2.1 南向通信协议

认知南向通信协议

1. 南向与北向

以平台为中心，上北下南，因此应用层与平台层的通信，我们称为北向；感知层与平台层的通信，我们称为南向。

从物联网云平台架构上看，在南向允许各种各样的设备接入平台；在北向提供数据推送功能，以及应用API供不同类型的应用程序调用；同时在东西向进行能力引入，包括位置能力、视频能力、AI能力、短信服务等，全方位助力各类终端设备迅速接入网络，实现数据传输、数据存储、数据管理、应用开发等完整的交互，如图3.2.1所示。

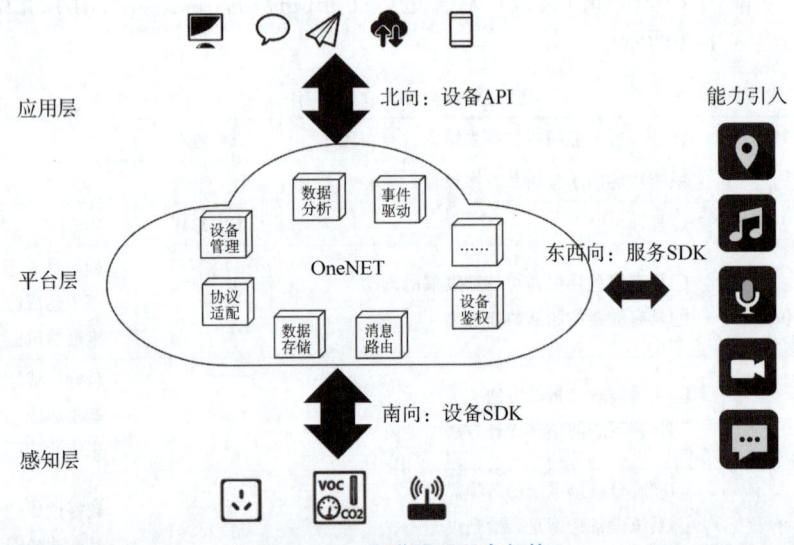

图 3.2.1 物联网云平台架构

在使用物联网云平台时，一般需要先在南向完成设备的接入，使设备数据上报到平台。物联网云平台为满足海量设备的高并发快速接入，一般支持多种设备接入协议，我们通常将设备接入物联网云平台所使用的通信协议称为"南向通信协议"。

2. 南向接入协议简介

专业的物联网云平台，一般提供了丰富的智能硬件开发工具和可靠的服务，助力各类终端设备迅速接入网络。

任何接入云平台的设备，总是需要基于某种通信协议与平台进行数据通信，比如NB设备就是通过LwM2M协议接入平台的。同一个设备只能通过一种协议与平台进行通信。

以OneNET平台为例，平台接入的协议一般包括HTTP、MQTT、CoAP、LwM2M、其他协议以及泛协议等，如图3.2.2所示。

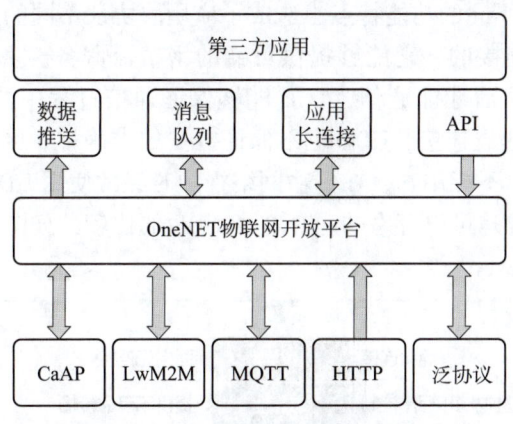

图 3.2.2　OneNET 平台接入的协议

3. TCP/IP

要想深入理解接入协议，首先需要了解网络传输的体系架构。

由 ISO 标准组织制定的 OSI 参考模型中，网络互联的体系架构分为七层，从下至上分别是物理层、数据链路层、网络层、传输层、会话层、表示层和应用层。但是，标准仅仅是标准，每个标准都有很多种不同的实现，在互联网领域的广泛实现是 TCP/IP 五层模型，如图 3.2.3 所示。

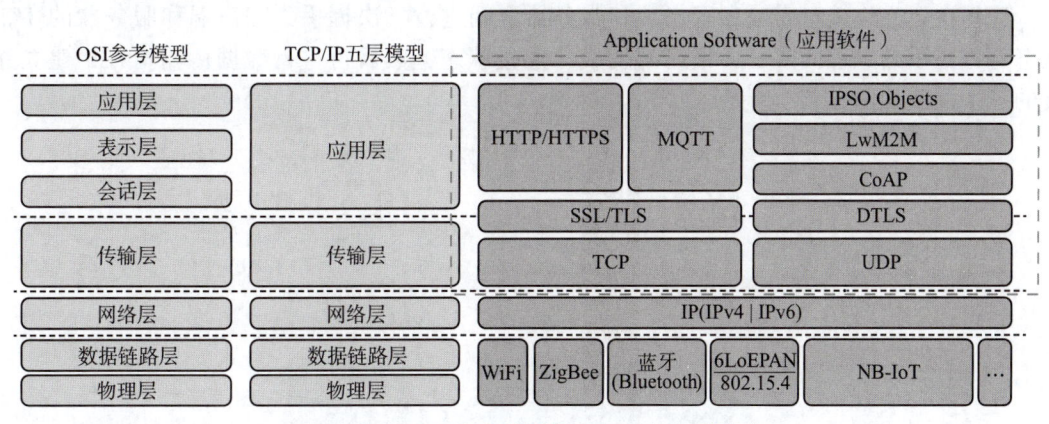

图 3.2.3　ISO 参考模型和 TCP/IP 五层模型

TCP/IP 模型将 OSI 参考模型的会话层、表示层和应用层合并为了一个单独的应用层，南向通信协议主要位于应用层。

应用层之下是传输层，它是整个网络的关键部分。实现两个用户进程间端到端的可靠通信，处理数据包的错误等传输问题，都在传输层完成。主要的传输协议是 TCP 和 UDP。

传输层之下是网络层，它完成网络中主机间的报文交换，网络层识别的地址是 IP 地址。目前分为 IPv4 和 IPv6 两个版本。

数据链路层和物理层中，会出现各种各样的通信技术，物联网领域尤其注重的是无线通信技术，包括 WiFi、ZigBee、蓝牙（Bluetooth）、NB-IoT 等。

不同的应用场景选择不同的应用协议，从这张架构图能够看出，问题的关键在于传输层的不同。TCP 和 UDP 不同的功能特点，造成了应用层协议不同的适用范围。

TCP 的特点是面向连接的，它能够提供可靠的字节流服务。基于 TCP 的应用层协议，首先必须建立起连接，然后才能通信，TCP 能够保证通信过程中数据的正确传输。相反，UDP 通信则不需要事先建立连接，UDP 也不保证数据的准确性，因此叫做不可靠连接。但是这种不可靠并不意味着不能用它，在传输网络视频时经常使用 UDP，因为它传输速度快，所以即使偶尔有点误码也是可以容忍的。TCP 和 UDP 的比较，如图 3.2.4 所示。

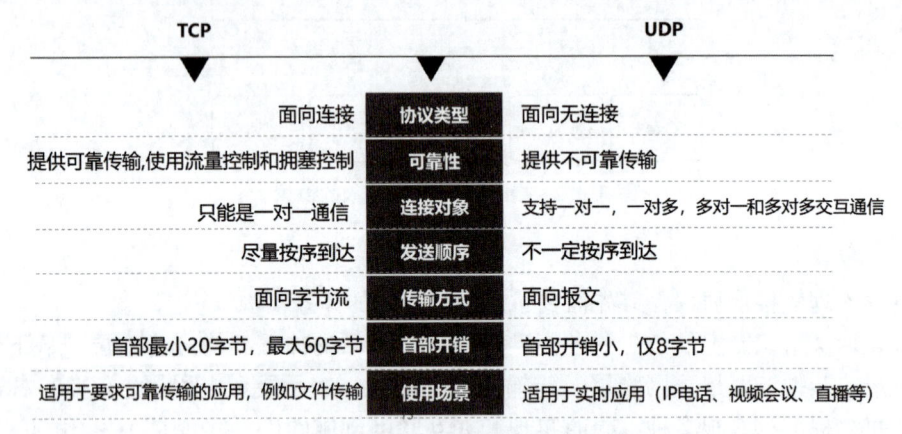

TCP	协议类型	UDP
面向连接	协议类型	面向无连接
提供可靠传输,使用流量控制和拥塞控制	可靠性	提供不可靠传输
只能是一对一通信	连接对象	支持一对一，一对多，多对一和多对多交互通信
尽量按序到达	发送顺序	不一定按序到达
面向字节流	传输方式	面向报文
首部最小20字节，最大60字节	首部开销	首部开销小，仅8字节
适用于要求可靠传输的应用，例如文件传输	使用场景	适用于实时应用（IP电话、视频会议、直播等）

图 3.2.4 TCP 和 UDP 的比较

TCP 在建立连接时需要在客户端和服务器之间进行三次握手，客户端和服务器的 TCP 状态随着握手的进程而改变，最终都变成已连接状态，然后再进行数据传输。TCP 建立连接的三次握手如图 3.2.5 所示。

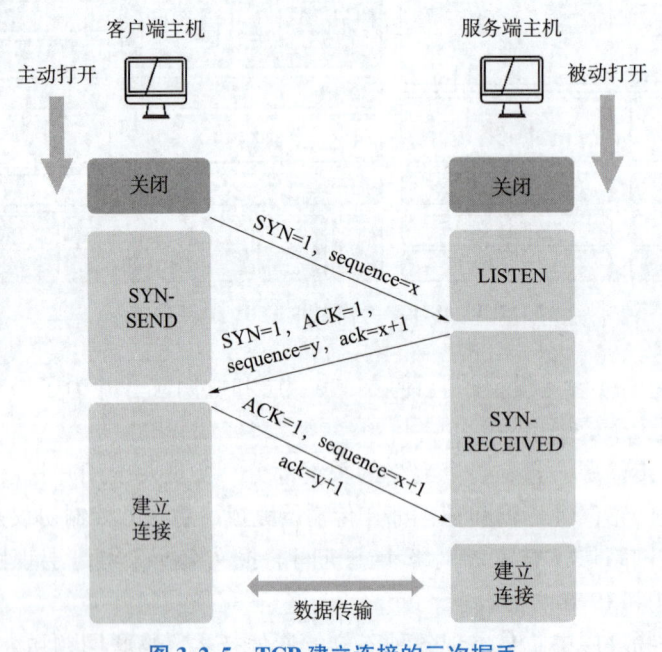

图 3.2.5 TCP 建立连接的三次握手

类似的，在 TCP 关闭连接时，客户端和服务器会进行四次挥手，两者的 TCP 状态随着挥手的进程而改变，最终变成连接关闭的状态。TCP 关闭连接的四次挥手如图 3.2.6 所示。

图 3.2.6　TCP 关闭连接的四次挥手

极端情况下，我们只传输一次数据，但因为握手和挥手环节的存在，客户端和服务器之间就要进行 8 次传递。在互联网场景中，这几乎不存在任何问题，但在物联网场景中，问题就变得很微妙了。

下面我们会对常用的接入协议进行介绍。

3.2.2　CoAP

1. CoAP 协议简介

CoAP 是一种在物联网世界的类 Web 协议，名字翻译过来就是"受限应用协议"，顾名思义，它一般使用在资源受限的物联网设备上。物联网中的很多设备都是资源受限型的，即只有少量的内存空间和有限的计算能力，所以传统的 HTTP 协议应用在物联网上就显得过于庞大而不适用。针对物联网中设备能力和资源受限的问题，IETF 的 CoRE（Constrained RESTful Environment）工作组就制定了基于 REST 架构的 CoAP 协议。

2. CoAP 协议特点

（1）CoAP 协议网络传输层为 UDP 协议；

（2）非长连接通信；

（3）对 HTTP 协议进行了简化，客户端支持 POST，GET，PUT，DELETE 方法来访问服务器；

（4）轻量化，CoAP 最小长度仅仅 4B，一个 HTTP 头部通常都有几十个 B；

（5）使用 DTLS，支持可靠传输、数据重传、块传输，确保数据可靠到达；

（6）支持 IP 多播，即可以同时向多个设备发送请求；

（7）CoAP 建立在 UDP 之上，由于 UDP 是面向非连接的协议，它不与对方建立连接，直接就把数据包发送过去，相较于 TCP，UDP 减少了确认程序，可靠性相对不高，但是速度较快；同时 UDP 首部包含很少的字节，较 TCP 负载消耗要少，所以非常适合物联网中资源受限型设备使用。

3. CoAP 报文定义

CoAP 的报文定义，如图 3.2.7 所示。

报文类型T	含义	请求Code	操作	含义	响应Code	含义
CON	需要被确认	0.01	GET	获取资源	0.00	空报文
NON	不需要被确认	0.02	POST	新增资源	2.xx	正确响应
ACK	应答报文	0.03	PUT	修改资源	4.xx	客户端错误
RST	复位报文	0.04	DELETE	删除资源	5.xx	服务器错误

报文头：
- Ver | T | TKL | Code | Message ID
- Token（如果存在）
- Options（如果存在）
- 0xFF | Payload（如果存在）

负载

Message ID
Message ID可弥补UDP传输带来的不可靠性

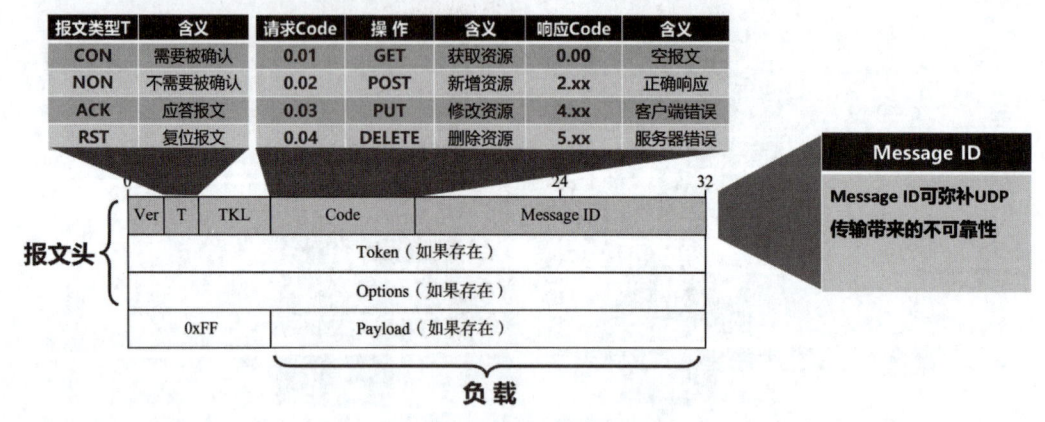

图 3.2.7 CoAP 的报文定义

CoAP 的消息报文采用二进制，消息最小为 4 个字节，相比于使用文本作为报文的 HTTP 协议来说轻巧许多。CoAP 协议的消息报文包含有报文头、负载（Payload），以及报文头与负载之间的单字节分隔符 0xFF。报文头里的版本编号 Ver、报文类型 T、标签长度指示 TKL、准则 Code、报文序号 Message ID 为必填部分。其中：

Ver 为版本编号。

T 为报文类型，有 4 种形式：

CON：需要被接受者确认，即每个 CON 报文都需要对应一个 ACK 或 RST 报文；

NON：不需要被确认的报文，常用于传感器一类只需单向传送数据的应用场景；

ACK：应答报文，用于确认 CON 报文；

RST：复位报文，当服务器收到一个 CON 报文，如果报文中出现上下文缺失，导致无法处理时，服务器将返回一个 RST 报文。

CoAP 协议的可靠传输是基于 CON 消息传输的，服务器端收到 CON 类型的消息后，需要返回 ACK 消息，客户端在指定时间 ACK_TIMEOUT 内收到 ACK 消息后，才代表这个消息已可靠传输到服务器端。客户端只管发送消息，不管服务器端有没有收到，因此可能存在丢包。不可靠传输是基于 NON 消息传输的。服务器端收到 NON 类型的消息后，不用回复 ACK 消息。

TKL 为标签长度指示，指示 Token 长度。

Code 为准则。Code = 0.xx 表示 CoAP 请求的操作方法，其他表示 CoAP 响应：2.xx 代表客户端请求被成功接收并被成功处理；4.xx 代表客户端请求有错误，比如参数错误等；5.xx 代表服务器在执行客户端请求时出错。Code = 0.00 表示空报文，是一种特殊形式的 CoAP 响应。

Message ID 为报文序号，一组对应的 CoAP 请求和 CoAP 响应使用相同的 Message ID，在同一次会话中 ID 保持不变，此次会话结束后该 ID 将被回收利用。Message ID 可以弥补 UDP 传输方式带来的不可靠性。

Token 为标签，长度由 TKL 定义。通常用于应用确认。

Options 为选项，CoAP 请求或响应中可携带一组或多组 Options，功能类似于 HTTP 中的首部字段。

0xFF 为分隔符，用于区分 CoAP 首部和具体负载。

Payload 为负载，真正有用的被交互的数据。

4. 观察者模式

环境监测是一个典型的物联网应用场景，为了及时获取传感器的监测结果，客户端不得不频繁地向服务器发送相同的 GET 请求，以获得最新的资源内容。这种"轮询"的方式，不仅浪费资源，还容易因寻呼间隔和资源更新间隔不一致造成多次请求获得同一个结果的无效情况。

为了提高客户端和服务器交互的高效性，CoAP 中引入了观察者模式。观察者可以通过 OBSERVE 选项向 CoAP 服务器订阅某个资源的内容。当资源状态发生变化时，服务器会自动向观察者推送更新结果，类似于 MQTT 协议中的发布-订阅功能。

下面举个例子说明一下 CoAP 的观察者机制工作流程，如图 3.2.8 所示。

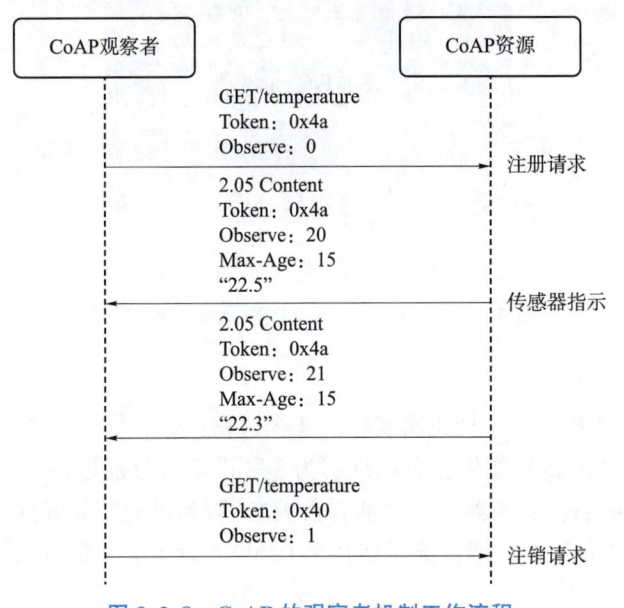

图 3.2.8　CoAP 的观察者机制工作流程

（1）CoAP 客户端向 CoAP 服务器订阅温度传感器资源，发送带有 Observe 选项的 GET 请求，Observe 为 0，表示订阅注册动作。

（2）CoAP 发送订阅请求时，还可以在请求中加入 Token，在 CoAP 观察过程中 Token 值应保持不变。

（3）CoAP 服务器同意 CoAP 客户端的资源注册请求，向客户端返回温度传感器检测结果。响应首部中的 Observe 选项好比订阅过程的"计数器"，在每个 CoAP 响应中其值逐渐累加。

（4）Max-Age 好比资源的保质期，用 s 为单位。此处 Max-Age=15，表示温度传感器检测结果在 15 s 之后便会过期。Max-Age 的具体值可以与传感器监测结果的更新周期一致。

（5）CoAP 客户端可向 CoAP 服务器发送订阅注销请求，此时 Observe 为 1 表示 CoAP 客户端不再关心温度传感器资源。

5. CoAP 协议典型应用场景

CoAP 协议虽借鉴了 HTTP 协议的部分内容，但针对物联网应用场景做了优化设计，使其更适用于 IoT 和 M2M 技术。CoAP 协议由于其功耗低，非长连接通信，适用于低功耗物联网场景，例如各种智能表具的远程抄表、智能井盖等市政场景。

3.2.3 LwM2M

LwM2M 协议

1. LwM2M 协议简介

LwM2M 协议是 OMA 组织制定的轻量化的 M2M 协议，主要面向基于蜂窝的窄带物联网场景下物联网应用，聚焦于低功耗广覆盖（LPWA）物联网市场，是一种可在全球范围内广泛应用的新兴技术。LwM2M 在 CoAP 协议的基础上定义了通信接口及高效的资源数据模型，使物联网设备和物联网平台之间的通信更加简洁和规范，如图 3.2.9 所示。

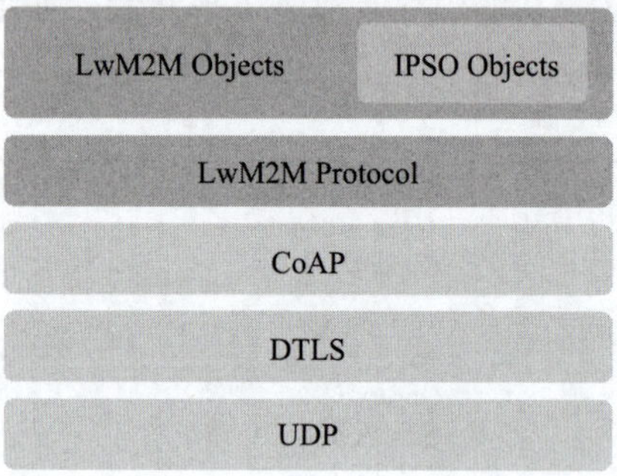

图 3.2.9　LwM2M 通信接口及资源数据模型

2. LwM2M 协议的架构

LwM2M 协议的架构，有 3 种逻辑实体和 4 个逻辑接口，如图 3.2.10 所示。

LwM2M 协议有 3 种逻辑实体，可以理解为 3 种设备，分别是：

（1）LwM2M Server：服务器，一般部署在 M2M 服务供应商处或网络服务供应商处；

（2）LwM2M Client：客户端，部署在各个 LwM2M 设备上，负责执行服务器的命令和上报执行结果；

（3）LwM2M Bootstrap Server：引导机服务器，负责配置 LwM2M 客户端。

这 3 种逻辑实体之间存在 4 个逻辑接口，分别是：

（1）Bootstrap：引导机服务器通过这个接口来配置 Client；

（2）Device Discovery and Registration：客户端注册到服务器并通知服务器，客户端所支持的能力；

（3）Device Management and Service Enablement：这是客户端和服务器之间的设备管理接口，这是最主要的业务接口，LwM2M Server 发送指令给 Client 并收到回应；

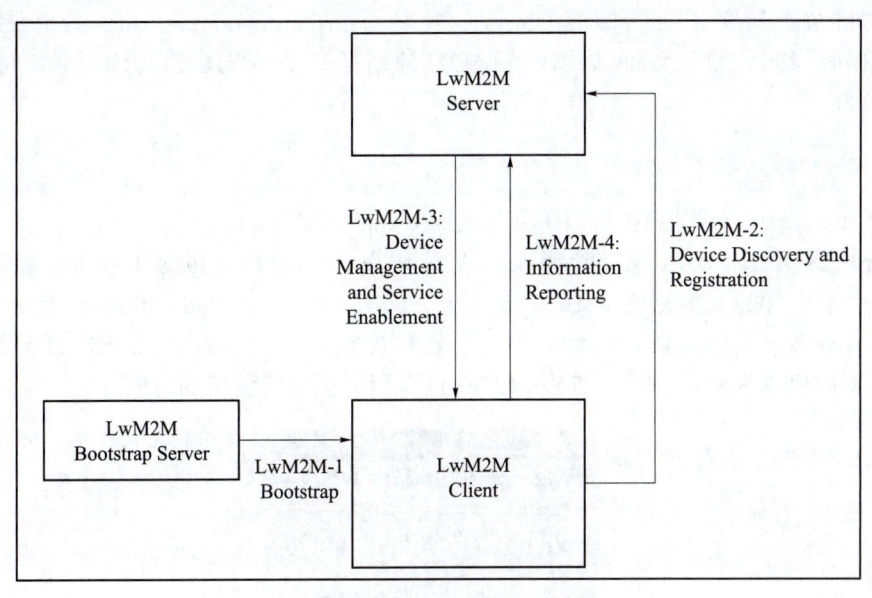

图 3.2.10　LwM2M 协议的架构

（4）Information Reporting：这是客户端和服务器之间的数据上报接口，LwM2M Client 用它来上报其资源信息，比如传感器温度。

3. LwM2M 协议的对象资源模型

LwM2M 协议定义了一个简单的资源模型。客户端有若干种对象（Object），每个对象对应客户端的特定功能实体，每个对象包含若干资源（Resource），在使用对象功能之前，必须对该对象进行实例化，对象可以有多个实例（Instance）。OMA 还为这些对象和资源都分配了相应的 ID，以提高描述和传输这些资源的效率，如图 3.2.11 所示为 LwM2M 协议的对象资源模型。

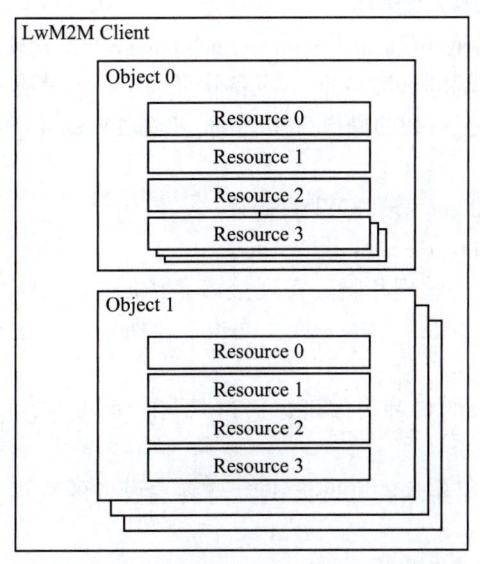

图 3.2.11　LwM2M 协议的对象资源模型

LwM2M 规范定义了一些标准 Objects，比如：urn:oma:lwm2m:oma:2；就是 LwM2M Server Object，其中 "2" 为 object ID。LwM2M 使用了 URN 对对象进行标识和定位，Object URN 格式为：

```
urn:oma:lwm2m:{oma,ext,x}:{Object ID}
```

其中 oma，ext，x 就是 Object ID 所在范围对应的命名标识。

OMA 资源模型由 OMA 统一管理，OMA 对对象 ID 的分配范围做了规定。如图 3.2.12 所示，oma（0~1023）保留给 OMA 工作组定义的对象。ext（2048~10240）专用于第三方标准组织或联盟。x（10241~26240）专用于公司或个人。x（26241~32768）专用于供应商生产的对象以供重复使用。x（32769~42768）专用于供应商保留的对象。

对象定义归属	命名与范围
OMA工作组保留	oma (0~1023)
标准组织或联盟	ext (2048~10240)
公司或个人	x (10241~26240)
供应商生产的对象	x (26241~32768)
供应商保留的对象	x (32769~42768)

图 3.2.12　OMA 对象定义归属及命名与范围

也就是说，当 URN 中 {oma,ext,x} 部分为 oma 时表示这个对象属于 OMA 定义的对象；如果为 ext 表示这个对象属于第三方组织或联盟定义的对象，比如 IPSO 对象；如果为 x 时表示这个对象可能是公司或个人定义的。

IPSO 数据模型制定者 IPSO 联盟就作为第三方联盟使用了 ext 所在范围内的一段 Object ID。例如：在 IPSO 数据模型中，温度传感器的 Object ID 被定义为 3303，其 URN 为 urn:oma:lwm2m:ext:3303。

每个 Object 可以有多个 Resource，每个 Resource 代表一项 Object 属性或者功能。

4. LwM2M 协议对资源的操作

之前讲到，Device Management and Service Enablement 设备管理和服务实现接口是 LwM2M 的 4 种接口之一，是客户端和服务器之间的设备管理接口，也是最主要的业务接口。

接口的具体功能是由一系列的操作来实现的，LwM2M 的 4 种接口被分为上行操作和下行操作。

上行操作：LwM2M Client -> LwM2M Server

下行操作：LwM2M Server -> LwM2M Client

LwM2M Server 使用设备管理和服务实现接口来访问 LwM2M Client 的对象实例和资源。该接口包括 7 种操作："Create" "Read" "Write" "Delete" "Execute" "Write Attributes" "Discover"。

LwM2M 协议中对资源的各种操作可以通过 CoAP 协议支持的 GET，PUT，POST，DELETE 方法实现。

通过这些操作，就可以实现物联网云平台与终端设备的数据交互，从而便于设备管理和服务实现。

5. LwM2M 的特点

LwM2M 协议具备以下特点：

(1) 协议的消息传递是通过 CoAP 协议来达成的；

(2) 协议定义了一个紧凑高效又不乏扩展性的数据模型；

(3) 协议具有覆盖广、连接多、速率低、成本低、功耗低、架构优等特点。

6. LwM2M 协议的适用场景

LwM2M 协议是基于 UDP 协议之上具有重传机制的轻量级 M2M 协议，主要面向基于蜂窝的窄带物联网（NB-IoT）场景下物联网应用，聚焦于低功耗广覆盖（LPWA）物联网场景。广泛适用于对电量需求低、覆盖深度高、终端设备海量连接以及设备成本敏感的环境。可以广泛应用于智能停车、智能抄表、智能井盖、智能路灯等应用场景。

3.2.4 其他协议

除了 CoAP 协议、LwM2M 协议以及在下个项目中会详细介绍的 MQTT 等协议以外，物联网云平台还支持一些其他协议。

1. EDP 协议

增强型设备协议（Enhanced Device Protocol，EDP）是 OneNET 平台根据物联网特点专门定制的完全公开的基于 TCP 的协议，可以广泛应用到家居、交通、物流、能源以及其他行业应用中。

EDP 协议功能特点：

(1) 长连接协议；

(2) 数据加密传输；

(3) 终端数据点上报，支持的数据点类型为：浮点数（float）、整型（int）、字符串（string）、JSON 对象和二进制数据；

(4) 平台消息下发（支持离线消息）；

(5) 端到端数据转发。

EDP 协议适用于设备和平台需要保持长连接点对点控制的使用场景。其基于 TCP 协议，只传输数据包到达目的地，不保证传输的顺序与到达的顺序相同，事务机制需要在上层实现；若客户端同时发起两次请求，服务器返回时，不保障返回报文的顺序。EDP 协议适合于数据的长连接上报、透传、转发、存储、数据主动下发等场景。

以精准农业为例，终端设备可以通过 EDP 协议上传监控区域的空气温湿度、光照度、土壤温湿度、pH 值、氮磷钾营养值等环境数据，OneNET 可以将数据推送到用户的应用服务器上，用户可以利用专家系统对这些数据进行分析，通过控制设备上连接的补光灯、风扇、遮阳棚、喷滴灌等设施的手段，可以实现自动智能的调节和控制，使得农作物生长环境始终处于最佳状态，以达到高效和高产目标。

2. Modbus 协议

OneNET 支持的 Modbus 协议基于 TCP 连接，即 Modbus over TCP，以 OneNET 作为主机，将数据封装在 TCP 的数据中进行收发数据，利用 DTU 实现简单的透传能力，可以实现总线设备与平台的 Modbus 协议通信，可以广泛应用到使用 Modbus 协议的多种行业中。

Modbus 协议功能特点：

(1) 长连接协议；

(2) OneNET 平台作为 Modbus 主机，周期性下发主机命令；

(3) 通过单条数据流的属性确定单条下发命令的内容以及下发周期；

(4) 自动将终端上报的数据转化为数据流中的数据点；

(5) 可以预先设置处理公式，对数据进行初步处理。

Modbus 协议是一种工业现场总线通信协议，在工业自动化控制中应用较多，可以实现工业数据采集与控制等功能。

3. TCP 透传

OneNET 支持的 TCP 透传，为任何协议设备接入 OneNET 提供了可行性。设备通过 TCP 连接接入 OneNET，认证成功后即可与 OneNET 之间进行数据交互，OneNET 通过用户上传的自定义脚本来实现对设备上传数据的解析以及向设备下发数据。

TCP 透传功能特点：

(1) 长连接；

(2) 用户自定义脚本；

(3) 高灵活性；

(4) 支持一个连接传输多个设备数据。

TCP 透传典型应用场景：

TCP 透传的高灵活性决定了它不受约束，它主要适用于用户自定义协议的情况，可以根据自身定义的脚本完成任何协议的交互，并且支持脚本的随时修改随时上传。协议支持一个连接传输多个设备数据，可以集中的下挂多个设备进行数据上传与下发。在智能电表、智能水表等智能仪表领域有广泛的应用。

4. RGMP 协议

OneNET 的私有接入协议远程网关管理协议（Remote Gateway Management Protocol，RGMP）和公开协议最大的不同是平台不提供协议的报文说明，平台将根据开发者定义的设备数据模型自动生成 SDK 源码，开发者将 SDK 嵌入到设备中，实现与平台的对接。

私有协议具有业务数据格式灵活、数据传输紧凑高效以及实时性高等优点。

RGMP 协议主要功能包括：设备上电后自动注册激活（无须提前分配设备标识）、上传设备传感器数据、上传设备事件、远程配置设备程序、远程控制设备（发送通知信息）、OTA 等。

RGMP 协议典型应用场景：

RGMP 在传输过程中对数据加密，主要适用于对数据保密性较高的场景，且实时性很好，在集中管理远程设备与高效的传输数据的需求下是一个优先的选择。平台根据选择提供 SDK，可以更好地协助开发者简单快速地完成开发和接入平台。

3.2.5 泛协议

1. 泛协议接入简介

在智能家居场景中，存在基于 ZigBee 或蓝牙的近距离通信设备，这些设备当前是无法直接接入 OneNET 平台的。此时，通过泛协议接入服务则能快速实现无法直接接入平台设备的接入工作，搭建设备与 OneNET 平台的双向数据通道。泛协议接入服务提供了用户自定义协议设备接入平台的能力，提供设备与平台的双向通信能力。

2. 泛协议接入适用场景

（1）设备只支持特定协议，而这种协议不被 OneNET 平台支持；

（2）由于设备硬件资源限制，设备无法直接接入 OneNET 平台；

（3）设备已接入用户私有服务，用户希望在不修改设备固件情况下，将设备接入 OneNET 平台。

3. 泛协议接入服务架构说明

泛协议接入服务架构如图 3.2.13 所示。

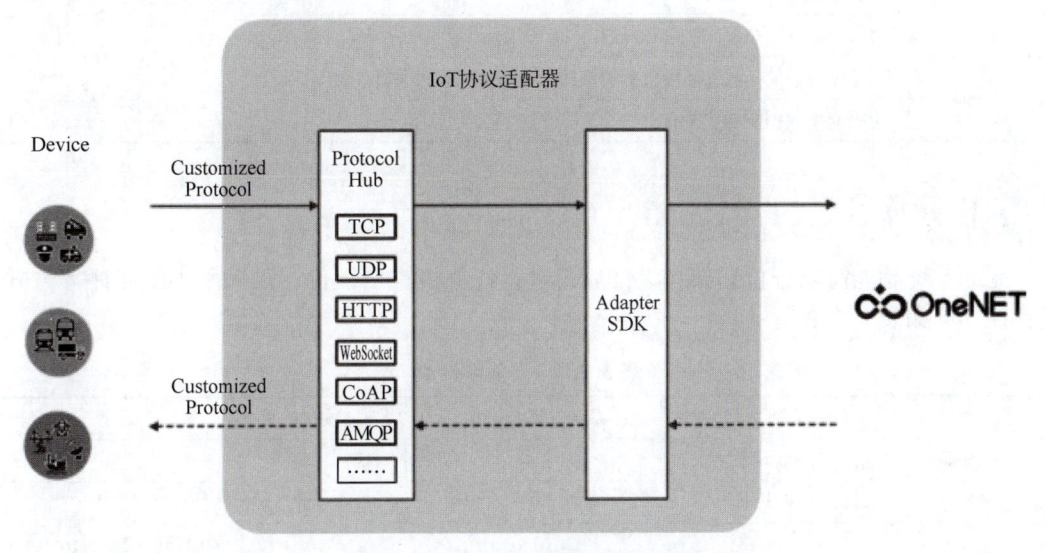

图 3.2.13　泛协议接入服务架构

图中主要名词解释：

（1）Device：用户（自定义私有协议）设备；

（2）Protocol Hub：泛协议接入 SDK——协议站模块，负责建立设备与协议网关的连接及数据通信，支持多种通信协议（目前仅支持 TCP 协议）；

（3）Adapter SDK：泛协议接入 SDK——适配 SDK 模块，提供一系列 API 供开发者连接用户设备与 OneNET 平台；

（4）OneNET：中国移动物联网开放平台。

任务实施

1. 任务目的

（1）熟练根据项目背景在 OneNET 物联网开放平台选择适当的南向接入协议，创建产品和设备，针对智慧园区节能减排监控系统进行终端设备的接入；

（2）在 OneNET 平台查看上报数据，实现命令下发。

2. 任务环境

（1）各小组 OneNET 物联网实验箱一个；

（2）联网计算机一台（含有软件工具包）、程序包一个。

3. 任务内容

根据任务实施工单（见表3.2.1）所列步骤依次完成以下操作。

表3.2.1　任务实施工单

项目	智慧园区节能减排监控系统设计与实现		
任务	终端设备接入	学时	8
计划方式	分组完成、组内成员分工协作		
序号	实施步骤		
1	根据物联网场景选择适当的南向通信协议		
2	登录OneNET平台，创建LwM2M产品和设备		
3	搭建硬件系统，软件新增传感器资源，设备成功接入平台		
4	上报新增数据，响应平台下发指令		

任务评价

完成系统功能需求分析和架构设计后，进行任务检查与评价，可采用小组互评等方式。任务评价单如表3.2.2所示。

表3.2.2　任务评价单

项目	智慧园区节能减排监控系统设计与实现	成员姓名	
任务	终端设备接入	日　期	
考核方式	过程评价	本次总评	
职业素养 (20分，每项10分)	□树立行业规范与标准意识 □具有较强的团队协作能力		较好达成□（≥16分） 基本达成□（≥12分） 未能达成□（≤11分）
专业知识 (40分，每项20分)	□掌握CoAP，LwM2M协议的原理 □理解其他协议和泛协议的特点		较好达成□（≥32分） 基本达成□（≥24分） 未能达成□（≤23分）
技术技能 (40分，每项10分)	□在OneNET平台上熟练地创建产品和设备 □熟练完成系统搭建、代码移植，对固件进行升级 □实现设备接入，查看设备信息 □查看设备资源，进行资源的管理		较好达成□（≥32分） 基本达成□（≥24分） 未能达成□（≤23分）
（附加分） (5分)	□在本任务实训过程中能够主动积极完成，并帮助其他同学完成		

任务3.3　智慧园区节能减排监控系统功能实现

任务描述

在完成南向设备接入云平台后，还需要了解系统的功能实现，熟悉北向HTTP通信协议、RESTful API、Token、JSON 等概念，熟悉 Postman 等软件的使用方法，并采用 Postman 软件模拟第三方应用，向平台发送控制信息，实现设备资源读取和 LED 灯的远程控制。学习本部分知识，完成使用 Postman 软件调用云平台 API 实现光照的智能监控。

知识准备

3.3.1 HTTP

从 3.2.1 小节的图 3.2.2 中可以看出，HTTP 协议既可以用于南向通信，也可以用于北向通信中的应用 API 调用和数据推送。

在南向通信中，物联网云平台支持设备采用遵循 HTTP 协议的数据封装结构以及接口形式等连接平台进行数据传输，用户可以实现终端数据的上传和保存。在北向通信中，HTTP 协议还可以用于云平台应用的 API 调用和数据推送。

那么 HTTP 协议到底是怎样的一种协议？可以先从万维网说起。

1. 万维网及相关概念

我们通常所说的使用网络浏览器上网，访问的就是万维网的内容。万维网（World Wide Web，WWW）是无数个网站（Web Site）和网页（Web Page）的集合，这些网站和网页之间由超链接（Hyperlink）连接而成。用户在浏览万维网的过程中，通过单击超链接的方式能方便地从互联网上的一个网页访问到另一个网页，从而按需获取丰富的信息。而在海量的网页中，最常见的是以超文本标记语言（Hyper Text Markup Language，HTML）所编写而成的页面。在网页中使用 HTML 标签（Markup）可以描述文字、图片、音频和视频等内容，用户在访问这个网页时，网络浏览器就会将 HTML 网页文件"翻译"成可以识别的信息，即所见到的网页。

万维网上有海量的网页及信息资源，我们怎么才能精准地访问到这些网页和信息资源呢？

答案就是使用统一资源定位器（Uniform Resource Locator，URL），也就是我们通常所说的网址。使用 URL 可以定位资源的位置，URL 唯一标识了万维网中的各种信息资源，包括网页、图片、动画、音频、视频等。

URL 由协议、主机和端口（默认为 80）、文件名及其路径 3 部分构成。如图 3.3.1 所示。

图 3.3.1 URL 组成

通过 URL 就可以快速定位到要访问的网页，而 HTTP 协议就规定了浏览器在运行网页时所要遵循的规则。

2. HTTP 的概念及作用

HTTP 是基于 TCP 协议的应用层协议。HTTP 协议工作于客户端/服务器架构上，用于客户端和服务器端之间的通信，其中发起访问请求的一端称为客户端，

HTTP 协议介绍

而提供资源响应的一端称为服务器端。

HTTP 协议的作用就是指定客户端发送给服务器端什么样的消息以及得到什么样的响应，它规定了客户端与服务器之间超文本信息传递的规范。HTTP 协议的制定使浏览器在运行超文本时有了统一的规则和标准。

3. HTTP 的工作原理

（1）请求/响应模型简介。

接下来以用户使用浏览器访问某个网页的过程为例，阐述 HTTP 协议的工作原理：请求/响应模型。

在用户单击 URL 为 http://www.xxx.com:8080/news/index.html 的链接后，浏览器和 Web 服务器执行以下动作，如图 3.3.2 所示。

HTTP 协议请求响应模型

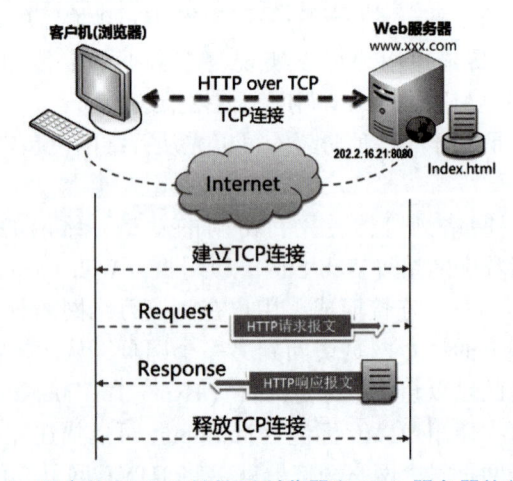

图 3.3.2 用户单击 URL 链接后浏览器和 Web 服务器执行的动作

浏览器和 Web 服务器会执行以下动作：

① 浏览器首先分析超链接中的 URL；
② 浏览器向 DNS 请求解析主机 www.xxx.com 的 IP 地址；
③ DNS 将解析出的 IP 地址 202.2.16.21 返回给浏览器；
④ 浏览器与服务器建立 TCP 连接（8080 端口）；
⑤ 浏览器发送获取网页文档的请求：GET /news/index.html；
⑥ 服务器响应回复，将网页文档 index.html 发送给浏览器；
⑦ 释放 TCP 连接；
⑧ 浏览器渲染显示 index.html 网页中的内容。

通过以上示例发现，浏览器好像每请求一个 Web 文档，就创建一个新的连接，当网页文档传输完毕后，连接就立刻被释放。请求总是从客户端发出，然后服务器再给出该请求的回应。也就是说 HTTP 协议的工作原理是基于请求/响应模型的。

基于 HTTP 协议请求/响应模型的信息交换过程包括 4 个步骤：

① 建立连接：客户端与服务器建立 TCP 连接；
② 客户端发送请求 Request：客户端把请求消息发送到服务器的相应端口上；
③ 服务器返回响应 Response：服务器在处理完客户端请求之后，向客户端返回响应消息；

④ 关闭连接：释放 TCP 连接。

客户端发出的请求消息，称为请求报文；服务器返回的响应消息，称为响应报文，如图 3.3.3 所示。

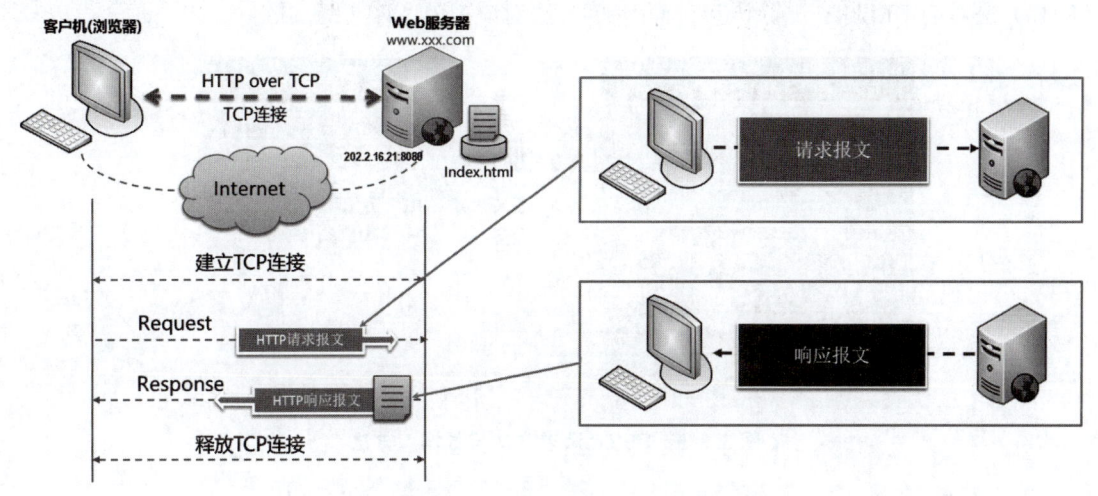

图 3.3.3 请求报文和响应报文

（2）请求报文（Request Message）。

用户访问 URL 为 http://www.xxx.com:8080/news/index.html 的网页，在浏览器和 Web 服务器之间建立了 TCP 连接后，浏览器就可以发起访问 index.html 网页文件的请求，这个请求是以报文的形式发起的，即从客户端（浏览器）向 Web 服务器发送请求报文，报文的所有字段都是 ASCII 码，如图 3.3.4 所示。

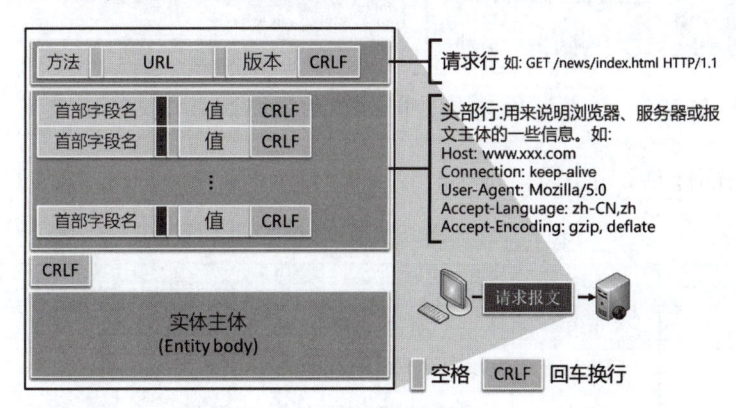

图 3.3.4 请求报文

请求报文主要由请求行、头部行和实体主体组成。

① 请求行。

请求行由请求方法、请求 URL 和 HTTP 协议版本 3 部分组成，它们之间用空格隔开，请求行以回车换行符结束。如图 3.3.4 所示，这里的请求方法是 GET，请求的资源 URL 是 /news/index.html，HTTP 协议版本是 HTTP/1.1。

请求行中的方法（Method），是对所请求对象进行的操作，请求报文通过方法可以指定请求的资源按期望产生某种行为。请求报文中的操作有 GET、POST、DELETE、PUT 等 8 种，它们与 SQL 语言中的数据库操作方法"增删改查"是对应的关系，如图 3.3.5 所示。

例如，GET 方法对应的是 SELECT 查询语句，POST 方法对应 INSERT 插入语句，DELETE 方法对应 DELETE 删除语句，而 PUT 方法对应 UPDATE 更新语句。

HTTP请求方法	含义
GET	请求读取一个Web资源
POST	请求附加一个命名资源
DELETE	请求删除Web资源
PUT	请求修改Web资源
CONNECT	用于代理服务器
HEAD	请求读取Web页面的头部
TRACE	用于测试，要求服务器送回收到的请求
OPTION	查询特定选项

数据库方法	含义
SELECT	查询语句
INSERT	插入语句
DELETE	删除语句
UPDATE	更新语句

图 3.3.5　HTTP 请求方法与数据库方法

请求行中的 URL 就是请求的文档位置，如"/news/index.html"，后面的版本是所使用的 HTTP 版本号，如"HTTP/1.1"。

② 头部行。

请求报文和响应报文都有头部行，头部行主要用来说明浏览器、服务器或报文主体的一些信息，以"头部字段名:值"的格式构建，如图 3.3.6 所示。

头部行:用来说明浏览器、服务器或报文主体的一些信息。如:
Host: www.xxx.com
Connection: keep-alive
User-Agent: Mozilla/5.0
Accept-Language: zh-CN,zh
Accept-Encoding: gzip, deflate

图 3.3.6　请求报文的头部行

请求报文头部行的常用字段，如表 3.3.1 所示。

表 3.3.1　请求报文头部行的常用字段

首部字段名	类型	说明
User-Agent	请求	关于浏览器和其平台的信息，如 Mozilla5.0
Accept	请求	客户能处理的页面的类型，如 text/html
Accept-Charset	请求	客户可以接受的字符集，如 Unicode-1-1
Accept-Encoding	请求	客户能处理的页面编码方法，如 gzip
Accept-Language	请求	客户能处理的自然语言，如 en（英语）、zh-CN（简体中文）
Host	请求	服务器的 DNS 名称。从 URL 中提取出来，必需
Authorization	请求	客户的信息凭据列表
Cookie	请求	将以前设置的 Cookie 送回服务器，可用来作为会话信息
Date	双向	消息被发送时的日期和时间

例如，这里的 User-Agent 就表示发起请求的客户端使用的浏览器及平台信息，如 Mozilla5.0。另外，Date 首部字段类型是双向，表示 Date 在请求报文和响应报文中都有。

③ 实体主体。

实体的主体部分是请求报文的负荷，就是 HTTP 要传输的内容。

(3) 响应报文（Response Message）。

在浏览器和 Web 服务器之间建立 TCP 连接后，浏览器就可以发起访问 index.html 网页文件的请求，这个请求是以请求报文的形式发起的，当服务器接收到来自客户端的请求报文，并处理完客户端请求之后，就会向客户端返回响应报文。响应报文，即从 Web 服务器到客户端（浏览器）的应答。响应报文的所有字段都是 ASCII 码，如图 3.3.7 所示。

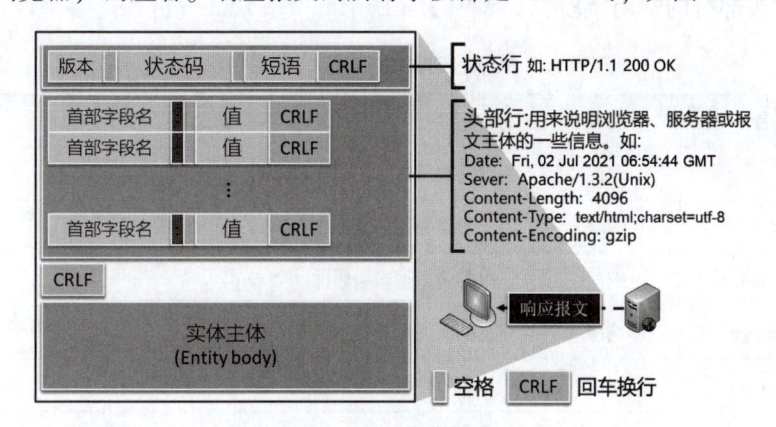

图 3.3.7　响应报文

响应报文主要由状态行、头部行和实体主体组成。

① 状态行。

状态行由 HTTP 协议版本、状态码和状态短语 3 部分组成，它们之间用空格隔开，状态行以回车换行符结束。

首先是版本，即报文所使用的 HTTP 版本号，如 "HTTP/1.1"。

响应报文中的状态码（Status Code），如 "200"，是响应报文状态行中包含的一个 3 位数字，状态码指明了特定的请求是否被满足，如果没有满足，原因是什么。状态码分为以下 5 类，如表 3.3.2 所示。

表 3.3.2　状态码

状态码	含义	例子
1xx	通知信息	100 表示服务器正在处理客户请求
2xx	成功	200 表示请求成功（OK）
3xx	重定向	300 表示页面改变了位置
4xx	客户端错误	400 表示禁止的页面；404 表示页面未找到
5xx	服务器错误	500 表示服务器内部错误；503 表示以后再试

最后的短语如"OK",是状态码所对应含义的短语形式,更具有可读性。

② 头部行。

响应报文的头部行与请求报文的头部行一样,主要用来说明浏览器、服务器或报文主体的一些信息,以"头部字段名:值"的格式构建,如图3.3.8所示。

图 3.3.8　响应报文的头部行

响应报文头部行的常用字段,如表3.3.3所示。

表 3.3.3　响应报文头部行的常用字段

首部字段名	类型	说明
Date	双向	消息被发送时的日期和时间
Server	响应	关于服务器的信息,如 Microsoft-IIS/6.0
Content-Encoding	响应	内容是如何被编码的(如 gzip)
Content-Language	响应	页面所使用的自然语言
Content-Length	响应	以字节计算的页面长度
Content-Type	响应	页面的 MIME 类型
Last-Modified	响应	页面最后被修改的时间和日期,在页面缓存机制中意义重大
Location	响应	指示客户将请求发送给别处,即重定向到另一个 URL
Set-Cookie	响应	服务器希望客户保存一个 Cookie

③ 实体主体。

响应报文的实体主体,也是响应报文的负荷,即 HTTP 要传输的内容。

4. HTTP 的特性

(1) HTTP 的连接方式。

① 非长连接。

即浏览器每请求一个网页文档,就创建一个新的 TCP 连接,当文档传输完毕后,TCP 连接就立刻被释放。TCP 连接的建立和关闭操作会浪费一定的时间和带宽。HTTP 1.0 默认采用此连接方式。

② 长连接。

即在一个连接中,可以进行多次文档的请求和响应。服务器在发送完响应后,并不立即释放连接,浏览器可以使用该连接继续请求其他文档。连接保持的时间可以由双方进行协商,以省去较多的 TCP 建立和关闭的操作,减少浪费,节约时间,如图 3.3.9 所示。HTTP 1.1 默认采用此连接方式。

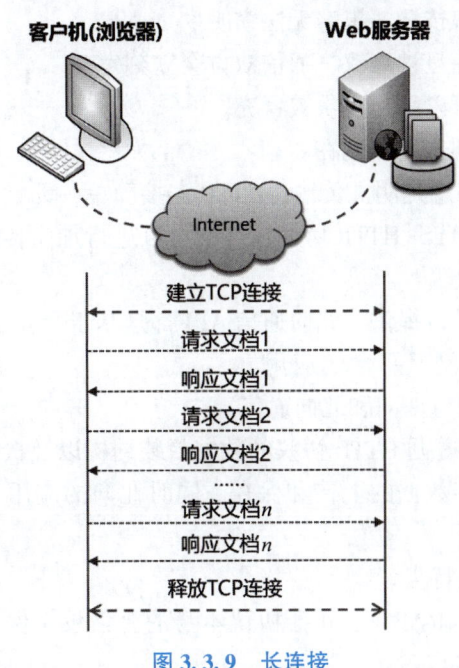

图 3.3.9　长连接

（2）无状态性。

无状态性是指同一个客户端（浏览器）第二次访问同一个 Web 服务器上的页面时，服务器无法知道这个客户曾经访问过。HTTP 的无状态性简化了服务器的设计，使其更容易支持大量并发的 HTTP 请求。

5. HTTP 与 HTTPS

HTTP 有个明显的缺点，那就是在请求过程中，客户端与服务器之间没有任何身份确认的过程，数据全部是明文传输的，不提供任何方式的数据加密，相当于"裸奔"在互联网上。如果攻击者截取了 Web 浏览器和网站服务器之间的传输报文，就可以直接读懂其中的信息，所以很容易遭到黑客的攻击。HTTP 传输面临以下风险。

（1）窃听风险：黑客可以获知通信内容。

（2）篡改风险：黑客可以修改通信内容。

（3）冒充风险：黑客可以冒充他人身份参与通信。

因此，HTTP 协议不适合传输一些敏感信息，比如信用卡号、密码等支付信息。为了防止上述现象的发生，解决 HTTP 协议的这一缺陷需要使用另一种协议：超文本传输安全协议 HTTPS。为了数据传输的安全，HTTPS 在 HTTP 的基础上加入了安全套接字层（Secure Socket Layer，SSL）/传输层安全(Transport Layer Security，TLS）来验证服务器的身份，并为浏览器和服务器之间的通信加密，保护数据的私密性与完整性。

SSL 由网景公司于 1994 年研发，SSL 协议位于 TCP/IP 协议与各种应用层协议之间，为数据通信提供安全支持。

而 TLS，其前身是 SSL，它最初的几个版本由网景公司开发，1999 年从 3.1 版本开始被 IETF 标准化。

所以，有了 SSL/TLS 后的 HTTPS，相比 HTTP 传输更加安全，体现在：

(1) 所有信息都是加密传播，黑客无法窃听。

(2) 具有校验机制，一旦被篡改，通信双方会立刻发现。

(3) 配备身份证书，可以防止身份被冒充。

HTTP 和 HTTPS 的区别主要体现在：

(1) HTTP 协议中，信息是明文传输，HTTP 连接简单，无状态，默认端口是 80。

(2) HTTPS 是由 SSL/TLS+HTTP 协议构建的，可进行加密传输、身份认证，默认端口是 443。

目前大多数物联网云平台提供的北向通信 API 都是基于更安全的 HTTPS。

6. HTTP 协议在物联网云平台的应用

(1) HTTP 协议同时支持南向和北向通信。

OneNET 支持设备采用遵循 HTTP 协议的数据封装结构以及接口形式等连接平台进行数据传输，用户可以实现终端数据的上传和保存。同时北向的应用 API 和数据推送也是基于 HTTP 协议的。

(2) HTTP 协议的功能特点。

① 使用 HTTP 协议接入的设备，由于协议本身的会话没有保活机制，设备的在线状态需要开发者根据需要自己实现。

② 使用 HTTP 协议时，只需要上传数据，不用去维护连接状态，也不用去考虑平台下发的问题。

③ 终端数据点上报，支持的数据点类型包括：整型（int）、浮点数（float）、字符串（string）、JSON 格式、二进制数据等。

④ 平台侧相关资源管理。

(3) HTTP 典型应用场景。

HTTP 最早是为了适用 Web 浏览器的上网浏览场景而设计的，如今在 PC、手机、Pad 等终端上也都应用广泛。但在物联网云平台的南向通信场景中，使用 HTTP 存在一些弊端：

① HTTP 的无状态性，使其难以适应主动向设备推送数据的场景，也就是对设备进行控制操作的物联网场景。对于需要频繁控制操作的应用场景，如果使用 HTTP，则只能采用设备定期轮询、主动获取的方式，这会增加成本，同时实时性也比较差。

② 安全性不高。HTTP 是明文协议，Web 的不安全性也都是众所周知的。在很多要求高安全性的物联网场景，如果不做很多安全准备工作（比如采用 HTTPS 等），则后果不堪设想。

③ 物联网场景中存在大量计算和存储资源都十分受限的设备，如果采用 HTTP 来实现 XML、JSON 数据格式的解析，就显得过于复杂和庞大，可以说是不可能完成的任务。

所以，HTTP 协议在物联网云平台的南向通信中的典型应用场景，适合只上报传感器数据到平台，而无须下行控制指令到设备的简单数据上报场景。

但 HTTP 协议在物联网云平台的北向通信中被广泛应用，HTTP 的 RESTful 风格接口方便开发者进行北向应用的快速开发和调试。

3.3.2 REST 架构

1. REST

REST 是表述性状态传递，意思是资源在网络中以某种表现形式进行状态转移，它是一种面向资源的架构风格。如果一个架构符合 REST 架构风格，我们就称它为 RESTful 架构。CoAP、LwM2M 协议，以及北向 API 都是基于 REST 架构风格的。

REST 与 RESTful

REST 是一种面向资源的架构风格，它以资源为中心，包括与资源相关的 3 个要素，分别是资源的表现形式、标识定位以及对资源的操作方法，如图 3.3.10 所示。

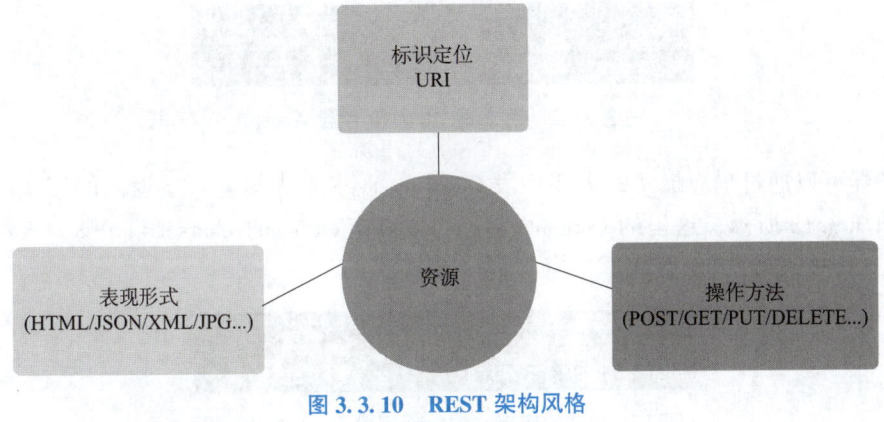

图 3.3.10 REST 架构风格

任何事物，只要有被引用到的必要，它就是一个资源。

（1）资源的概念。

资源是 REST 架构风格中最核心的概念。

资源可能是虚拟对象，比如它可以是某个文件，或是数据库中某个表的记录；也可能是表征现实世界中事物属性的数据结构，例如人或地点。在物联网的世界里，传感器、执行器等"智能物件"，都属于资源；设备数据上传到物联网平台后，也成为一种资源，如图 3.3.11 所示。

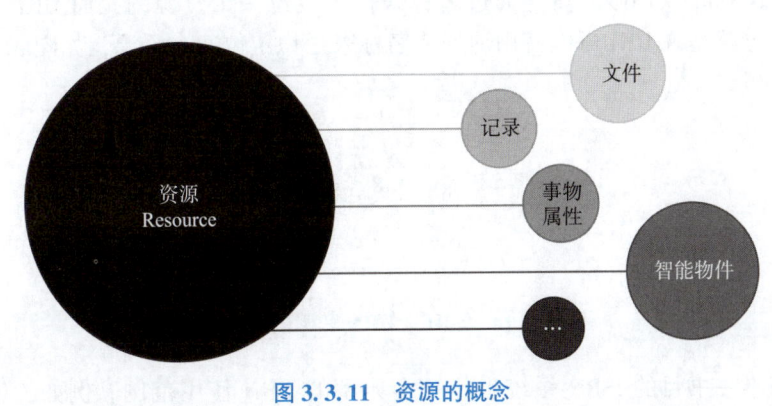

图 3.3.11 资源的概念

总之，任何能命名的对象都可以说是资源，所以资源一般是名词。

(2) 资源的表现形式。

资源的表现形式是指资源具体呈现出来的形式。资源可以有多种展现的方式,比如图片可以用 JPG 格式表现,也可以用 PNG 格式表现等。资源可以有多种外在表现形式,例如文本资源可以采用 HTML、XML、JSON 等格式展现,图片可以使用 PNG、JPG 等格式展现。

在 HTTP 协议中,客户端通过 HTTP 方法获取的只是资源的表述。在客户端和服务器之间传输的也是资源的表述,而不是资源本身。

那客户端如何才能知道服务器提供的是哪种资源表述呢?

客户端可以通过请求报文的头部字段 Accept 来请求一种资源的特定格式,例如 Accept:application/json,表示客户端希望返回的是 JSON 格式的资源表述,如图 3.3.12 所示。

```
# HTTP请求头
GET http://api.example.com/users HTTP/1.1
Accept: application/json
```

图 3.3.12　请求报文的头部字段 Accept

服务器可以通过响应报文的头部字段 Content-Type 来告知客户端返回的资源的表现形式,如图 3.3.13 所示,这里的 Content-Type:application/json;charset=utf-8,表示服务器返回的是 utf-8 编码的 JSON 格式的资源。

```
# HTTP响应头
HTTP/1.1 200 OK
Content-Type: application/json; charset=utf-8
```

图 3.3.13　响应报文的头部字段 Content-Type

由此也可以看出,RESTful API 里面,JSON 是一个非常普遍的表现形式。后面我们将会专门介绍 JSON。

(3) 资源的标识定位。

每个资源在网络中都由 URI(Uniform Resource Identifier,统一资源标识符)来进行唯一标识和定位。

如果说统一资源定位符 URL 是通过地址来标识定位一个资源,那么统一资源名称(Uniform Resource Name,URN)则是通过名称来标识定位一个资源的,而 URL 和 URN 都是URI 的子集,也就是说 URI 可以使用地址或名称来标识定位一个资源,如图 3.3.14 所示。

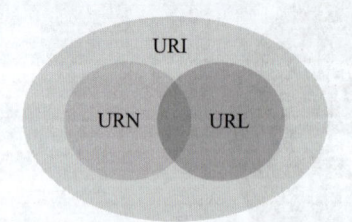

图 3.3.14　URL、URN 和 URI 的关系

用于标识唯一书目的 ISBN 系统也是一个典型的 URN 使用范例。例如,ISBN 0-486-27557-4(urn:isbn:0-486-27557-4)无二义性地标识出莎士比亚的戏剧《罗密欧与朱丽叶》的某一特定版本。

由于 URI 只负责标识定位资源，而与对资源的操作无关，所以 URI 一般以资源的名词结尾，并且推荐使用复数。例如，某网站的用户集合对应的 URI 可以是："http://api.domain.com/users"。

此外，REST 中的资源是有层次关系的，可以通过斜杠"/"表达出资源的层次关系。例如编号为 1234 的用户 URI 就是："http://api.domain.com/users/1234"。

回到物联网的世界，在基于 REST 架构风格的 CoAP 协议中，一个 CoAP 资源也可以被 URI 所描述，URI 就可以这样去标识这个温度传感器资源："CoAP://machine.address：5683/sensors/temperature"。其中 5683 是 CoAP 的默认端口号。

但对于同样基于 REST 架构风格的 LwM2M 协议来说，它使用 URN 来标识资源，例如，urn：oma：lwm2m：ext：3303。

（4）对资源的操作方法。

对资源的操作主要包括创建、更新、获取和删除（Create Update Read Delete，CURD）资源，以 HTTP 为例，这些操作正好对应其 POST、PUT、GET 和 DELETE 方法，REST 架构风格中的资源操作方法由动词表示。如表 3.3.4 所示是各种操作方法动词和其对应的描述。

表 3.3.4　各种操作方法动词和其对应的描述

动词	描述
HEAD（SELECT）	只获取某个资源的头部信息
GET（SELECT）	获取资源
POST（CREATE）	创建资源
PATCH（UPDATE）	更新资源的部分属性
PUT（UPDATE）	更新资源
DELETE（DELETE）	删除资源

2. RESTful API 设计

统一接口是设计任何 RESTful 架构的基础。

如果使用 RESTful API，则客户端发出的数据操作指令都是"动词+名词"结构。其中动词方法决定操作，名词 URI 标识资源。

下面列出了一些 RESTful API 案例，其中操作方法是动词，资源标识 URI 描述以名词结尾，是被操作的资源对象，所以，客户端发出的数据操作指令都是"动词+宾语"的结构，如表 3.3.5 所示。

表 3.3.5　RESTful API 案例

动词-方法	名词-URI	描述
GET	http://api.example.com/friends/	社交网站查找朋友
POST	http://api.iotcloud.com/devices	某物联网平台设备管理-新增设备
PUT	coap://machine.address：5683/sensors/temperature	设备上报最新的温度数据
DELETE	http://api.example.com/friends/friend_id	社交网站删除某个朋友

3. REST 架构风格的 6 个约束

定义一个 RESTful 系统时，应该遵循以下 6 个约束。

（1）客户端-服务器（Client-Server）。

客户端与服务端各自能够独立实现并独立开发，它们可以使用不同的技术或编程语言。

（2）统一接口（Uniform Interface）。

统一接口是设计任何 RESTful 架构的基础。

（3）分层系统（Layered System）。

分层系统约束能够使网络中介（如代理或网关等）透明地部署到客户端与服务器之间。中间服务器主要用于增强安全、负载均衡和响应缓存等目的。

（4）缓存（Cache）。

客户端或网络中介均能够缓存服务器返回的响应，对响应进行缓存将有助于减少数据获取延迟以及对服务器的请求，提高系统的性能。

（5）无状态（Stateless）。

无状态约束将指明服务器不会记录或存储客户端的状态信息，这些状态信息由客户端来保存并维护，当客户端请求服务器时，必须在请求消息中包含所有与之相关的信息（如认证信息等）。

（6）按需编码（Code-On-Demand）。

按需编码约束允许服务器临时向客户端返回可执行的程序代码（如脚本等），这一约束是可选的。

考查一个系统的 RESTful 架构设计是否合理，就可以从上面 6 点约束进行判断。

物联网云平台南向通信接入协议：CoAP，LwM2M，MQTT，HTTP，以及北向 API 都符合 REST 风格的约束，所以它们都是基于 RESTful 架构设计的，如图 3.3.15 所示。

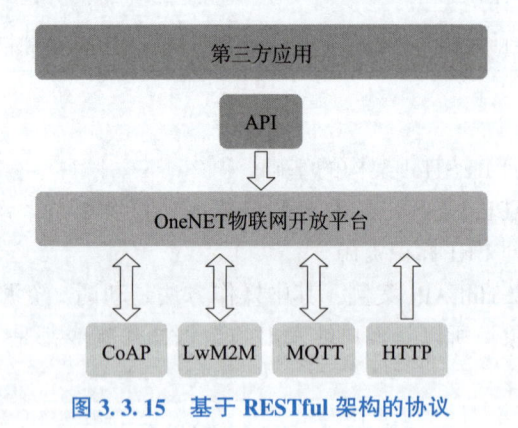

图 3.3.15 基于 RESTful 架构的协议

3.3.3 Token

在 Web 访问中，因为 HTTP 协议的无状态性，所以同一个用户连续两次访问跟两个不同的用户各访问一次，在服务端看来没有任何区别。也就是说，服务端单从网络连接上是无从知道用户身份的。但显然，服务器必须要对用户的身份进行鉴别，否则任何人都可以调用服务器的 API，任何人都可以随意访问其他人的资源。

自从有了互联网，就有了用户鉴权的需求。早期的用户鉴权，主要使用过两种方式，一种称为 Cookie，一种称为 Session。

1. Cookie

Cookie 是由服务器生成的一些键值对，使用 Cookie 进行用户鉴权非常不安全。

如果服务器使用了 Cookie，当用户第一次访问服务器时，在输入用户名和密码登录后，服务器由此生成一些键值对，不同的用户键值对肯定不一样，这样才能够区分用户。服务器将这些键值对发送给浏览器，浏览器将这些键值对存储在本地文件中，后续请求时，浏览器携带 Cookie 传送给服务器，这样用户就不用再一次登录了，从而实现了用户鉴权的功能。

由于 Cookie 是保存在本地文件中的，如果这些文件被别有用心的人拷走了，那么他就可以伪造成合法用户登录服务器了，因此，Cookie 是一种非常不安全的方法。

2. Session

Session 借助于 Cookie 实现，但有效地避免了 Cookie 的这种存本地文件的缺点。当用户第一次访问服务器时，仍然需要输入用户名和密码。如图 3.3.16 所示，就像流程图中的这样，通过 POST 请求完成后，服务器会为用户分配一个唯一的 SESSIONID。一方面，把这个 SESSIONID 保存在服务器的缓存中；另一方面，把这个 SESSIONID 通过响应报文的头部 Set-Cookie 字段返回给浏览器。浏览器在后续会话过程中，在请求报文的头部 Cookie 字段中携带 SESSIONID，服务器收到以后，就和缓存中的 SESSIONID 进行对比，从而确定到底是哪一个用户，进而返回这个用户的资源。

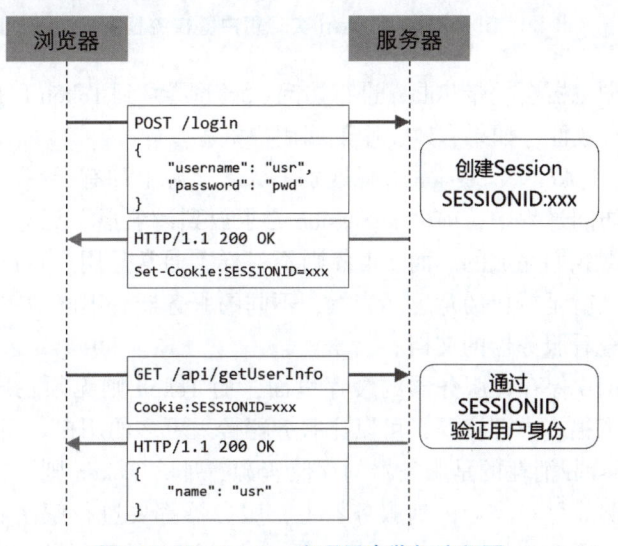

图 3.3.16　Session 实现用户鉴权流程图

但是，服务器连接的用户越多，保存 SESSIONID 消耗的内存也就越多，这将极大地影响服务器的服务能力。再加上 Session 不适合现在流行的分布式架构，不利于服务器的动态扩展，所以现在用 Session 的服务器也越来越少了。

3. Token

那现在主流的用户鉴权方式是什么呢？就是 Token。

Token 的意思是令牌，它是由服务端生成的一串字符串，作为客户端进行请求的一个标志。

跟 Cookie 和 Session 类似，当用户第一次登录时，服务器会将登录凭证做数字签名，加密之后得到一个字符串，这个字符串就是 Token。Token 会添加到响应报文的实体主体，也就是 Body 部分。这一点与 Session 不一样，Session 是在响应报文的头部字段里，如图 3.3.17 所示。

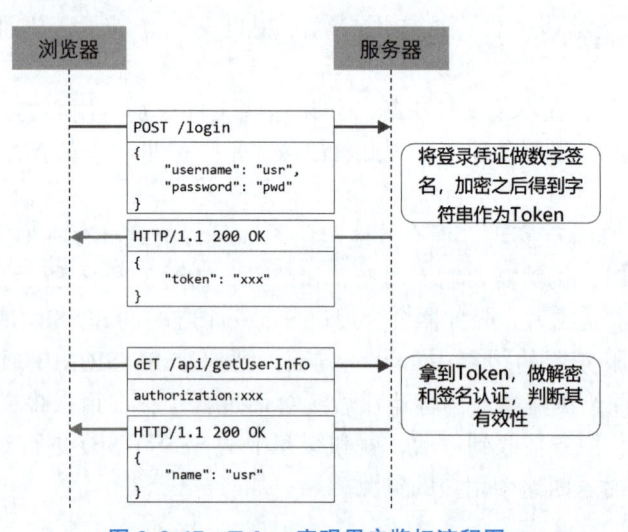

图 3.3.17　Token 实现用户鉴权流程图

后续请求中，浏览器会携带 Token 进行访问。服务器拿到 Token 以后，做解密和签名认证，判断 Token 的有效性，如果有效，则返回用户资源。

表面上看起来，Token 跟 Session 好像区别不大，实际上却有天壤之别。

首先，后续的访问过程中，前面的 Session 必须放到请求报文头部的 Cookie 字段，这个工作是浏览器自动帮我们完成的。而 Token 则不一样，通常是用户自己放到 authorization 字段中，这个字段本义就是授权的意思。当然，不同的服务器有不同的实现方法，Token 具体放到哪里，还需要查看服务器的文档。

其次，SESSIONID 保存在服务器的缓存里面，而 Token 则无须在服务器上保存。这直接就为服务器节省了很多内存资源，可以让服务器接入更多的用户。当然，Token 并没有什么魔法，如果说 Session 消耗的是服务器的存储资源，那么 Token 则消耗的是服务器的计算资源。因为用户 Token 每一次上传到服务器上，服务器都要进行解密和认证，这是一个比较复杂的计算过程，需要消耗 CPU 的时间，不过这种消耗是值得的，因为我们用时间换取了空间，时间的代价小，空间的代价大。

最后，因为 Token 这种机制是基于计算的，因此可以很容易做到跨平台、跨域。在服务器集群中，任何一台服务器都可以进行 Token 计算，没有差别。如果是基于存储的机制，那么只能在存储了用户信息的那台服务器上进行比对，这很可能造成某台服务器压力过重，而其他服务器却空闲的现象。所以说 Session 不利于动态扩展，但 Token 却非常利于服务器的动态扩展，这契合了当代的趋势，尤其是物联网平台这种需要弹性扩容的架构。

4. Token 在云平台中的应用

Token 在 OneNET 平台上有着重要的应用。

在北向，第三方应用要调用 OneNET 平台的功能，使用 API 时肯定会涉及用户鉴权。在后续的任务实施中就可以观察到，发送请求时必须携带 Token。

在南向，设备接入平台时，仍然需要进行鉴权。CoAP、MQTT、HTTP 都需要使用 Token。唯一例外的是 LwM2M，它是通过设备保活时间、引导机地址、IMEI 号和 IMSI 号等来计算的设备注册码。

绝大部分服务器都是在用户第一次登录时，生成 Token 返回给用户的。OneNET 在北向要面向用户，在南向要面向设备，为了简化 Token 的操作，OneNET 提供了 Token 计算工具，用于统一计算南北向通信过程中需要的 Token。

3.3.4 JSON

1. JSON 的概念

JSON 是一种轻量级的数据交换格式。什么是数据交换呢？以北向 API 为例，客户端调用 API 功能时，请求和响应就是数据交换过程。请求和响应的实体主体，也就是 Body 部分，使用的就是 JSON 格式。甚至整个请求和响应都是被序列化为一系列键值对进行传送的，这些序列化的数据也是 JSON 格式。需要注意的是，不是所有的 Web 数据都会采用 JSON，但 RESTful API 通常都是，如图 3.3.18 所示。

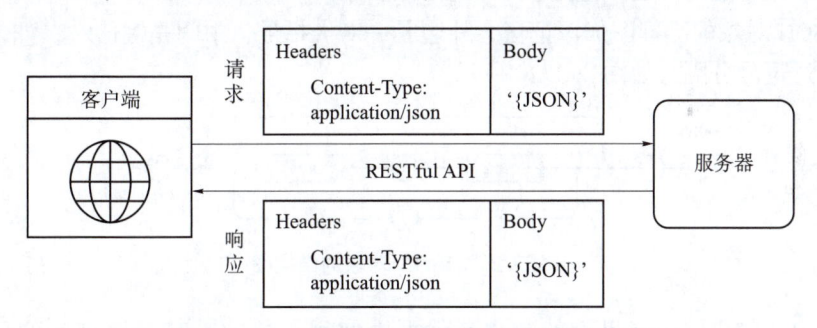

图 3.3.18　RESTful API 通常采用 JSON 格式

JSON 只是一种文本，里面保存着需要交换的数据。这种文本，你可以把它保存成一个文件，这样就成为一个 JSON 文件，也可以把文本内容在网络中进行发送，这样就是一个 JSON 数据。

通过 JSON，可以表达非常多的数据类型，比如字符串、数值、布尔量等每种编程语言都有定义的基本类型，也可以表达数组、对象等复合类型的数据，甚至还可以为空，也就是 null。

JSON 格式与 JavaScript 对象非常相似，甚至只需要一个简单的函数就可以完成 JSON 数据与 JavaScript 对象的互相转化，这是 JSON 在互联网中如此普及的一个原因。JSON 非常适合于服务器与 JavaScript 客户端的交互，最常见的 JavaScript 客户端就是我们熟悉的浏览器。

JSON 在结构、生成和解析方面都十分简单方便，在需要进行数据交换的场合，可以说是首选方案。

2. JSON 的基本语法

(1) 对象（object）。

在 JSON 的使用场景中，对象是最为普遍的形式。

对象的典型特征就是用一对大括号包裹起来，里面的元素连同大括号一起。如图 3.3.19 所示，左边这一段数据就是一个 JSON 对象的代码表示。

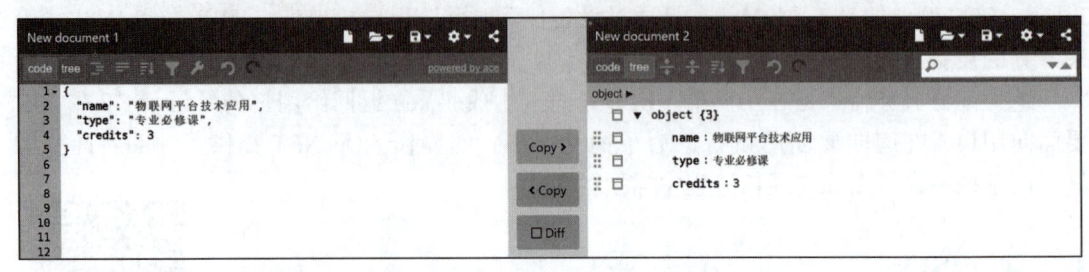

图 3.3.19　JSON 对象

具体到大括号里面，是一个无序的键值对的集合。键值对以英文冒号分开，左边是键，表示关键字的意思，右边是这个键的值。第一个键值对，"name"是键，"物联网平台技术应用"是值。在 HTTP 请求和响应的头部，就包含类似的键值对。

这个例子里面，一共有三个键值对，它们的键分别是"name""type""credits"。这几个键值对是无序的，谁在前谁在后都没有影响。唯一需要注意的是，键值对与键值对之间，必须要用英文逗号进行分隔，这是 JSON 的语法要求。

通过 JSON 对象的结构图加深记忆。外边是一对大括号，中间是键值对，如果有多个键值对，则通过逗号分隔，如图 3.3.20 所示。

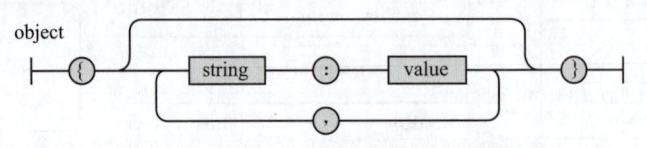

图 3.3.20　JSON 对象的结构图

对于对象，如果要访问里面的数据，就可以使用对象的键来获取相应的值，语法就是 obj.key。

(2) 数组（array）。

JSON 的第二种形式是数组。

数组的典型特征就是通过一对中括号包裹起来，里面全部是值，值与值之间，通过英文逗号隔开。JSON 数组的结构图也完整地表示出了 JSON 数组的逻辑，如图 3.3.21 所示。

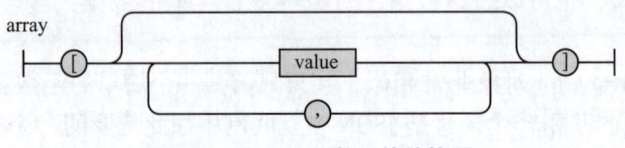

图 3.3.21　JSON 数组的结构图

如果要访问数组中的值，需要使用索引号，从 0 开始索引。这跟多数编程语言里面的数组访问形式一样。

如图 3.3.22 所示，用一个数组保存了 OneNET 平台支持的南向协议名称。从右侧解析来看，这是一个 array，也就是数组，而且里面有 5 个值，可以分别通过 0 到 4 的索引获取到，进而也说明这些值是有顺序的，这跟 JSON 对象键值对的无序不同。

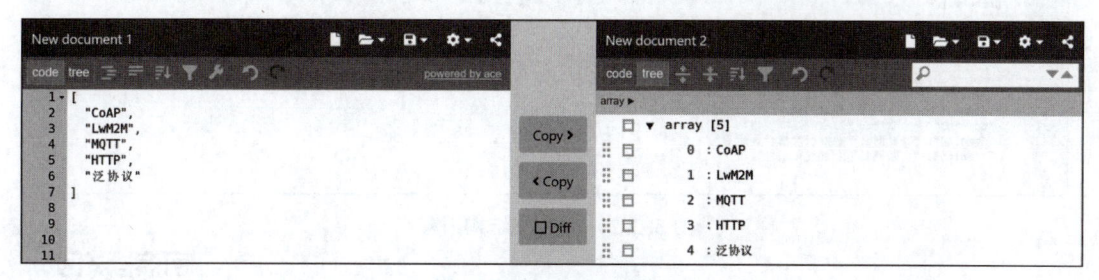

图 3.3.22　JSON 数组

相对于 JSON 对象，JSON 数组较少单独使用，通常都是作为 JSON 对象键值对中的值来使用，也就是嵌套使用。

（3）值（value）。

JSON 的最后一种形式是值。

值可以非常简单，一个单独的元素就是一个值，比如一个使用双引号括起来的字符串，或者一个数字，或者一个布尔量，再或者仅仅是一个空值 null。JSON 值的结构图如图 3.3.23 所示。

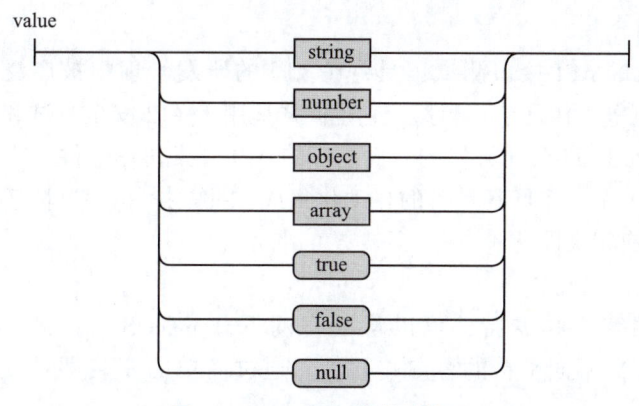

图 3.3.23　JSON 值的结构图

值可以单独使用，但很少会单独使用。值更多的是出现在 JSON 对象的键值对中，或是 JSON 数组中。

值也可以很复杂，因为 JSON 对象和 JSON 数组也可以作为值来使用。这样就会存在结构嵌套的问题。

如图 3.3.24 所示，这个对象一共有 3 个键值对，它们的键分别是"name""grade""domains"。3 个键值对的结构不尽相同。"name"的值是一个普通的字符串；"grade"的值是一个数组，数组里面又有 3 个值；"domains"的值是一个 JSON 对象，里面有 5 个键值对。

也就是在对象中又嵌套了一个数组和一个对象。有时候，这样的嵌套会造成 JSON 结构非常复杂，导致很难发现格式错误，可以借助一些 JSON 解析工具来进行格式校验，这是一个非常有用的调试经验。

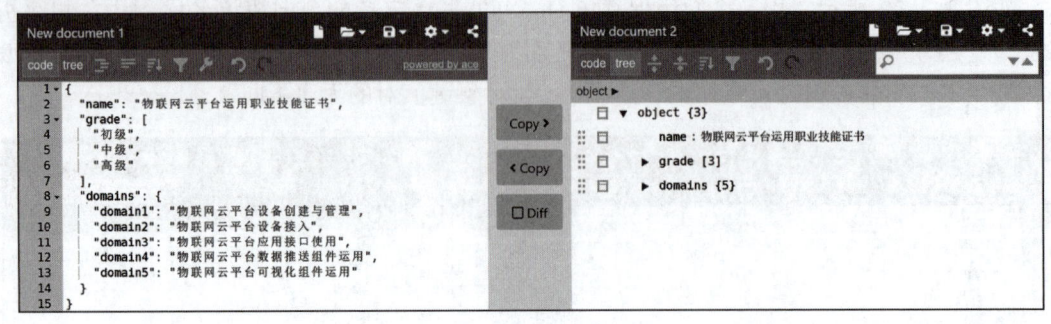

图 3.3.24　JSON 结构嵌套

3.3.5　Postman

1. API

API，全称 Application Programming Interface，也就是应用程序编程接口。接口就是两个不同系统或者一个系统中两个不同的功能，它们之间相互连接的部分称为接口。客户端向服务端发送请求的时候，调用的是服务端中对应功能的 API 接口，比如登录接口、注册接口、忘记密码接口等。

用 Postman 进行 API 测试

2. Postman 简介

Postman 是流行的 API 接口测试工具，在 API 的研发管理中被广泛应用于 API 设计、API 构建、API 测试等工作环节。当然，它也同样适用于 API 安全测试和管理。

Postman 是由 Postman 公司开发的界面友好的 API 开发协作软件，不同的使用者通过简单的配置即可开展工作，并且其具备的自动化集成、批量操作、脚本定制等功能，使得其在 API 软件市场占有很大的比重。

主要功能特点：

（1）多平台的客户端支持，可以从其官网下载 macOS、Windows（32 位/64 位）、Linux（32 位/64 位）不同平台的客户端软件，通过简单的安装即可使用。Postman 主界面如图 3.3.25 所示。

（2）方便的自动化集成，Postman 支持命令行调用和 API 调用的方式。

（3）丰富的管理功能，Postman 提供个人空间管理、团队协作 API 管理、SaaS 服务与 SSO 集成管理等，加上其完善的在线文档，为用户的使用提供了极大的帮助。

（4）友好的脚本定制，Postman 支持多种形式的脚本定制功能，比如 pre-request 脚本、多语言编码，这些功能为不同场景下的 API 测试提供了批量操作、自动化操作的入口。

3. Postman 接口测试原理

使用 Postman 进行接口测试的原理是模拟客户端向服务器发起各类 HTTP 请求（GET/POST/DELETE/PUT），并验证服务器返回的响应结果是否和预期相匹配，从而达到接口测试的目的，如图 3.3.26 所示。

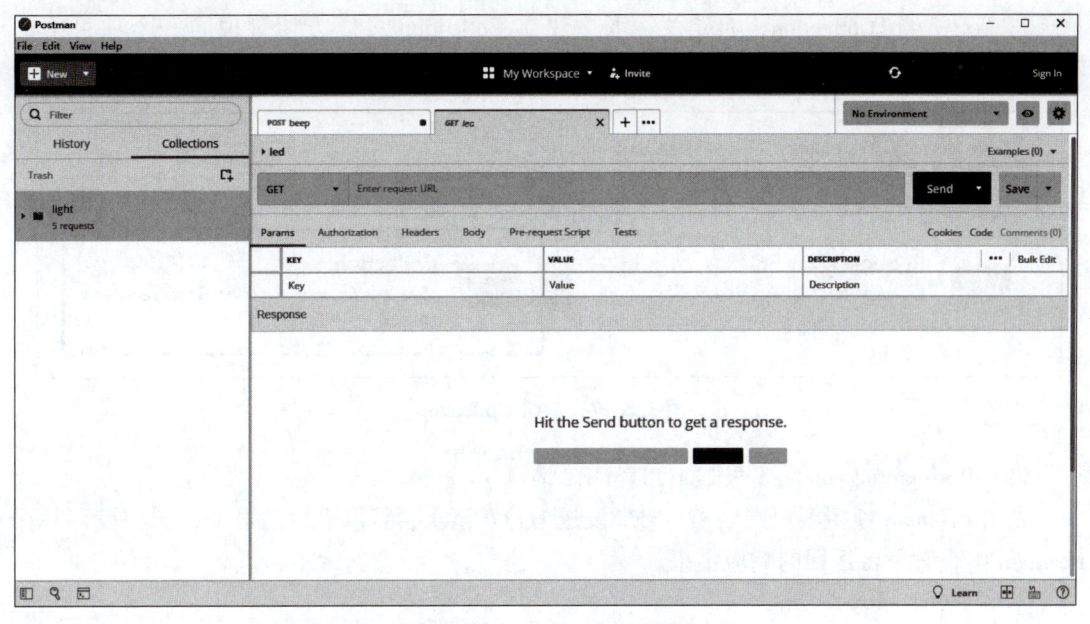

图 3.3.25　Postman 主界面

图 3.3.26　Postman 接口测试原理

开发人员一般通过在 Postman 中设置不同的请求参数来进行接口的调试和测试,方便进行应用的开发,以及发现和处理接口中的 bug,保证产品上线之后的稳定性和安全性。

浏览器本身也可以进行测试,简单的 GET 请求是没问题的,但是复杂的比如 POST 请求,就需要编写程序才能测试,远远不如 Postman 方便。

4. Postman 使用场景

(1) 开发人员:开发每个功能的接口后,都需要先自己调试。

(2) 测试人员:通过设置不同的参数去测试接口实现的是否正确。

其实,Postman 这个工具,开发人员用得更多。因为测试人员做接口测试会有更多选择。Postman 比较简单方便,而且功能强大,方便开发人员的使用。

5. Postman 使用基本流程

接下来以 OneNET 平台的 API 接口测试为例,来了解一下使用 Postman 进行 API 测试的基本流程。

(1) 准备工作。

① 需要先安装 Postman。

② 打开 Postman 软件,选择注册和登录 Postman 账户。

③ 新建一个 Collection，自定义名称。建立 Collection 可以方便管理同一个项目中的 HTTP 请求，可以把 Collection 理解为一个文件夹。如图 3.3.27 所示是新建 Collection。

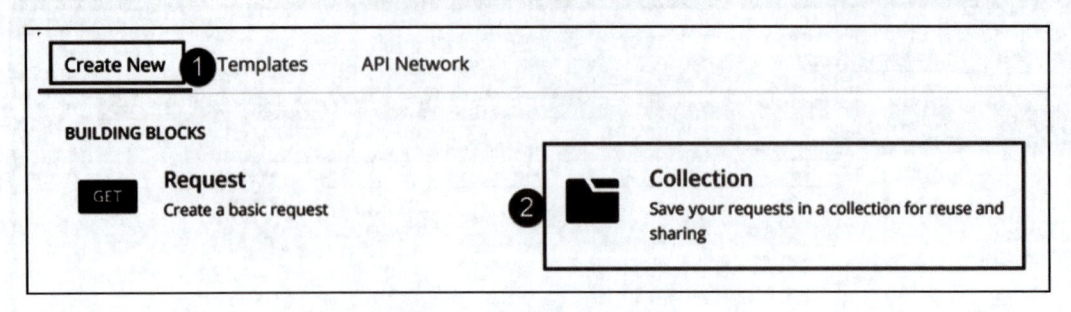

图 3.3.27　新建 Collection

（2）Postman 向 OneNET 发送 HTTP GET 请求。

先用 Postman 模拟客户端向 OneNET 发送 HTTP 请求，获取平台的设备资源列表，并在 Postman 中查看平台返回的响应结果。

① 新建 Request 请求。

命名为："即时命令-设备资源列表获取"，它相当于一个文件名，把它保存在上一步中的 Collection 中。

② Request 请求行配置。

在对 Request 请求进行详细配置之前，可以回顾一下 HTTP 请求/响应模型。Request 请求报文主要由请求行、头部行和实体主体组成，其中请求行又由请求方法、请求 URL 和 HTTP 协议版本 3 部分组成。如图 3.3.28 所示是进行 Request 请求行配置。

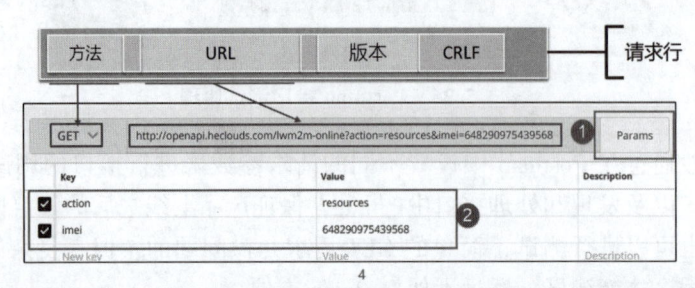

图 3.3.28　进行 Request 请求行配置

由于是获取资源，所以使用 GET 方法，将请求方法设置为"GET"。

请求 URL 主体设置为 OneNET API 给定的 URL。

URL 参数配置：单击"Params"选项，以键值对方式配置 URL 参数，例如，第一个参数 Key 为 action，Value 为 resources，表示获取设备资源列表；第二个参数 Key 为 imei，Value 为 NB-IoT 设备的 IMEI 号，可以从 OneNET 控制台获取，每个设备都有自己唯一的 IMEI 号。这两个参数，同样也是 API 定义的，在进行 API 测试时，一定要参考 API 在线文档。

参数键值对会自动地组装到 URL 中。注意 URL 里面的问号，问号前面是手动填写的 URL，问号后面是填写的键值对。每个键值对之间，使用"&"符号进行分隔。这是 URL 的规则。

HTTP 版本号 Postman 一般默认为 HTTP/1.1 版本，在发送请求时会自动添加，这里不需要手动设置。

经过这一步，就把 Request 请求行配置好了。

③ 对 Request 的头部行 Headers 进行配置。

请求报文中的头部行主要是用来说明浏览器、服务器或报文主体的一些信息，以"头部字段名：值"的格式构建。例如，这里需要在头部行中加入鉴权信息。

添加头部字段 authorization，HTTP 请求响应模型中提到过，authorization 字段主要用于描述客户的信息凭据列表，常用于鉴权操作，将该字段值 Value 设置为计算得到的 Token 值即可。如图 3.3.29 所示是对 Request 的头部行 Headers 进行配置。

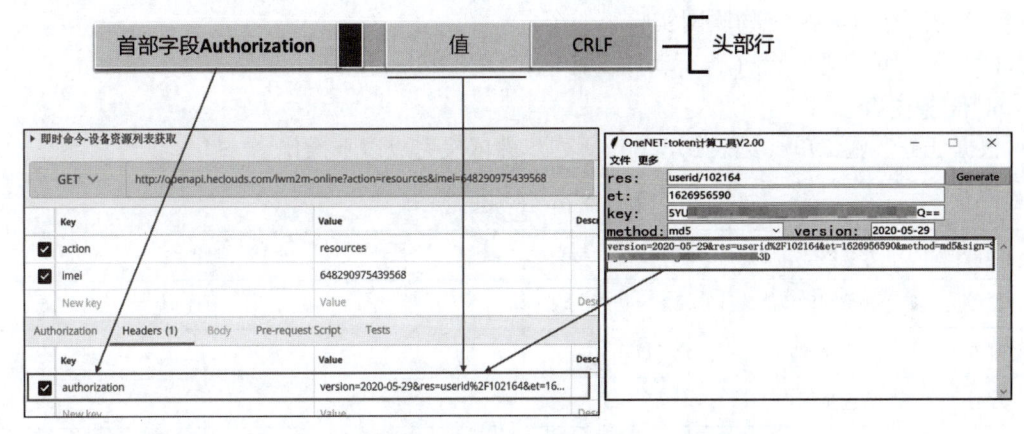

图 3.3.29　对 Request 的头部行 Headers 进行配置

④ 发送请求并查看响应消息。

单击"Send"按钮，Postman 就会向物联网云平台发送请求。

当请求成功时，Status 显示响应码"200 OK"，表示该请求服务器已经成功处理，并且服务器会以 JSON 格式返回响应消息，需要注意的是响应码"200 OK"只代表服务器接收并成功处理了请求，并不是代表平台资源列表获取成功。如图 3.3.30 所示是查看响应消息。

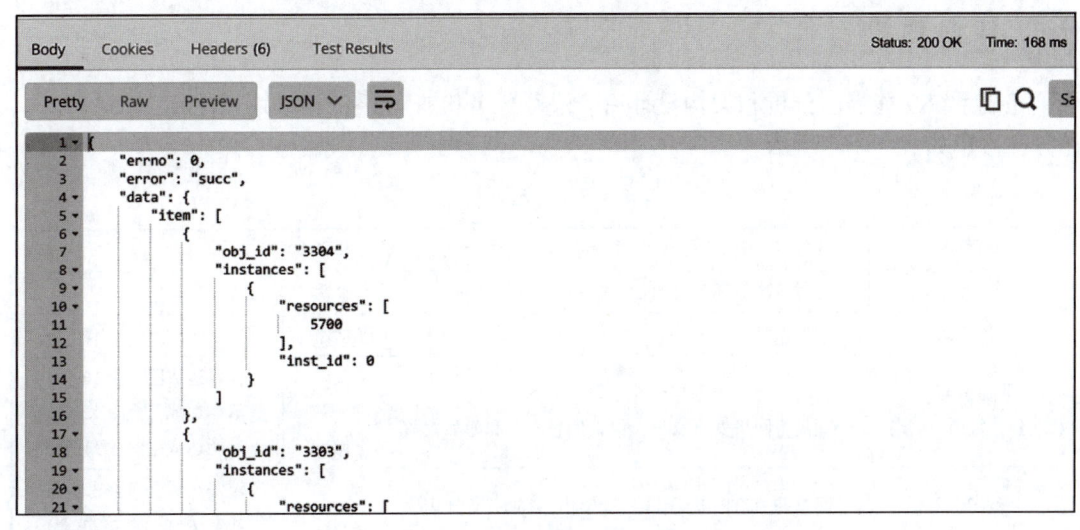

图 3.3.30　查看响应消息

以上就是使用 Postman 进行 API 测试的基本流程，如果是 POST 请求也类似，请求行、请求 Header、请求主体都参照 API 文档的要求进行填写即可。

任务实施

1. 任务目的
（1）学会针对智慧园区节能减排监控系统进行功能实现；
（2）学会使用 Postman 进行 API 接口测试，对 LED 灯实现控制。

2. 任务环境
（1）各小组 OneNET 物联网实验箱一个；
（2）联网计算机一台（含有软件工具包）、程序包一个。

3. 任务内容
根据任务实施工单（见表 3.3.6）所列步骤依次完成以下操作。

表 3.3.6　任务实施工单

项目	智慧园区节能减排监控系统设计与实现		
任务	智慧园区节能减排监控系统功能实现	学时	6
计划方式	分组完成、组内成员分工协作		
序号	实施步骤		
1	安装 Postman		
2	使用 Postman 进行 GET 请求测试，获取设备资源列表，读取设备资源		
3	使用 Postman 进行 POST 请求测试，写设备资源		
4	完成第三方应用对系统的远程控制		
5	撰写项目实训报告		

任务评价

完成系统功能需求分析和架构设计后，进行任务检查与评价，可采用小组互评等方式。任务评价单如表 3.3.7 所示。

表 3.3.7　任务评价单

项目	智慧园区节能减排监控系统设计与实现	成员姓名	
任务	智慧园区节能减排监控系统功能实现	日　　期	
考核方式	过程评价	本次总评	
职业素养 （20分，每项10分）	□树立行业规范与标准意识 □具备网络安全意识，保护信息安全和隐私权益		较好达成□（≥16分） 基本达成□（≥12分） 未能达成□（≤11分）
专业知识 （40分，每项20分）	□掌握 HTTP 协议、REST 架构、Token 等知识 □掌握采用 Postman 进行第三方应用开发的基本方法		较好达成□（≥32分） 基本达成□（≥24分） 未能达成□（≤23分）

技术技能 （40分，每项10分）	□能正确生成Token鉴权 □会使用API接口获取设备资源列表 □会使用API接口读设备资源 □会使用API接口写设备资源，完成第三方应用对系统的远程控制	较好达成□（≥32分） 基本达成□（≥24分） 未能达成□（≤23分）
（附加分） （5分）	□在本任务实训过程中能够主动积极完成，并帮助其他同学完成	

技能提升

使用数据推送控制灯光

设备上云或者数据上云，往往都不是我们的最终目的。很多时候，跟用户交互的并不是平台，而是各种各样的应用程序。因此，几乎每一个应用程序都有从平台获取数据的需求。

应用程序可以主动调用平台的API去获取数据，就像我们前面看到的一样。但是，既然是一种普遍的需求，平台就有义务提供某种机制，让应用程序更方便地获得数据，这就是数据推送，由平台主动把数据推送给应用程序。

HTTP推送用于实现平台与应用服务器之间的单向数据通信。平台作为客户端，通过HTTP或者HTTPS请求方式，将设备数据推送给应用服务器。

数据推送，推送的是数据，而数据则来源于设备和应用程序。比如设备生命周期数据、设备物模型数据都来自设备，场景联动触发日志则来源于平台的场景联动应用，等等。所有这些数据会事先经过项目的规则引擎，对数据进行筛选和过滤。过滤后的数据，则被分发到MQ消息队列中，或者HTTP数据推送组件中。

配置HTTP数据推送时，首先需要指定一个合理的实例名称。然后需要指定最为关键的一个参数，那就是推送地址。这个推送地址是应用服务器的地址，换句话说，就是你自己服务器的地址，因此它必须是一个公网地址。准备这个公网地址可能需要经过租用云服务器、申请域名、备案网站、申请证书等过程，对个人开发者来说稍有难度，不过企业用户则耳熟能详。如图3.3.31所示是企业OneNET平台。

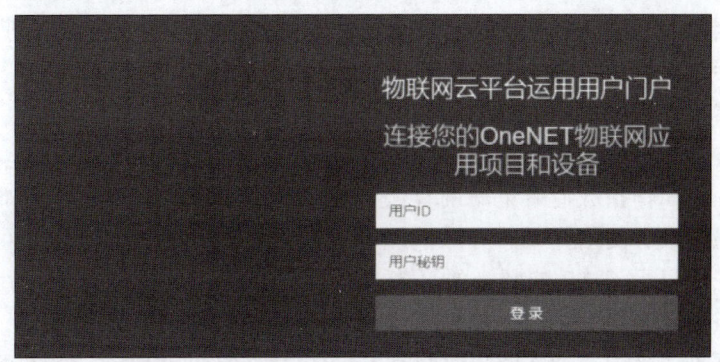

图3.3.31 企业OneNET平台

在应用程序的实现过程中，针对该地址，需要同时提供 GET 和 POST 两种接口，这是 OneNET 的约定。GET 接口用于验证服务器的合法性，POST 接口则用于数据的推送。

接下来要配置应用服务器的 Token，这样应用服务器就可以辨别数据是不是来自 OneNET 平台，可以避免非法用户。

最后还可以选择对消息加密或者不加密。如果要加密，则需要在这里指定 AES 算法的加密密钥。

配置完毕以后，紧接着就是要实现我们自己的 HTTP 服务，来接收推送的数据。不管你是用何种编程语言，Java 也好，PHP 也好，Python 也好，都要实现刚刚说的 GET 和 POST 两个接口，并且将 HTTP 服务启动起来。服务就绪以后，就需要回到 OneNET 控制台，对接口进行验证（见图 3.3.32）。验证的过程，就是 OneNET 调用服务的 GET 接口的过程，只有验证成功以后，才能进行后续的配置。

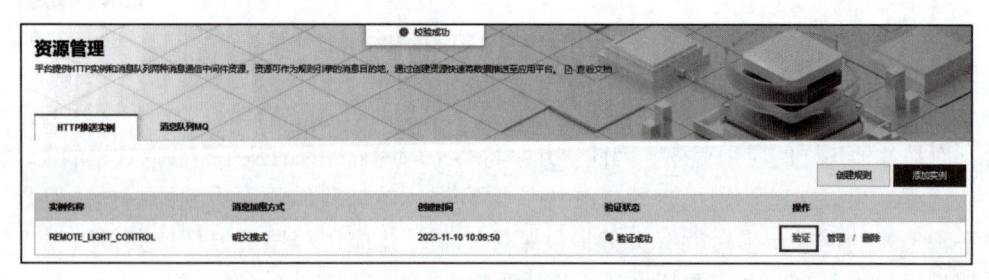

图 3.3.32　对接口进行验证

最后还有一步，那就是在规则引擎里面，将某一条推送规则关联到数据推送上面去，这样才算完成了最终的配置，如图 3.3.33 所示。

图 3.3.33　开启规则引擎

对 OneNET 平台来说，应用服务器的工作状态是完全未知的，服务器有可能在线，也有可能离线，因此 OneNET 平台没有办法保证数据一定被应用服务器接收到。OneNET 能做的，就是失败后多次发送，也就是重推，尽可能保证服务器收到。

应用服务器收到平台每一次推送请求后，需要在有限时间内返回响应，并且 HTTP 响应状态码应设置为 200，否则平台就认为请求发送失败，进行消息重推。

重推采用一种叫作指数退避策略的算法，它在前端应用开发中使用得非常普遍。由于接口服务的不稳定或者网络抖动，导致前端单次请求失败，需要的资源不可用，从而造成前端页面无法正确显示，这时前端就要不断重试，指数退避策略就派上了用场，可以在算法计算的时间点不断进行尝试。

具体到数据推送来说，初次间隔时间是 5 s，以后每次间隔时间递增，每条消息最多重推 16 次。如果某条消息一直失败，那么会在接下来的 2 小时 45 分 45 秒的时间内，重推 16 次，之后不再重推。如果数据最终推送失败，可以进入设备日志，查看 HTTP 数据推送的日志，这样就可以快速地定位问题。

数据推送为应用开发带来了非常大的便利。首先，应用程序不必反复地去调用 API，这将减少 OneNET 平台的负担；其次，应用程序不用担心收到的数据跟历史数据有重复，节省了去重的工作量；最后，因为数据推送都是由规则引擎的事件触发的，所以数据的实时性也更快一些。

请结合本项目，尝试使用 OneNET 平台的数据推送功能对采集的光照度进行自动判别，从而实现自动根据环境光线控制 LED 灯的亮灭。

拓展阅读

中移物联网发挥信息化技术降碳杠杆作用，助力碳达峰碳中和

中移物联网有限公司（简称中移物联网）积极落实计划部署要求，通过技术创新实现自身运营"节能"，发挥运营优势实现助力降碳"赋能"。

自身网络节能。中移物联网一方面持续推进网络架构绿色转型，加快云化演进，通过虚拟化技术降低实际物理服务器使用量；另一方面积极探索和研究网络节能技术，实现对机房空调、AAU/RRU 等设备的实时监控和能耗控制，在保证网络质量的前提下，达到降低电费的效果，节能效果为 AAU/RRU 日均综合节能率 22% 左右，空调节能根据地区差异节能率 10%（软关）至 20%（硬关），2021 年已试点和应用涉及站点 14 000 余个，节约电量 1 240 万 kW·h 时，相当于节约 4 960 t 标煤，减少排放 12 362.8 t 二氧化碳。

社会绿色赋能。中移物联网大力推进蓝天卫士、云视讯、智慧园区、和易充、智慧工地等信息化解决方案，不断提升信息服务的深度和广度，助力全社会集约资源、提高效率、减少排放。

"蓝天卫士" 2.0 解决方案由中国移动河南公司与中移物联网协同打造，已累计建设视频监控点 1.97 万路，覆盖耕地 1.23 亿亩（1 亩＝666.6 m^2），在省、市、县组建三级视频监控中心 130 多个。2021 年有效防治了秸秆焚烧产生的大气污染，为政府节约 7 亿元秸秆焚烧监控管理费用，已入选农业农村部"2021 年数字农业农村新技术新模式新产品"奖项。

云视讯在减少交通碳排放、减少空气污染、降低会务用品损耗等方面发挥了重要的减排作用，面向政府机构、金融、交通能源、教育培训、医疗卫生用户提供高品质、专业级、全网可达的视频会议服务，大幅度降低会议出行需求，每年减少碳排放超过 2 900 万 t。

OnePark 智慧园区解决方案利用"大、云、物、智"等技术，提升园区能耗精细化管理水平，对水电气等能耗信息全局管理，各环节实现扁平化监控和管理，平台核心功能包含数据实时监控、云端远程控制、用量节能分析、节能报表统计等。节能效果为园区面积在 1 万 m^2 以内每年节约能耗 15%～18%，园区面积超过 1 万 m^2 每年节约能耗 20%～30%。

和易充为新能源电动车提供了一套智能化、可运营、"互联网+"的城市级安全充电解决方案，在全国已建设上万个充电站点，打造了一个集安全充电、开放服务、节能减排于

一体的全国充电服务大数据平台。截至目前，和易充的智能监管大数据为千万车主保驾护航约5 000万次，累计充电量3 000多度，减少碳排放约33万t，相当于种植了1 500万棵梭梭树。

智慧工地解决方案运用5G、AI、物联网、大数据、数字孪生等技术最大限度帮助建筑工地节约资源和减少环境污染，实现节能、节材、节地和环境保护，助力实现双碳目标。

2022年，中移物联网将持续围绕"C2三能"计划，发挥信息技术在节能减排中的杠杆作用，凭借自身在入口、平台、应用全链条上的研发及核心技术优势，促进社会绿色转型，提高资源利用率，降低生产成本，协同推进减污降碳，创新推广污染防治信息化应用，助力国家尽早实现碳达峰碳中和目标。

项目测评

1. 单选题

（1）水、电、气、暖等智能表具的智能抄表，智能井盖等市政场景最适合哪种协议？（　　）

　　A. MQTT　　　　B. LwM2M　　　　C. HTTP　　　　D. TCP透传

（2）CoAP协议是基于什么安全传输协议的？（　　）

　　A. TSL　　　　B. DTLS　　　　C. SSL　　　　D. WTLS

（3）OneNET提供北向API，允许用户访问设备数据。北向API返回的数据格式采用以下哪种？（　　）

　　A. HTML　　　　B. XML　　　　C. JSON　　　　D. CSS

（4）调用平台API时，authorization信息应该输入到以下哪个域中？（　　）

　　A. POST body　　　　　　　　B. Request Header

　　C. URL Parameter　　　　　　D. Response Header

2. 多选题

（1）OneNET平台支持下面哪些协议的设备接入？（　　）

　　A. HTTP　　　　B. CoAP　　　　C. LwM2M　　　　D. MQTT

项目 4

智慧小区安全防护系统设计与实现

引导案例

　　安防系统是人们在家庭、工作场所等区域内，为了保障人身、物品安全而采取的防护措施的集合。某智慧社区的安防系统主要依托目前比较流行的超声传感、红外识别，辅助视频分析等技术，实现对小区周界、车库道闸、小区出入口、小区重点区域等范围内的有效安全防范，达到"零案发"的小区管理建设理念，也是"平安中国"在我们身边最直接的体现。如图 4.0.1 所示是某小区安防系统运行示意图。

图 4.0.1　某小区安防系统运行示意图

　　该社区安全防护系统达成的目标有：

　　（1）小区出入人员身份识别：小区进出人员类型复杂，为有效区分业主与访客、服务业人员，识别未经允许进入事件，主要采取了移动物体距离探测、道闸开闭联动人脸识别等多个子系统，实现最大程度的出入便利和有效杜绝非法人员进出。

　　（2）小区重点区域及周界防范监控：小区范围较大，周界较长及存在视线盲区，为及时发现不法分子越界进入小区，沿周界范围实施了红外+超声距离探测等技术，实现 24 小时、全天候的周界监测。同时，小区内部若干处重点公共区域，实施 24 小时视频录像监控，通过实时取证以及对接AI图像处理系统，能迅速进行警情判断，并报告通知相关人员处理。同时监测数据与小区平面地图进行可视化呈现，大幅度提高了小区安全巡检效率，也能为警情发生后的及时介入处理带来直接帮助。

（3）小区高空抛物和高楼层危急情况监测：针对可能发生的小区内高层建筑高空抛物不文明的行为以及擅自翻越阳台、窗台等危险情况能够及时发现的特殊要求，实施特定仰角的长距离探测技术，实时记录抛物所在位置，计算出其所在楼层并及时预警，有效解决发现难、取证难等问题。

职业能力

知识：
（1）了解物联网云平台抽象产品和设备的概念，掌握物模型概念及分类；
（2）掌握MQTT协议相关知识及常见数据封装及传输格式；
（3）理解超声波测距原理和WiFi定位原理；
（4）理解基于云平台的数据可视化运用。

技能：
（1）能熟练创建物联网云平台产品和设备、配置产品物模型；
（2）能运用模拟工具将MQTT设备接入物联网云平台，完成数据上报和接收；
（3）能搭建嵌入式终端系统实现超声波测距并上传数据到物联网平台；
（4）能运用物联网云平台实现可视化数据展示界面开发。

素质：
（1）增强行业规范与标准意识；
（2）提升解决问题的能力和自主学习能力；
（3）提升团队协作的能力；
（4）提升信息化处理及应用能力。

学习导图

学习思维导图如图4.0.2所示。

本项目学习内容与物联网云平台运用职业技能等级要求（中级）的对应关系如表4.0.1所示。

项目 4 智慧小区安全防护系统设计与实现

```
                          ┌─知识准备─┬─系统安全防护需求分析
         ┌─任务4.1 项目功能分析及系统设计─┤       └─系统架构设计
         │                └─任务实施─┬─综合实际场景进行需求分析
         │                      └─根据需求进行系统架构设计
         │
         │                ┌─知识准备─┬─物联网云平台物模型
         ├─任务4.2 认知物模型─┤       └─构建产品物模型
         │                └─任务实施─┬─完成系统物模型设计
         │                      └─完成物模型数据创建
         │
         │                          ┌─MQTT协议
项目4 智慧小区安全     ┌─知识准备─┼─创建MQTT产品和设备
防护系统设计与实现─┼─任务4.3 模拟MQTT设备接入物联网云平台─┤       └─MQTT模拟工具介绍
         │                └─任务实施─┬─会使用MQTT模拟设备
         │                      └─模拟监测设备接入平台
         │
         │                          ┌─超声波测距原理
         │                ┌─知识准备─┼─WiFi无线通信
         ├─任务4.4 真实终端设备接入物联网云平台─┤       ├─终端设备集成
         │                │       └─设备地理位置上报
         │                └─任务实施─┬─搭建安全防护系统硬件环境
         │                      └─编程实现终端设备上报业务数据
         │
         │                ┌─知识准备─┬─数据可视化概念
         └─任务4.5 安防系统可视化应用设计─┤       └─基于浏览器脚本语言实现前端图形化应用
                          └─任务实施─┬─创建可视化项目
                                 └─呈现可视化效果
```

图 4.0.2 学习思维导图

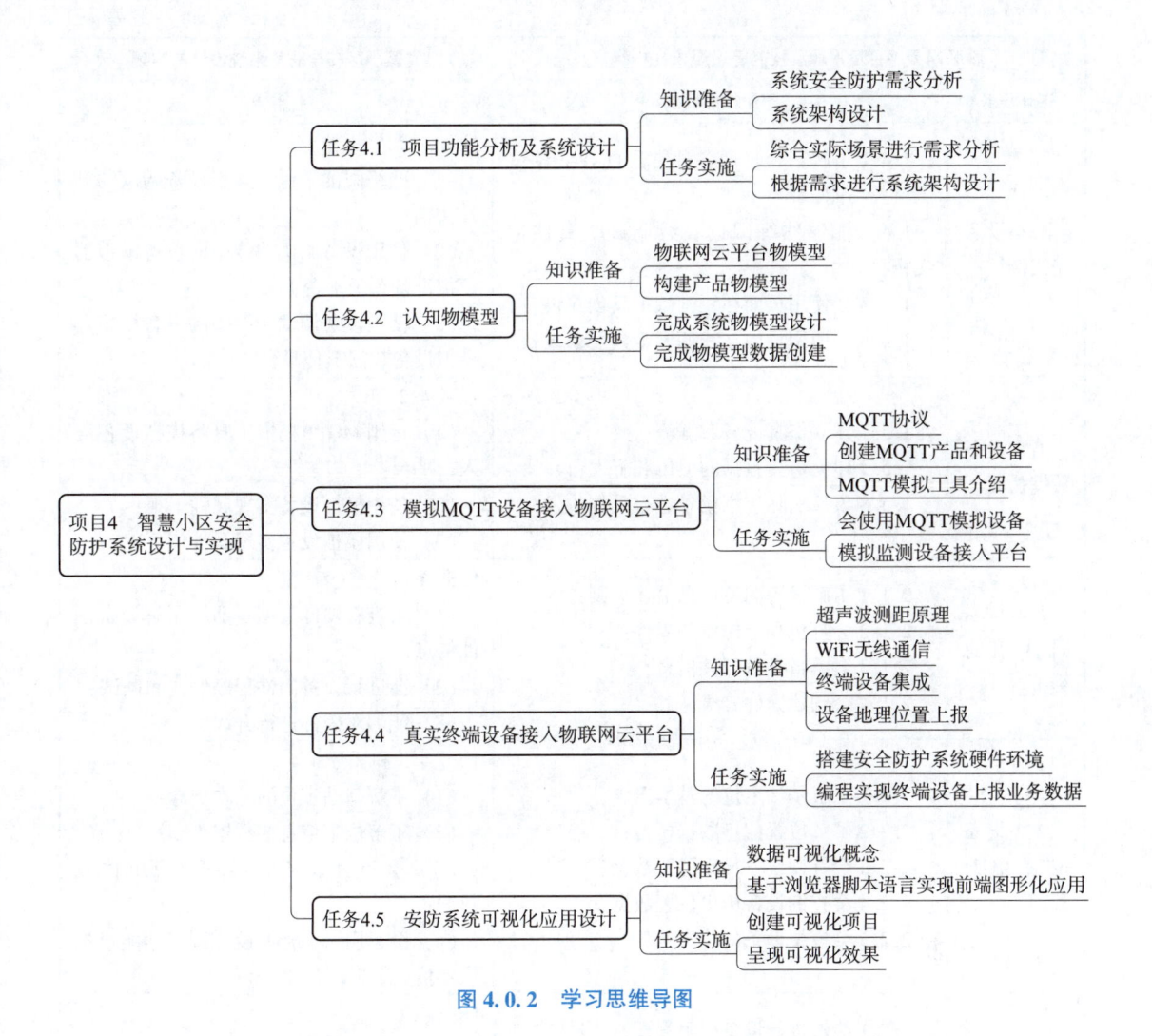

表 4.0.1 本项目学习内容与物联网云平台运用职业技能等级要求（中级）的对应关系

物联网云平台运用职业技能等级要求（中级）		智慧小区安全防护系统设计与实现
工作任务	职业技能要求	技能点
1.1 产品创建 1.2 设备创建 1.3 属性创建	1.1.1 能够创建物联网平台账号，能够根据平台资源模型创建公开协议产品； 1.1.2 能够正确选择产品的通信协议； 1.2.1 会操作设备管理页面创建设备； 1.2.4 能够查看平台中设备描述信息； 1.3.4 能够查看设备属性信息	任务 4.2 （1）创建物联网平台 MQTT 协议产品； （2）根据项目场景配置产品物模型； （3）创建基于 MQTT 的设备； （4）会在平台上查看设备状态和信息； （5）能够查看设备属性信息

续表

物联网云平台运用职业技能等级要求（中级）		智慧小区安全防护系统设计与实现
工作任务	职业技能要求	技能点
1.4 设备在线调试	1.4.1 了解平台页面各种常用的在线调试工具及功能； 1.4.2 能够熟练阅读在线调试工具使用文档； 1.4.3 会使用页面在线调试工具创建设备； 1.4.4 会使用页面在线调试工具登录设备	任务4.3 （1）熟练阅读平台上关于设备调试的开发文档； （2）使用设备调试功能中的设备模拟器模拟设备登录平台； （3）使用设备调试功能中的设备模拟器模拟设备数据上传平台
1.5 设备数据仿真	1.5.1 建立仿真设备数据流； 1.5.2 建立仿真数据的上传和下发； 1.5.3 模拟实际应用场景进行数据收发	任务4.3 （1）运用MQTT模拟工具将模拟设备接入云平台； （2）使用模拟设备实现属性上报； （3）使用模拟设备实现属性值下发
2.1 设备固件信息维护	2.1.1 了解设备固件信息描述规则； 2.1.2 会打包和上传设备固件； 2.1.3 会编辑设备固件信息； 2.1.4 会创建固件升级任务	任务4.4 （1）会查看硬件数据手册，了解设备固件信息； （2）会进行设备固件程序修改和调试； （3）能够对固件进行升级
2.2 设备位置信息管理	2.2.1 了解基站定位的基本概念； 2.2.2 了解位置信息数据模型； 2.2.3 会查询设备最新位置数据； 2.2.4 会查询设备历史位置数据； 2.2.5 会模拟设备的位置信息	任务4.3和任务4.4 （1）了解基站定位的基本概念； （2）了解位置信息的数据模型； （3）会查询设备的实时及历史位置数据； （4）会运用云平台的设备调试功能模拟位置信息上报
2.5 设备分组管理	2.5.1 能够进行设备权限管理； 2.5.2 熟悉设备分组管理的概念； 2.5.3 会创建设备群组； 2.5.4 会在设备群组中添加或删除设备	任务4.2 （1）能够通过分组进行设备权限管理； （2）熟悉设备分组管理的概念； （3）会创建设备群组； （4）会在设备群组中添加或移出设备
5.1 可视化编辑器的使用 5.2 可视化数据源的配置	5.1.1 能够设置可视化应用的全局属性； 5.1.2 能够熟练使用可视化编辑器的各个功能区功能； 5.1.3 能够使用基本的图表； 5.2.1 能够为组件配置API接口数据源	任务4.5 （1）能够利用模板设置可视化应用的场景； （2）掌握可视化编辑器基本功能的使用方法； （3）能够使用基本的图表； （4）能够进行可视化数据源的配置； （5）运用物联网云平台可视化功能快速实现数据展示界面开发

任务 4.1　项目功能分析及系统设计

任务描述

某小区基础设施建设完备，具备重点区域防范监控能力，现需增加小区周围边界人员、物体靠近探测及提前警告能力，杜绝未经允许的靠近边界的行为，要求实现 24 小时周界监测。

作为项目承接方，某科技公司 A 项目组负责人就该项目初步需求与你做了沟通，并委派你负责先期进场，完成项目具体需求条目整理细化，并完成系统原型搭建，为系统工程方案提供参考。

知识准备

4.1.1　系统安全防护需求分析

智慧小区安全防护系统作为常见的生活小区场景下的物联网应用领域，其系统的功能及响应性能是融入到整个智慧社区综合管理系统中的，也是小区的安全防护作为智慧小区管理的一个重要功能子集。另外安全防护的具体实现技术和系统架构，也随着电子信息通信技术、物联网应用技术的成熟，以及高性能电子设备的有效运用而不断演进完善。一个典型的智慧社区综合管理系统各个功能模块组成如图 4.1.1 所示。

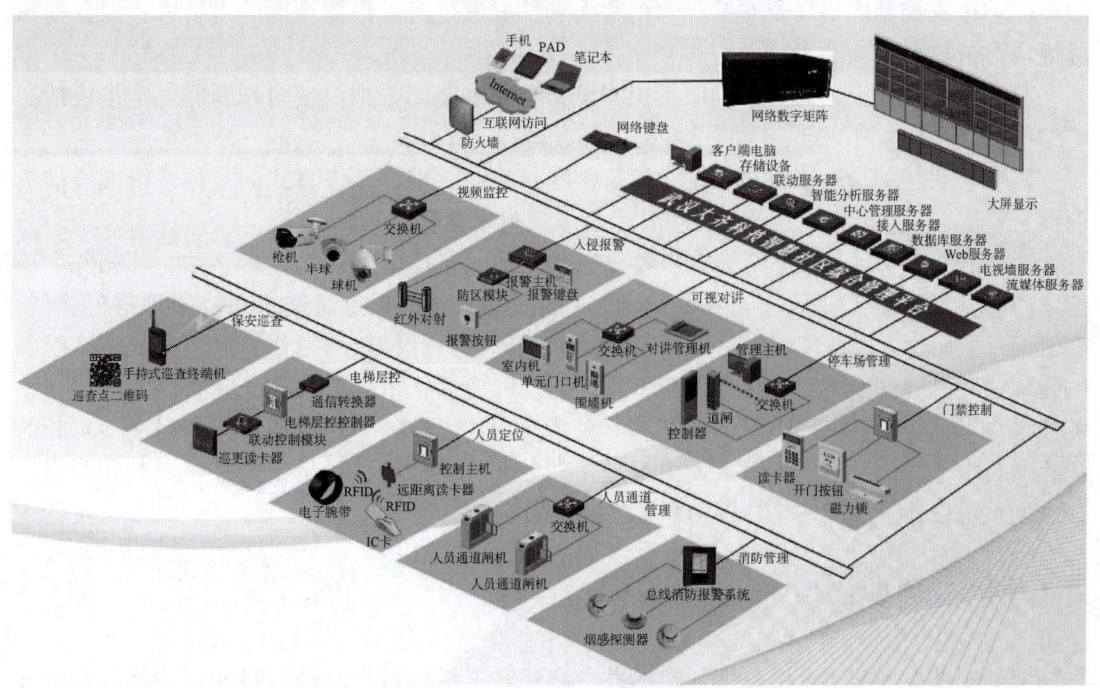

图 4.1.1　一个典型的智慧社区综合管理系统各个功能模块组成

从图中可以看到，智慧小区管理的方方面面都会有安全防护的具体要求，如果我们一开始就研究分析一个大而全的安全防护系统的需求，会比较容易去关注泛泛而谈的大类需求，而难以具体细化理解这样安防需求的来龙去脉，这对我们理解物联网云平台技术应用能力，并思考如何高效搭建物联网应用系统，提升具体技术的应用能力是没有多大促进作用的。

现在我们将目光聚焦到本项目安全防护系统的具体场景中，通过现场调研，及小区业主和物业管理交流，我们收集到一些口语化的安全距离检测以及报警的一些表述。从前面的项目学习中我们可以了解到，需求分析过程可以说是一个"翻译"的过程，也就是将用户提出的一些模糊的想法，逐步梳理，在现有技术能够实现的能力范围内，进行规范化叙述表达的过程。本任务中具体安全距离探测需求分析过程也是这样，为确保后续系统设计具备可行性，成本控制精细，工程环节具备可实施、可验收，必然要求需求分析环节所有功能条目准确无歧义，并与用户确认，达成一致。

针对"小区边界安全防护距离监测"这个具体子项目，我们初步整理出以下的需求信息：

（1）该园区沿着小区外围每隔一定距离安装距离探测装置，由点成线，形成连续的移动物体非正常靠近的距离探测区域；

（2）各探测点装置检测到的距离数据根据设定时间间隔传送回中央控制模块并进行实时存储；

（3）中央控制模块根据预设的安全距离设定值，判断非正常接近情况的发生，立即记录当前时间点、距离值、当前探测设备编号等信息，并能根据预先规划的地理位置等信息，记录非正常靠近发生地点的经纬度；

（4）中央控制模块需要支持在非正常接近情况发生时，根据预设的告警方式向其他系统模块推送警情；

（5）中央控制模块需要持续刷新探测设备上报的距离数据，实时判断非正常接近情况的结束，记录结束时间点、探测设备编号等数据；

（6）中央控制模块能够在非正常接近情况结束时，根据预设方式向其他系统模块推送取消告警信息，同时也能通过人工干预发送取消告警信息。

这样的需求条目还不够精细，需要进一步细化，包括明确具体技术参数，补充各个功能之间的过渡处理需求等，但如果我们团队的下一步任务重点是进行系统原型搭建验证，那么通过上面这样的整理我们可以先期启动系统原型设计搭建的工作，而不用等最终明确的需求说明书。这样做能通过系统原型设计，获取更多技术细节来补充完善需求条目，相关技术方案也能在系统真正设计和实施时参考应用，以节约一定的项目工期时间。实际的工程项目中也往往这样做，团队人力都是按任务并行驱动的，尽量工作效率最大化，当然最终的系统设计及实施还是要以用户签字确认的需求说明书为准。

4.1.2 系统架构设计

我们知道系统架构是由具体选定的技术路线和定型设备产品综合搭建而成的，这两者对系统设计有着重要的导向作用。具体到一个项目，涉及该项目工程实施技术难度、工程成本、后续可维护性等各个方面。而本项目场景是一个比较典型的物联网技术应用场景，我们可以运用成熟的物联网系统体系结构的技术优势来高效率实现本系统，满足我们的各个设计目的。

我们已经知道物联网系统体系结构主要由感知层、传输层、云服务层和应用层组成。本任务中，感知层主要是分布在小区边界的各个距离探测设备，它们完成数据采集功能，同时也部署少量本地设备用来完成数据的汇聚以及初步处理。传输层完成数据的双向传输，实现数据上报到云服务层和命令下发。这两层也就是我们常说的传感网。传感网技术目前应用已比较成熟，其相关知识和技术细节我们有较多的书籍和在线资料可以参考借鉴，本书之前的项目学习中也有具体运用的阐述，本部分就不做赘述。

作为本任务系统原型设计，感知层我们采用了应用广泛的超声波距离探测技术，设备选型集成超声波距离探测模块。传输层则考虑到设备分布位置固定且集中，选用 WiFi 短距离无线传输技术，设备为集成 WiFi 模块。最后以基于 STM32 的控制模块来完成数据采集、汇聚和传输。

物联网系统体系的平台层现在各个互联网设备商/运营商都已经提供了较为成熟的公网物联网云平台，我们可以把它看作一个云端的黑匣子，只要它能提供的物联网应用能力满足我们项目需要，成本有足够的吸引力，同时提供了强大的应用层开发和维护能力让我们能快速实现项目应用，那它就是一个好的黑匣子。本任务里，我们选用 OneNET 物联网开放平台，具体该平台的简介和相关分类产品介绍，我们可以通过访问 OneNET 物联网开放平台官网（https://open.iot.10086.cn/）作进一步了解。

应用层负责完成物联网各类数据的便捷管理、可视化展现，甚至是面向 AI 实现数据的进一步分析应用，它的设计体现了项目的易用性及价值持续增长能力，可以说是容易忽略但又对项目成败影响深远的部分。本任务中直接使用 OneNET 物联网开放平台提供的应用开发能力，完成相关的数据管理、命令下发及可视化展现等相关功能原型。未来则可以借助该平台提供的开放接口进一步面向 APP、个人电脑、大屏设备等实现多样化、个性化的应用开发。如图 4.1.2 所示是 OneNET 物联网开放平台应用于智慧小区。

图 4.1.2　OneNET 物联网开放平台应用于智慧小区

小知识

物体检测或接近传感技术选择

接近传感技术是一种非接触式方法，现在有许多技术属于这类，常见的有超声波、光电、激光、感应式等技术，每种技术都提供不同的工作原理、优点和缺点。没有一种接近传感技术能够提供一刀切的解决方案。在选择接近传感器技术时，需要考虑成本、探测距离、封装尺寸、刷新率和材料的影响。如表4.1.1所示是4种技术在成本、探测距离、封装尺寸、刷新率和材料限制维度的对比。

表 4.1.1　4 种技术在成本、探测距离、封装尺寸、刷新率和材料限制维度的对比

	成本	探测距离	封装尺寸	刷新率	材料限制
超声波	低	中	小	中	无
光电	低	中	小	低	少部分
激光	高	远	大	中	少部分
感应式	中	中	小	中	较多

工程师在选择具体的接近传感器技术时，可以对比不同技术的优缺点，根据具体项目在各个维度上的取舍，选择最适合的技术路径。

任务实施

1. 任务目的
（1）能根据特定场景的物联网系统应用进行需求分析；
（2）根据功能需求分析设计系统架构。

2. 任务环境
联网计算机、常用办公软件。

3. 任务内容
根据任务实施工单（见表4.1.2）所列步骤依次完成以下操作。

表 4.1.2　任务实施工单

项目	智慧小区安全防护系统设计与实现			
任务	项目功能分析及系统设计		学时	2
计划方式	分组讨论、合作实操			
序号	实施步骤			
1	结合实际场景讨论项目设计目的，整理需求条目			
2	分组探讨各条需求合理性、可行性，进行需求分析			
3	逐条讨论系统功能的技术实现路径，从难易程度、成本高低、可维护性各个维度评价			
4	小组给出本项目系统设计方案			

任务评价

完成任务实施后，进行任务检查与评价，可采用小组互评等方式。任务评价单如表4.1.3所示。

表 4.1.3 任务评价单

项目	智慧小区安全防护系统设计与实现	成员姓名	
任务	项目功能分析及系统设计	日期	
考核方式	过程评价	本次总评	
职业素养 （20分，每项10分）	□提升自主学习能力 □提升团队协作的能力		较好达成□（≥16分） 基本达成□（≥12分） 未能达成□（≤11分）
专业知识 （40分，每项20分）	□熟悉需求分析的方法 □掌握系统架构设计的原理		较好达成□（≥32分） 基本达成□（≥24分） 未能达成□（≤23分）
技术技能 （40分，每项10分）	□准确分析出系统的各项功能需求 □准确分析出系统的各项性能需求 □合理设计小区安全防护系统体系结构 □合理进行设备选型完成方案设计		较好达成□（≥32分） 基本达成□（≥24分） 未能达成□（≤23分）
（附加分） （5分）	□在本任务实训过程中能够主动积极完成，并帮助其他同学完成		

任务 4.2 认知物模型

任务描述

根据"小区边界安全防护距离监测"需求以及系统原型设计方案，所有安装的监测点设备需要接入到物联网平台，并持续将采集的距离数据上报到平台作为后续告警及设备控制的前提。而作为物联网平台，它需要面对的是千千万万个接入的设备，以及这样的设备产生的有着各自物理意义的数据。从平台的角度，需要明确统一的设备及数据维护管理规则，来有效识别和管理庞大的物联网设备及数据，当然平台也同时会提供方便快捷的方式让每一个物联网应用开发商能够依据统一的数据管理规则，拓展自己的设备、数据定义，从而基于物联网云平台实现千变万化的物联网应用开发。

作为已经完成初步需求整理以及系统原型方案设计的我们来说，接下来的任务是了解清楚物联网云平台上统一的设备及数据维护管理规则是什么，我们如何根据规则定义自己的物联网应用产品、设备，并预先定义需要上报给物联网平台的数据格式，也就是实现真实设备在物联网平台上的映射接入管理和上报数据格式定义说明。

知识准备

4.2.1 物联网云平台物模型

OneNET 物模型

物联网云平台是物联网网络架构和产业链条中的关键枢纽。其向下接入分散的物联网传感层，汇集传感数据；向上则是面向应用服务提供商，提供应用开发的基础性平台和面向底层网络的统一数据接口，支持具体的基于传感数据的物联网应用。此外，还可通过它实现对终端设备和资产的"管、控、营"一体化，并为各行各业提供通用的服务能力，如数据路由、数据处理与挖掘、仿真与优化、业务流程和应用整合、通信管理、应用开发、设备维护服务等。

物联网产业发展至今，行业应用需求逐步崛起，底层技术逐步成熟，因此发展完善的物联网云平台技术，将大大促进上游设备商接入和下游应用的开发部署，服务社会智慧生活，成为推动产业发展的关键。

从客户端-服务端角度来看待物联网云平台，它是运行于服务器上的一套软件系统。从提供服务的角度来看，物联网云平台居于设备与应用中间，向下接入设备，向上承载应用，为用户提供一站式"终端-平台-应用"整体解决方案，帮助企业实现海量设备的快速上云。而我们选定使用的 OneNET 物联网开放平台作为部署在公网上面向大众的物联网平台，不论是大型企业、小型创新企业、个人开发者、普通使用者均能以用户的身份登录平台，创建产品、项目并使用相关的服务。就像我们之前阐述的那样，为了涵盖不同类型的用户，满足其日新月异的物联网应用需求，同时支撑海量的异构物联网设备接入，完成纷繁复杂的实时数据收发，OneNET 物联网开放平台以用户为中心全新定义了一整套抽象的用户资源，包括产品、物模型、设备、项目及应用服务实例等，每种资源根据不同应用场景，使用限制有所差异。以用户为中心的应用模型示意如图 4.2.1 所示。

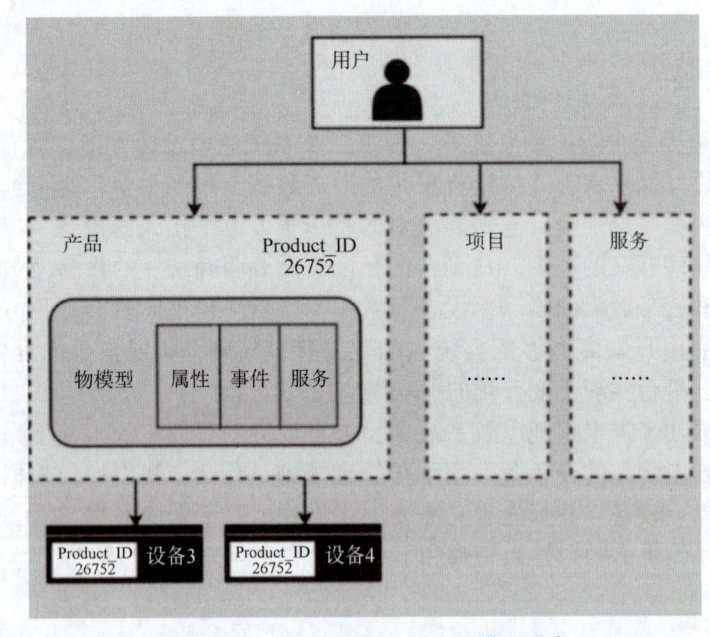

图 4.2.1　以用户为中心的应用模型示意

图中，物模型是整套资源模型的核心，起着关键的定义物联网资源数据格式（属性）、响应物联网设备状态变化（事件）和提供物联网应用功能（服务）的核心作用。我们可以将它们放到物联网平台的大环境下，围绕物模型的核心概念，以用户的视角来理解。

1. 物模型

物模型是对接入平台设备的数字化抽象描述，描述该类设备是什么，能做什么，能对外提供哪些服务，它包括属性、事件、服务 3 种功能类型。它们共同表述了一个设备可以被统一描述和调用的完整信息。每个产品只能拥有一个物模型定义。

（1）属性描述的是设备运行时所具有的各类状态数据信息；

（2）事件是设备主动上报的信息、告警、故障通知等信息；

（3）服务体现为设备能被远程请求调用而去执行的动作、指令。

2. 产品

将具有相同数据模型的一类设备进行抽象集合，定义为产品，如海尔 01 型冰箱、西门子 A 型开关等。这里的产品可以理解为只在云平台上存在的逻辑概念，并不是实际可见的物理产品，但可以通过云平台上所定义的产品去表述真实世界的产品。值得一提的是一个产品下定义的物模型对该产品下全部设备生效，也就是云平台上的产品实际可以代表真实世界中一批型号相同的终端装置。

3. 设备

设备为真实终端在平台的映射，真实终端连接平台时，需要在平台创建设备信息，建立终端与平台设备的一一对应关系，设备所具有的各个属性、事件、服务等物模型定义继承自产品的物模型定义。

4. 服务

这里的服务是之前物模型中服务概念的进一步拓展，指的是平台级的通用服务。物联网云平台面向设备侧提供物联网设备接入、设备管理、数据解析、数据转发、设备运维监控等服务；并且面向应用侧提供丰富的 API 接口、数据推送、消息队列、规则引擎场景联动等应用服务，打通双向服务通道的同时，平台还提供语音通话、LBS 定位、数据分析及可视化等增值服务。这些服务均从用户视角来提供和展现，提供完整的物联网应用生态。

4.2.2 构建产品物模型

一个物联网应用项目，一般的工程方案是先完成物联网硬件设备定型，具备传感网能力，然后根据物联网平台的接入要求实现设备的平台接入，再根据需要处理的数据类型、取值范围等要求实现数字化编码，传输到平台中，最后在平台中完成数据进一步的物联网自动化控制处理，从而达到项目智能应用目的。而 OneNET 物联网开放平台因为构建了全新的物联网资源模型，从而将看得见的真实设备映射为平台上的一个数字化虚拟设备，真实设备产生的所有电子信号可以映射为虚拟设备的属性，而前者各种物理或逻辑状态的变化映射为后者的事件通知，前者能够完成的各种电子功能映射为后者所能提供的服务。因此我们在实施一个物联网项目时，可以打破原有的工程顺序，哪怕真实设备还没定型，也可以先在物联网平台上构建出一个数字化的设备，详细定义清楚它的属性、事件、服务，从而让这个虚拟设备像真实设备那样参与到整个物联网应用项目中去。

我们可以快速构建一个全新的物联网产品系统工作原型，用较低的成本、更短的周期去验证一个物联网应用项目构想，抑或是对一个已经运行在物联网平台上的物联网应用，针对其中某个设备节点替换为虚拟设备进行优化设计。想想这样做所带来的好处，不仅是创新能力融入物联网项目的具体落地，这样做本身就是非常具有颠覆性的创新！

让我们回到此次任务中来，我们以其中一个距离探测点的设备为分析对象，它实时采集距离信息，我们可以分析确定它的数据类型、取值范围。另外该设备可以接收一个控制信号，产生声音报警提示，我们也要确定其数据类型、取值范围等特征，如表 4.2.1 所示。

表 4.2.1 确定采集数据的数据类型、取值范围等特征

功能类型	功能名称	标识符	数据类型	取值	读写类型
属性类	距离	distance	float（单精度浮点）	范围：0~200（精度：0.01） 单位：cm	读写
属性类	蜂鸣器	beep	bool（布尔）	true：1，false：0	读写
…	…	…	…	…	…

通过这样的解构过程，我们既可以基于真实设备，又可以基于系统功能分析，抽象整理该系统的物模型，再通过物联网平台将产品、设备进行物联网应用组合，叠加对物模型中各个属性、事件的智能控制逻辑，从而构建出整个项目的系统原型。

任务实施

1. 任务目的
（1）能根据项目需求完成系统物模型设计；
（2）在物联网平台上完成物模型数据创建。

2. 任务环境
联网计算机一台；

3. 任务内容
根据任务实施工单（见表 4.2.2）所列步骤依次完成以下操作。

表 4.2.2 任务实施工单

项目	智慧小区安全防护系统设计与实现		
任务	认知物模型	学时	2
计划方式	分组讨论、合作实操		
序号	实施情况		
1	分析一个距离探测点的设备特征		
2	确定该设备产生的信息、接收处理的信息，逐个细化每条信息的数据类型、取值范围		
3	分析本项目对数据联动处理的逻辑功能		
4	探讨多个探测点的数据之间如何区分		
5	制定基于 OneNET 物联网开放平台的系统物模型数据表		
6	在平台上创建产品的物模型		

任务评价

完成任务实施后，进行任务检查与评价，可采用小组互评等方式。任务评价单如表 4.2.3 所示。

表 4.2.3　任务评价单

项目	智慧小区安全防护系统设计与实现	成员姓名	
任务	认知物模型	日　　期	
考核方式	过程评价	本次总评	
职业素养 (20 分，每项 10 分)	□提升自主学习能力 □提升团队协作的能力		较好达成□（≥16 分） 基本达成□（≥12 分） 未能达成□（≤11 分）
专业知识 (40 分，每项 20 分)	□了解物联网云平台抽象产品和设备的概念 □掌握物联网系统的物模型数据结构		较好达成□（≥32 分） 基本达成□（≥24 分） 未能达成□（≤23 分）
技术技能 (40 分，每项 8 分)	□创建物联网平台 MQTT 协议产品 □根据项目场景配置产品物模型 □创建基于 MQTT 的设备 □会在平台上查看设备状态和设备属性信息 □会创建设备群组，在群组中添加或移出设备		较好达成□（≥32 分） 基本达成□（≥24 分） 未能达成□（≤23 分）
（附加分） （5 分）	□在本任务实训过程中能够主动积极完成，并帮助其他同学完成		

任务 4.3　模拟 MQTT 设备接入物联网云平台

任务描述

设计完成本项目系统物模型后，紧接着就要将这套系统模型"告知"物联网平台，这样当真正的设备连接上平台开始传数据时，它就可以被物联网平台所识别、认证，其数据也能顺利接收并正常保存。而在此时，我们的真实设备可能还存在一些 bug，还不具备接入平台的条件，又或者我们为了尽快开发应用侧的 APP 功能，需要生成一些特定的数据，这都要求我们先模拟出一个物联网设备来接入平台。本次任务就是在这样的场景下产生的，先模拟一个 MQTT 设备接入物联网云平台，为消息的收发建立测试场景。

知识准备

4.3.1　MQTT 协议

MQTT 通信协议

首先我们谈谈什么是 MQTT，它是一个面向物联网应用的即时通信协议的英文简称，完整的中英文含义这里不做赘述，重点是它在传统的使用 TCP/IP 网络连接，并以客户端/服务器通信方式的基础上，凭借简单、支持服务质量（Quality of Service，QoS）、报文小等特点，占据了物联网协议的半壁江山。

其次我们快速浏览下 MQTT 的主要特点：

（1）轻量可靠：MQTT 报文紧凑，可在严重受限的硬件设备和低带宽、高延迟的网络上实现稳定传输。

（2）生态完善：MQTT 拥有覆盖全语言平台的客户端和 SDK，目前主流的各个物联网平台，包括 OneNET 物联网开放平台在内，均支持和采用 MQTT，并提供了完善的开发包和指导文档。

（3）发布与订阅模式：MQTT 支持能够实现空间、时间、逻辑上的解耦，降低物联网应用的开发难度。

（4）契合物联网应用通信场景：MQTT 协议提供心跳机制、QoS 质量等级、主题和安全等全面的通信能力，满足物联网应用中数据通信场景特性要求，非常适合物联网应用实现数据通信。

那么问题来了，什么是发布/订阅模式？

MQTT 的发布与订阅模式是传统客户端/服务器通信（Client/Server，C/S）的一种升级替代。在 C/S 模式中，比如 HTTP 通信，参与通信的只有客户端和服务器两种角色，消息总是在客户端和服务器之间进行传递。而在 MQTT 当中，却有 3 种角色：发布者、消息代理和订阅者，消息在其中是以类似频道订阅收听的方式传递。

我们来看一个物联网应用场景：一辆行驶中的汽车定时向物联网平台上报自己的速度，用户想在手机端应用中查看当前该车辆的速度信息，另外车辆管理系统也同步记录该辆汽车的实时速度，如图 4.3.1 所示。

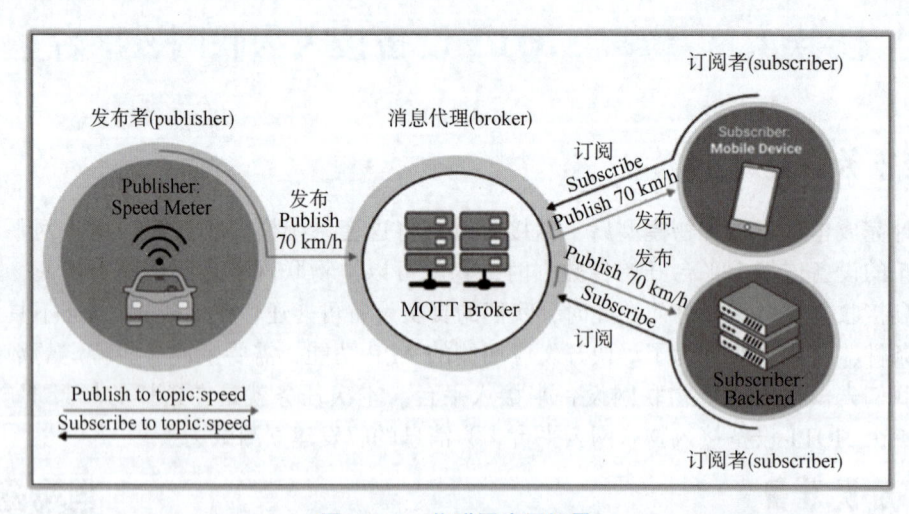

图 4.3.1　物联网应用场景

在这个应用场景当中，这辆想要将自己的速度上报的汽车是发布者，物联网平台是消息代理。发布者首先向消息代理申请，新建一个名为 speed 的主题。消息代理建立好这个主题以后，发布者就可以往这个名为 speed 的主题上发送消息，例如消息的内容为：实时速度 70 km/h。

用户要想在手机上查看汽车的速度，那么手机首先要成为订阅者，向消息代理申请订阅 speed 这个主题。订阅成功以后，该主题下一有新消息，消息代理就会将速度消息发送到手机了。同样的，服务器也想要记录汽车的速度信息，那么跟手机一样，首先申请成为订阅者，订阅 speed 主题，然后就等待消息代理把消息发送过来。发布/订阅模式为物联网应用通信带来了非常重大的改进，我们一一来探讨。

（1）这种模式实现了空间的解耦。发布者和订阅者彼此不知道对方的存在，例如不会去关心 IP 地址和端口的具体变化，也不用关心请求、响应等通信细节，只需符合该协议交互规范即可。这样就使实现发布者和订阅者各自的软硬件设备功能时变得简单。

（2）这种模式实现了时间上的解耦。这种模式并不要求发布者和订阅者同时在线运行，只需消息代理在线运行就可以实现消息的异步传递处理。换句话说发布者和订阅者并不需要采用复杂通信架构来实现效率更高的异步通信。

（3）这种模式实现了设备绑定逻辑上的解耦。这种模式下，允许存在多个订阅者，从而实现消息向多个终端的通信；同时对某个特定的终端，允许成为多个主题的订阅者，而实现多个消息的汇聚处理；甚至一个终端既可以是订阅者也可以是发布者。而这样优越的消息传递方式，对开发难度来讲，只要掌握 MQTT 协议即可，不需要额外担忧所谓"一对多""多对一"这些网络拓扑结构应如何实现。

总之，发布与订阅模式，消除了传统 C/S 架构之间的直接通信，把通信操作复杂性交给了消息代理来完成，并且在空间、时间、设备上进行了解耦，极大地简化了消息发布者和信息订阅者的技术实现难度，从而降低了开发物联网应用项目的实施难度，这也是 MQTT 如此流行的一个重要原因。

MQTT 协议能够提供 3 种不同等级的服务质量，分别以 QoS0，QoS1，QoS2 表示。它通过验证消息到达接收端的次数来描述服务质量的高低，同样的消息，如果发布者采用不同的 QoS 等级发送，在订阅者这一端会有显著的信息接收效果差异。

（1）QoS0 表示最多一次，用于确保消息到达目的地的次数不超过一次。这种情况下，订阅者无须发送确认消息，发布者也不会进行重试，整个网络尽力实现消息传输。当我们需要在设备间频繁传递非关键消息时，比如前面的例子，汽车发送实时速度，即使某次数据丢失，下一个周期又会有新的数据，对订阅者的影响并不大，就可以采用 QoS0，如图 4.3.2 所示。

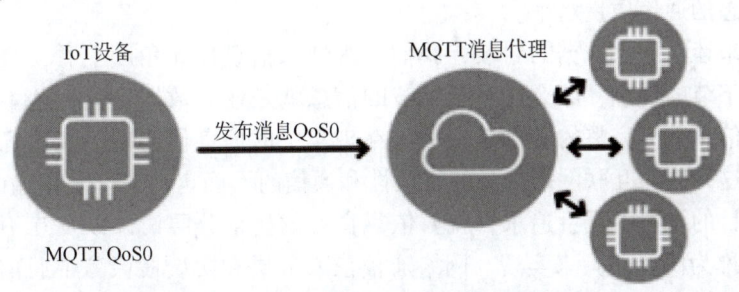

图 4.3.2　采用 MQTT QoS0 等级发送消息

(2) QoS1 表示至少一次，用于确保消息到达目的地的次数至少有一次。这种情况下，订阅者需要回复确认消息，否则发送端为确保 QoS1 的质量要求，会再次发送相同消息，直到确认对方已收到。这种等级适用于关键消息的传输。比如智能家居中的一键关灯场景，控制器采用 QoS1 发送关灯命令，保证各种智能灯至少收到一次命令，从而完成关灯。有的智能灯可能会收到不止一次关灯命令，但对关灯的结果并没有任何影响，因此 QoS1 非常适合，如图 4.3.3 所示。

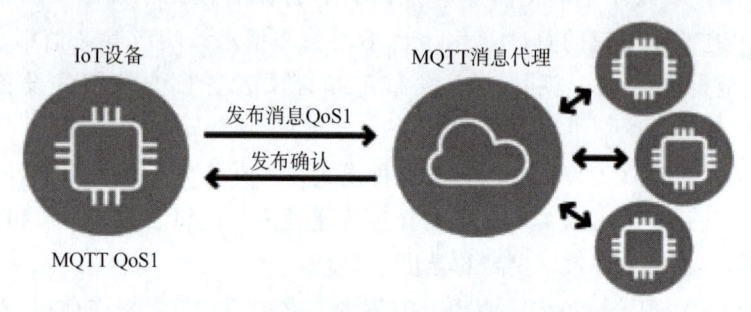

图 4.3.3　采用 MQTT QoS1 等级发送消息

(3) QoS2 表示恰好一次，用于确保消息到达目的地的次数正好一次。这种情况适用于消息需要到达一次并且仅到达一次的场景。比如要精确地为空调升高 1 ℃，或者精确地提高风扇的一个转速等级，就必须使用 QoS2。如果使用 QoS1，就可能收到多次重复指令，达不到预期效果。当然，要达到这个等级的服务质量，通信上就需要更多的协议指令的控制，会导致更多的消息交互，并增加时延，如图 4.3.4 所示。

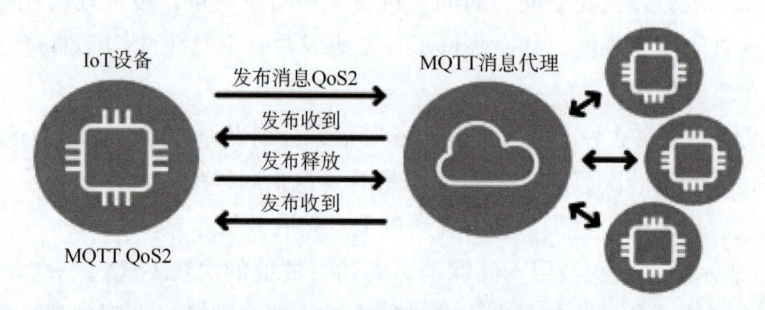

图 4.3.4　采用 MQTT QoS2 等级发送消息

另外需要注意的是，发布者向消息代理发送消息时，需要选择发送的 QoS 等级；订阅者向消息代理订阅消息时，同样需要选择订阅的 QoS 等级。发布与订阅的 QoS 不匹配，可能会达不到理想的通信质量水平。

最后我们来谈谈业务数据的封装，我们直观地从信息传递角度上看，某设备产生了信息，例如 1 个字节的信息，那么这 1 个字节的信息就是业务数据，就把这 1 个字节传递给平台就行了，信息就算完整的送到了。其实在现实中的信息传递是不能这样的，需要进行数据的封装。这是因为互联网络本身的复杂性和通信的不确定性，以及传输的数据要准确、高效率地达到目的设备的质量追求，就要依靠良好的网络分层设计以及互不依赖的数据封装协议（也可称为协议栈）来实现。网络通信依靠分层和协议栈保障了通信的独立可靠和高效，虽然从人的角度来看网络分层转换和数据封装过程比较繁杂，但其实通过软硬件设备是可以非常便捷和快速实现的,它使网络通信实现模块化,而应用数据转换非常易于扩展。

(1) 首先,从信息网络的角度来理解网络通信中的数据分层封装。当主机跨越 Internet 网络向其他设备传输数据时,事先要对数据进行一些处理,包括附加发送地址、目的地址,以及一些用于纠错的信息,当对数据安全性要求较高时,还要进行加密处理等。当到达目标终端后,依次对数据做相反处理,最终恢复到原样并递交给应用程序使用。关于通信协议分层的概念我们在本书前面的项目任务中做过探讨,这里不再赘述。

基于已有的知识,我们所探讨的 MQTT 协议,其中"基于 TCP/IP 网络协议"这句话就比较好理解了,它依托现有主流网络通信协议的通信能力,又以自己独特的会话层协议设计达到更好的数据通信质量及灵活性。

(2) 其次,我们从应用的角度进一步理解数据封装的目的。我们传递的信息一般都具有某种原子性,需要尽量将传递的所有信息完整的表示,发送端发出这些信息后,接收端不会因为上一条或下一条的分开接收而得出互相矛盾的信息来。

这就需要设计出一种特定的数据结构:能保证一次性容纳尽量多的信息,同时还需要易于扩展以便灵活增加或减少其中的信息而不破坏原有结构。将原始的各种"散装"数据(比如 2021 年 11 月 6 日早上 7 时整点的温度值,同一时刻的湿度值、地理位置等)通过这样的表述结构进行组装,形成一条"集装"的数据,再通过网络一次传输到目的端,这将大大减少只传送其中某一个数据值时所需要重复传送的数据(比如 7 点整这个时刻,对温度、湿度、地理位置等信息来说都有),从而实现了信息的完整高效传送。这种业务数据发送前的处理就是一种数据的封装。

让我们从浏览器或者移动终端所展示的一个网页来理解这样的数据封装作用。如图 4.3.5 所示左侧的一个页面,里面包含了大量的文字、表格、图片等,这些文字和图片各自都有自己的大小、样式,互相还会有排版上的嵌套。在页面被渲染出来显示之前,这些各种各样的数据是按照 HTML 数据格式定义规则来进行组装的,它们有序排列然后通过网络传递到终端再解析出各类型数据,这就是从应用角度理解的数据封装。

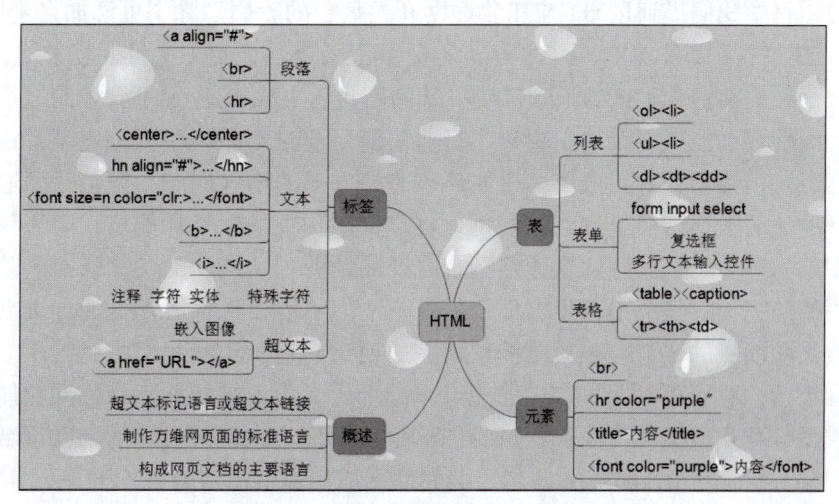

图 4.3.5 移动终端网页及 HTML 代码

4.3.2　创建 MQTT 产品和设备

在前面的项目任务中我们已经了解了 OneNET 物联网开放平台中关于注册用户、创建产品、设备的一些基本知识，并且也拥有了自己的注册用户账号。在本任务中，我们可以使用同一个用户账号登录，再添加一个全新的产品，如图 4.3.6 所示。

图 4.3.6　添加一个全新的产品

不过需要注意该产品类型应是基于 MQTT 的，这样才能让云平台在后续流程里正确使用对应的接入协议来实现真正设备的接入。如图 4.3.7 所示是创建产品页面，其中，"接入协议"的选择，是本次任务实施的关键。而"数据协议"一项，指的就是选定一个数据封装格式，这块知识我们刚刚做了探讨，选择"OneJSON"选项即可，该选项表示使用 OneNET 物联网开放平台提供的一种完全兼容 JSON 的数据封装格式。

在完成产品创建后，创建具体设备信息之前，有个重要的工作需完成，即为该产品配置完整的物模型。本任务中的产品设备，其相关物模型的设计我们在前述任务中已经完成了，参见表 4.2.1，这里也就顺理成章地将有关设计体现到物模型的自定义功能点上，以具体的属性、事件及服务定义来表述该产品所应具有的状态、功能、特性。如图 4.3.8 所示是添加自定义功能点。

前面的项目中我们提到过 OneNET 物联网开放平台的物模型除了可添加自定义功能点，精细描述自己的产品设备功能属性之外，还提供了系统功能点、标准功能点这两个类别。系统功能点已经提前包含了诸如地理位置、基站定位、WiFi 定位等平台级的通用功能数据点的定义，而标准功能点则吸纳汇聚热门行业主流厂商对产品物模型的定义，定义为相对完备的功能点，供使用者直接选用，比如环境监控方面的物联网产品设备数据通常具备的数据点以标准化的数据结构呈现。我们可以直接选用预置的各种功能点，成为我们自己产品的物模型的一部分，从而达到快速定型自身产品的业务功能，加快物联网产品的孵化应用速度的目的。本项目任务中，根据项目需求，我们不需要选择大而全的标准功能点，只需进行自定义功能点的定义，小而精的快速完成模型构建。当然我们的思维不能局限于上述 3 个类别单选，我们可以在自定义功能点基础上，引入系统功能点、标准功能点中一些适合的物模型数据点定义，使我们的产品能够呈现更加丰富、多样化的物联网数据，为后续数据可视化分析提供坚实的数据支撑，为物联网应用提供丰富的业务能力。

如图 4.3.9 所示是添加系统功能点页面。

如图 4.3.10 所示的物模型页面呈现了本任务完成后的一个物模型定义参考。可以看

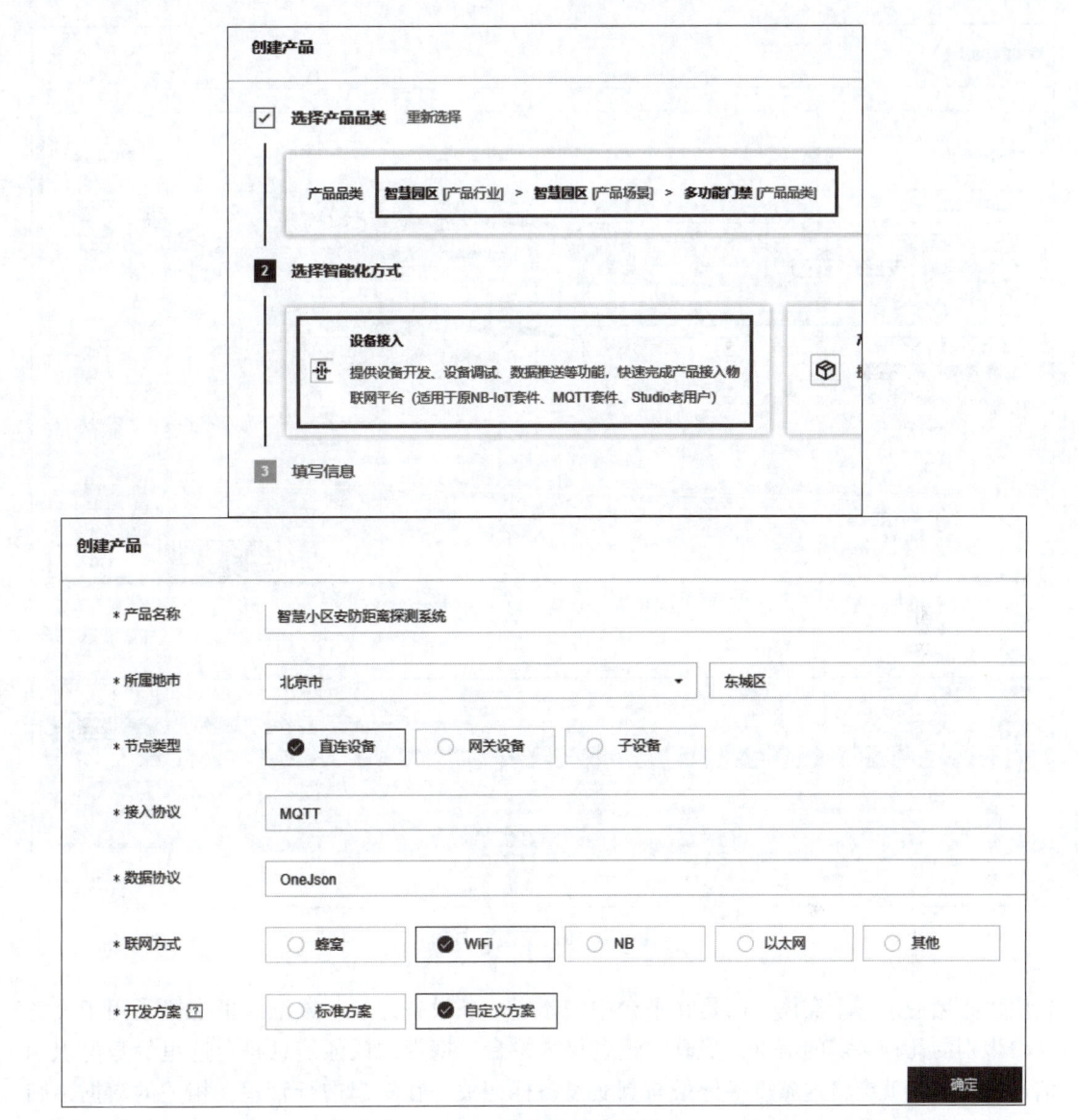

图 4.3.7　创建产品页面

图 4.3.8　添加自定义功能点

到，这个物联网产品既包含了如地理位置这样的各系统通用功能点，也定义了距离、蜂鸣器能力等对应项目需求的特殊功能点。基本上我们认为当这个产品真正接入平台，按这样的物模型提供功能数据之后，这样的产品就能为整个系统的需求功能提供足够的物联网应用支撑能力了。注意，修改了物模型后一定要保存，才能在后续设备使用中生效。

接下来就是创建该产品下的具体设备信息了，我们已经知道这里的"创建"并不是在

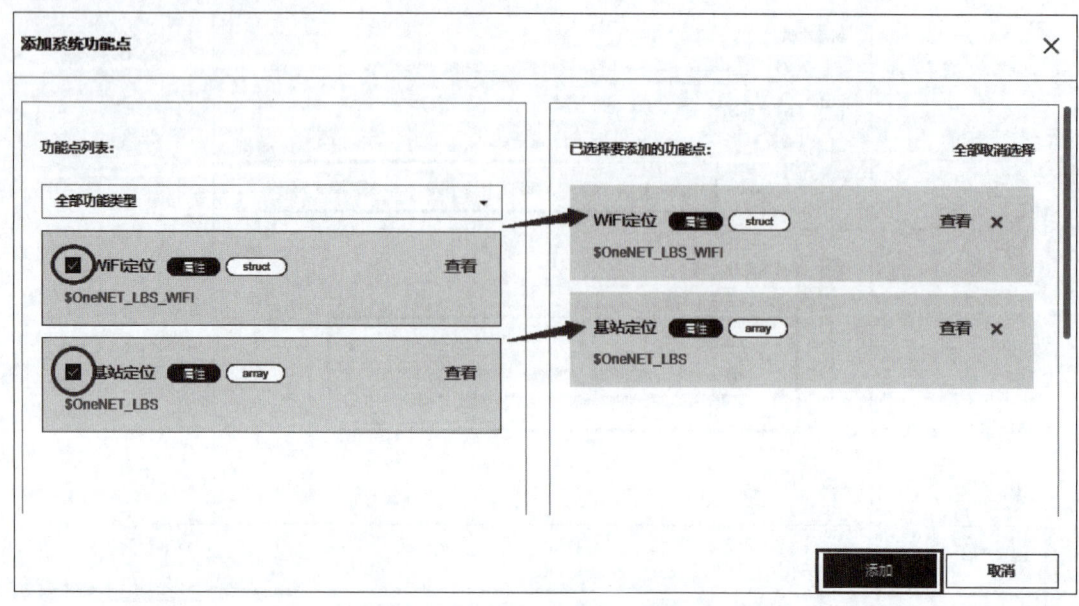

图 4.3.9　添加系统功能点页面

图 4.3.10　物模型页面

真实世界创造出一个实体，而是在平台中增添了一条设备记录。该记录里配置了用于设备身份识别的几种必需的信息，当真实设备接入平台，携带的认证信息符合这里的身份识别信息时，平台就会将这条设备记录与真实设备标记关联在一起进行管理，相关的数据也归属到该设备记录下，可以说这条记录就是平台中对真实设备的完整逻辑映射。如果真实世界的设备有多个，我们在这里也必须创建多条设备记录来一一对应。当然真实设备也许没有这么多，我们也可以创建多条设备记录，没有匹配上的一些设备记录就冗余在这里并不影响什么。平台通过设备状态信息来标记哪些设备在用（在线）、用过（离线），或是从没用过（未激活）。如图 4.3.11 所示是设备列表页面。

图 4.3.11　设备列表页面

4.3.3　MQTT 模拟工具介绍

密钥生成工具

我们的产品和设备已经在平台上创建好，其设计功能通过平台提供的物模型进行配置设定，按系统设计完成模型定义后，后续工作就是根据平台对设备接入的数据规范，对应开发好我们的设备软硬件功能，比如设备如何发起网络请求接入平台、本地采集业务数据、数据编码并上报、接收平台下发信息完成命令处理等，然后对接平台，完成功能开发验证。就像前文我们说的那样，我们可以在真实设备功能开发完成前，先用软件模拟出同样功能的设备，并接入到平台进行数据对接验证，只要这个模拟设备在与平台交互的各个环节中，其数据表现符合接口规范，那对平台来讲，就会认为现在接入的就是一个真正的设备。

现在我们关注的焦点是：用什么样的软件来模拟出"以假乱真"的设备接入到平台呢？其实可选的工具软件比较多，因为 MQTT 是一个标准的通信协议，实现的核心代码也开源共享了，各个软件厂家根据自身商业模式纷纷推出自己的实现 MQTT 通信的工具。这里 OneNET 物联网开放平台官方推荐的工具是 MQTT.fx（见图 4.3.12），在 Windows 平台上使用的发布版本安装包是"mqttfx-1.7.1-windows-x64.exe"。本任务就以该工具为载体来探讨如何模拟一个 MQTT 设备接入到 OneNET 物联网开放平台。通过本任务的实践，我们完全可以举一反三运用其他 MQTT 工具实现相同的目的。

图 4.3.12　MQTT.fx

用工具模拟设备接入平台，站在平台的角度来看，只要其数据交互表现符合接入协议规范、设备身份认证正确无误，平台并不区分是硬件设备的接入还是软件工具模拟接入，会一视同仁地进行设备管理、数据接收。这其中有两个前提：一是符合 MQTT 协议规范；二是身份认证通过。平台侧是支持多种协议接入的，MQTT 协议更不在话下，同时，我们预先在平台上创建了适合的产品及设备信息，那么其记录中的某些特定标态字段数据，就是用来进行设备身份认证用的关键信息。现在我们选用的工具肯定满足第一个条件了，重点就在于如何达成第二个条件，也就是如何预先填写工具的各项连接参数，使工具能够正确的携带这些信息接入平台，由平台完成设备身份验证，同时完成设备的成功接入。我们可以参考本任务实训手册完成相关的配置准备工作，这里做一个简述。

第一步，从 OneNET 物联网开放平台官网获取要模拟接入的产品、设备的关键信息；

第二步，使用官方 Token 计算工具，生成设备接入平台时的关键 Token 参数，用于接入时身份认证；

第三步，在 MQTT.fx 工具中配置连接参数信息，并通过工具发起连接，如果一切正常，工具将很快成功登录接入 OneNET 平台。

回到 OneNET 物联网开放平台官网，仍然以开发者的身份登录，查看我们之前创建的设备信息列表（见图 4.3.13），当工具显示正常连接时，我们应看到所模拟的那个设备记录在页面上显示为"在线"状态。有时页面的状态不会立即刷新，可以稍微等待或者手动刷新页面，确认模拟工具的连接情况与页面上对应设备的状态一致。

图 4.3.13　设备信息列表

自此我们完成了该设备的模拟接入，从平台侧观察，就好比一个真实设备接入进来一样，状态显示为"在线"，当然，如果我们要查看这个设备上报的数据或者要下发命令给这个设备，就需要通过模拟工具赋予它更多的信息收发能力，让它表现得跟真实设备的行为一致。

我们可以进一步通过模拟工具实现基于 MQTT 的设备数据发送功能，跟之前的设备接入过程一样的道理，只需满足两个条件即可：一是符合 MQTT 协议数据传输规范；二是传送的数据符合平台对该设备的物模型定义格式，使平台能够正确获取和匹配解析各个功能点数据。现在我们正在用的工具已经提供了符合 MQTT 协议的消息发送能力，第一个条件已然满足了，我们要做的，就是正确编辑一段信息，发送到平台。平台收到这段信息并按既定的规则，也就是按物模型功能点的设定正确解析，就实现了第二个条件，完成了设备数据向平台的发送。

现在难点在于我们编辑发送什么样格式的信息才能让平台收到后认为是"正确"的呢？通过我们之前的讲解，这里关键的一环也能水到渠成串联起来了，就是按平台约定的数据封装格式，按设定的物模型各个字段要求，写入需要上报的数值，编辑为一段报文信息。我们之前在创建产品设备时选定了数据格式是 OneJSON，它完全兼容主流的数据封装格式 JSON；同时我们也设计好了当前产品设备的物模型（参看任务 4.2），所以我们只需把物模型中各个功能点需要的数据，按 JSON 格式进行封装生成即可。我们可以参考本任务实训手册中的报文示例完成，编辑报文数据并通过工具发送来实现向平台上报。下面我们完整梳理下如何通过工具来模拟设备上报采集的过程。

第一步：向平台订阅上报结果的通知消息。需要上报数据的设备，也就是当前的模拟工具，在实际上报数据前，需要先开通一个订阅频道，专门用于在后续上报数据时，能接收平台下发的结果通知消息，这个通知消息带回的内容就是上报数据是否处理完毕的结果，如果是失败，则还会有具体的失败原因说明。订阅这一步我们通过工具的"Subscribe"功

能来完成，如图 4.3.14 所示。

图 4.3.14　通过"Subscribe"功能开通订阅频道

属性上报结果通知的订阅 topic 是有严格格式要求的，因为工具本身控件长度的限制，图 4.3.14 没有显示完整，需要参考下面这行报文，其中的"产品 ID""设备名称"需要替换为我们模拟的设备信息，也就是前文提到的我们自己的产品 ID 和设备名称。

$sys/产品 ID/设备名称/thing/property/post/reply

单击"Subscribe"按钮向平台订阅该主题，平台返回成功后，工具左侧中的已订阅主题列表会有一条记录，且该主题下当前消息数为 0，如图 4.3.15 所示。如单击后工具未反应，则需要排查是否填写了正确的产品 ID 和设备名称（当前工具接入时所用的产品和设备信息是否一致），重新编辑后再次单击"Subscribe"按钮，直到返回订阅成功。

图 4.3.15　查看主题消息

第二步：发送属性上报消息，也就是上报一次数据。这个步骤我们通过工具的"Publish"功能完成。单击"Publish"按钮，切换到消息发送页，在输入框中填入属性上报的 topic 主题报文，如图 4.3.16 所示。

图 4.3.16　在消息发送页输入框中填入属性上报的 topic 主题报文

该 topic 也有特定的格式定义要求，同样需要将其中的产品 ID、设备名称替换为实际的信息后填入该输入框，参考下面的报文：

$sys/产品 ID/设备名称/thing/property/post

在"Publish"页面下方的文本输入区编辑需要上报的距离数据来发送有效信息，也就是之前所说的需要编辑一段 JSON 格式的报文来完成距离数据的上报。

在空白编辑区中，输入以下报文内容：

```
{
    "id": "123",
    "version":"1.0",
    "params": {
        "distance": {
            "value": 18.88,
            "time": 1599534283111
        }
    }
}
```

这段 JSON 格式的报文中,"distance"对应我们之前在 OneNET 物联网开放平台创建产品的物模型里的自定义功能点"距离"字段的标识符。其内容包含了名称为"value"和"time"的两个子节点,一个表示具体的值,示例中为 18.88,另一个表示该数据产生的时间,我们仍然可以像前面生成 Token 的步骤中那样,用时间戳计算工具获得当前时刻的时间戳替换上述示例报文中的值。需要注意,这里的时间戳单位是 ms,需要指定时间戳工具按 ms 单位生成。如果时间格式不对,是无法正确上报数据的,平台会在之前订阅的通知消息频道里返回结果、如图 4.3.17 所示的结果表示"distance"中的"time"字段填写有误。

```
{"id":"123","code":2415,"msg":"invalid
time:identifier:distance"}
```

图 4.3.17 "distance"中的"time"字段填写有误时返回的结果

另外,大家可能已经注意到了,这里只上报了"distance"这一个功能点信息,并没有上报物模型中所定义的全部功能点信息,这是允许的,平台会以对应的时刻记录该数据,其他功能点的数据在这个时刻取得空值。我们如果需要上报物模型中定义的其他功能点数据,则可以再次编辑这样一段报文,将"distance"修改为需上报功能点的标识符,再编辑"value"和"time"的信息。也可以依照这样的格式,一次性编辑多个功能点的属性数据,多个属性之间用英文逗号间隔,一起上报。只要上报的报文内容符合 JSON 的格式定义,都能向平台提交。整段报文的一些其他字段,标识属性上报这条消息类型本身特征的一些报文定义,各个字段说明如表 4.3.1 所示。

表 4.3.1 报文参数、类型及说明

参数	类型	说明
id	string	消息 id 号,string 类型,由用户自定义一串数字,长度限制 13 位
version	string	物模型版本号,可选字段,不填默认为 1.0
params	JSONObject	请求参数,用户自定义,标准 JSON 格式。如以上示例中,设备上报了的属性 distance。具体属性信息,包含属性上报时间(time)和上报的属性值(value),多个属性之间用英文逗号间隔
time	long	属性值上报时间,该参数为可选字段。需用时间戳计算工具获得当前时刻的时间戳替换上述示例报文中的值
value	object	上报的属性值,填入一个合适的数字,如 18.88

第三步：查看属性上报结果。上报后的当前"Publish"页面没有任何变化或者提示，不要着急，还记得第一步的上报结果通知的订阅么？这时候我们就可以再次切换到"Subscribe"页面，查看工具收到的消息，来确认刚刚发送的属性上报消息结果如何了。

单击"Subscribe"按钮，查看之前订阅的属性上报结果通知消息 topic 下收到的消息内容，如图 4.3.18 所示，可以看到消息内容，也是一个 JSON 格式的报文，标识了消息的 id、code 和 msg，其中 id 的值为发送时的 id 值，表示该条消息与之前的发送消息是配对的，code 值为 200 表示该条消息成功送达 OneNET 平台，msg 字段是具体消息结果描述。

```
{"id":"123","code":200,"msg":"success"}
```

图 4.3.18　属性上报结果

第四步：也就是最后一步，我们到 OneNET 物联网开放平台对应该设备的详情页面查看这个模拟设备上报的属性最新值，确认下数据是否正确记录到平台。

上述的过程就完整模拟了设备向平台上报属性的情形，而大多数基于 MQTT 的物联网应用场景中，除了设备定时的主动上报，平台也会同时下发一些数据消息到设备端进行属性设置，或者下发开关指令驱动设备执行动作。这样的过程可以归为数据下行类消息交互，即平台下发数据到设备，但如果设备端没有事先订阅有关的消息通知，平台侧是无法下发消息的。所以实现消息下发的具体步骤首先是设备进行下发数据的订阅，注意这里的订阅 topic 与属性上报 topic 是不相同的，设备侧订阅接收平台下发数据的 topic 为：

$sys/产品 ID/设备名称/thing/property/set

我们用工具软件来模拟设备接收，那么同样需要先确保工具已经成功连接到平台，然后通过工具的"Subscribe"功能，填写平台下发属性数据的 topic 完成订阅，建立起一个专用于接收数据的"频道"，等待平台下发的消息。而平台一旦有需要同步给设备的数据，就会通过这个订阅频道发送消息；消息格式仍然按创建设备时的数据格式进行封装，设备端只需对应解析并取出关键的信息即可。在实际操作中，我们可以直接利用 OneNET 物联网开放平台官网提供的"设备调试"功能来发起向设备端下发数据或命令的动作。

这里有必要着重强调一下"设备调试"这个功能，我们知道物模型是对物联网设备属性、功能、服务等各方面信息的完整抽象，平台通过对基于物模型的数据信息进行实时处理，就实现了设备层与应用层之间数据传送和命令控制之间的解耦。我们可以基于 MQTT 协议，便捷地单独对设备进行功能开发和调试，此时平台的作用是"应用模拟器"，也可以对物联网应用做开发和测试（此时平台以"设备模拟器"身份）。当前我们要将属性下发到设备端，选择"应用模拟器"即可，如图 4.3.19 所示，具体的实践操作参考任务手册的对应步骤完成。

至此，我们通过使用工具模拟一个设备连接到平台，并模拟了该设备上报一个属性数据，平台正确保存记录的过程；也模拟了平台根据设备的订阅，主动下发消息到达设备端的过程，从而完整的模拟了设备接入到物联网云平台的各个消息交互环节。通过这样深入消息交互的每一个环节，我们既能验证整个设计的物模型功能点的有效性，又能测试消息交互报文的正确性，同时，也为开发真实物理设备的逻辑功能打下坚实基础。大家可以以

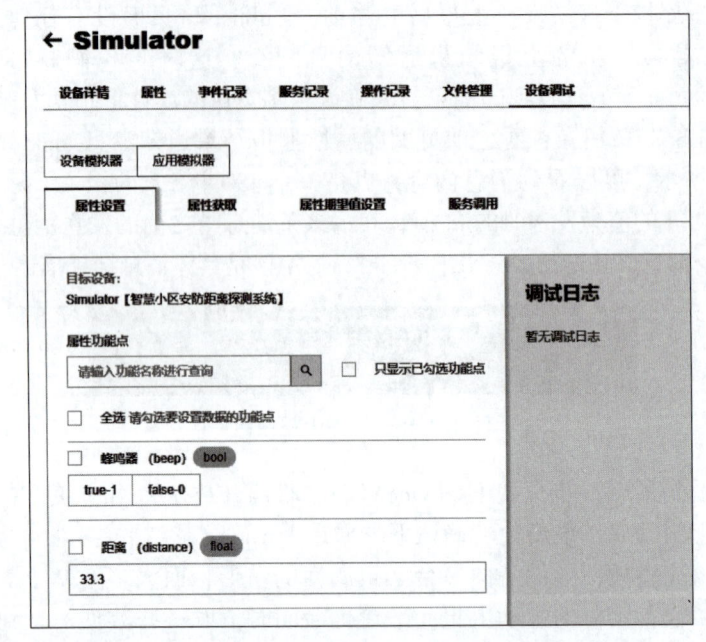

图 4.3.19 选择"应用模拟器"将属性下发到设备端

此类推，尝试设备端上报地理位置数据，或者平台下发警报开关的命令等数据上行、下行的不同交互类型消息，相关的实践操作这里就不过多赘述，我们可以直接在 OneNET 物联网开放平台官网中打开 MQTT 上下行消息的最佳实践对照学习。

任务实施

1. 任务目的

（1）能使用 MQTT 模拟工具；
（2）模拟智慧小区安全防护距离监测设备，模拟接入到物联网平台。

2. 任务环境

联网计算机一台（含有软件工具包）。

3. 任务内容

根据任务实施工单（见表 4.3.2）所列步骤依次完成以下操作。

表 4.3.2 任务实施工单

项目	智慧小区安全防护系统设计与实现		
任务	模拟 MQTT 设备接入物联网云平台	学时	4
计划方式	分组讨论、合作实操		
序号	实施情况		
1	创建 MQTT 产品设备		
2	使用模拟工具实现设备连接到平台		
3	模拟实现设备上报属性数据到平台		
4	模拟实现设备收到平台下发的属性更新值		

任务评价

完成任务实施后，进行任务检查与评价，可采用小组互评等方式。任务评价单如表 4.3.3 所示。

表 4.3.3　任务评价单

项目	智慧小区安全防护系统设计与实现	成员姓名	
任务	模拟 MQTT 设备接入物联网云平台	日　　期	
考核方式	过程评价	本次总评	
职业素养 (20 分，每项 10 分)	□增强行业规范与标准意识 □提升团队协作的能力	较好达成□（≥16 分） 基本达成□（≥12 分） 未能达成□（≤11 分）	
专业知识 (40 分，每项 20 分)	□掌握 MQTT 协议相关知识 □理解 JSON 数据格式及消息请求响应机制	较好达成□（≥32 分） 基本达成□（≥24 分） 未能达成□（≤23 分）	
技术技能 (40 分，每项 10 分)	□熟练使用云平台设备调试功能进行模拟设备调试 □会使用 MQTT 设备模拟工具将模拟设备接入云平台 □会使用模拟设备实现属性值上报 □会使用模拟设备实现属性值下发	较好达成□（≥32 分） 基本达成□（≥24 分） 未能达成□（≤23 分）	
（附加分） (5 分)	□具有良好的团队合作精神和沟通交流能力，热心帮助小组其他成员		

任务 4.4　真实终端设备接入物联网云平台

任务描述

随着项目系统原型设计验证完成，只要真实设备也能按软件所模拟的设备那样，在访问 Internet 网络的基础上，具备采用 MQTT 协议接入平台，上报数据、订阅并接收平台下发命令的能力，那么我们就可以确保这样的真实终端设备能接入平台，构建完整的物联网应用系统，从而完成项目设计要求了。本任务通过搭建终端侧设备并开发控制逻辑，实现设备物联网云平台接入，并实现将采集的距离数据上报平台，同时接收平台下发的告警开关命令执行相应动作的功能。

知识准备

4.4.1　超声波测距原理

超声波测距原理

在前述任务中，我们对各种近距离探测技术的实现优缺点做了个简单的对比。可以看到，相比其他实现技术，超声波测距因其在成本、探测范围、封装尺寸和设备材料等各方面的综合优越性，而具有广泛的测距应用基础。本任务的测距设计就选用超声波测距技术来实现，下面我们快速对超声波测距相关知识做一个回顾。

我们已经知道，超声波因其频率下限高于普通人的听觉上限而得名。人类可以听到的声音的频率为 20 Hz~20 kHz，超出此频率范围的声音，20 Hz 以下的声音称为次声波，20 kHz 以上的声音称为超声波，如图 4.4.1 所示。超声波方向性好，穿透能力强，易于获得较集中的声能，在水中传播距离远。利用超声波的特性，可做成各种超声传感器，配上相应的驱动电路，制成各种超声测量仪器及装置，可用于测距、测速、清洗、焊接、碎石、杀菌消毒等，并在通信、医疗、家电、军事、工业、农业等各方面得到广泛应用。

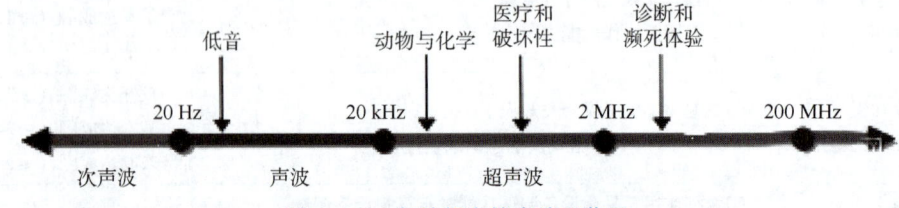

图 4.4.1 各种频率的声波及范围

我们这里聚焦超声波在测距方面的应用，那么超声波测距原理是怎样的呢？

超声波为直线传播，频率越高，绕射能力越弱，但反射能力越强，一般超声波测距采用时间差测距法。即利用超声波在空气中的传播速度为已知，记录声波在发射时和遇到障碍物反射回来的两个时间点，根据发射和接收的时间差计算出发射点到障碍物的实际距离。超声波在空气中的传播速度为 $v = 340$ m/s，根据计时器记录的时间 t 秒，就可以计算出发射点距障碍物的距离 r，计算公式为：

$$r = v \times t / 2$$

如图 4.4.2 所示是超声波测距原理图。

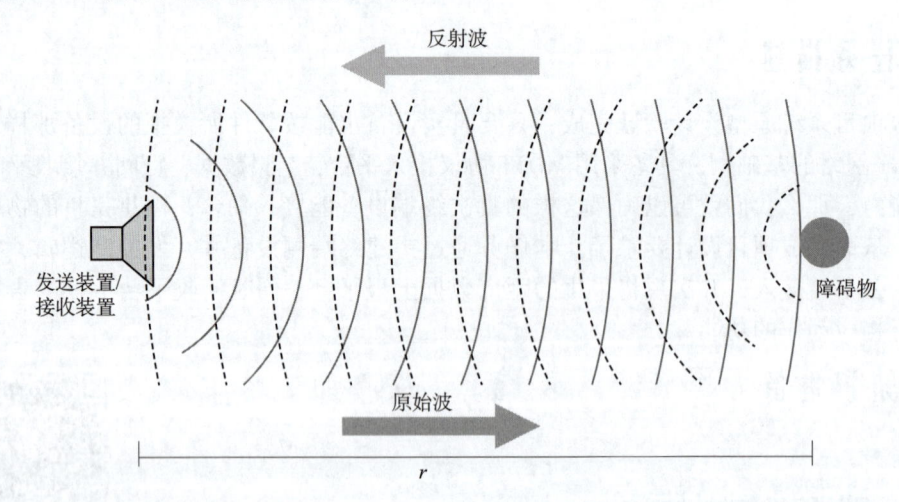

图 4.4.2 超声波测距原理图

由图 4.4.2 可以看出，超声波的发送装置和接收装置往往是同一个，我们一般称为超声波传感器，也有一些工业应用场景称其为超声换能器，或者超声探头。该装置的核心是封装在塑料外套或者金属外壳中的一块压电晶片。构成晶片的材料可以有许多种,晶片的大小,如直径和厚度也各不相同,因此每个探头的性能是不同的,我们实际使用中如何进行超声探头选型呢?这就必须预先了解它的性能参数。一般超声波传感器的主要性能指标包括以下 3 点。

(1) 工作频率。工作频率就是压电晶片的共振频率。当加到它两端的交流电压的频率和晶片的共振频率相等时,输出的能量最大,灵敏度也最高。

(2) 工作温度。一般压电材料的工作温度保持比较稳定,在常温范围内,可以长时间工作而不失效。医疗用的超声探头的温度比较高,需要单独的制冷设备。

(3) 灵敏度。主要取决于制造晶片本身。机电耦合系数大,灵敏度高;反之,灵敏度低。

在实际应用中,还需要对超声波传感器测得的信息做转换和处理,转换为符合一定规范的电信号。这个工作直接通过信息处理电路来完成,因为在每个超声波测距场景中都要这样做,实现技术也比较简单,故而现在已经有成熟的方案,直接将超声波传感器与信息处理电路集成在一起,形成超声波距离探测模块。一个超声波距离探测器模块如图 4.4.3 所示。

图 4.4.3　一个超声波距离探测器模块

这样集成的模块,其设计目的之一就是简单可靠,外接线路尽量少,所以完整的测距工作还需要由外部系统来驱动,一般是单片机或者嵌入式微控制器共同配合完成,具体流程我们简单地梳理如下。

(1) 先由嵌入式微处理器通过 I/O 口(TRIG 引脚)给出启动信号(大于 10 μs 的高电平信号);

(2) 模块放大电路产生一定频率(40 kHz)的方波信号,压电换能器(超声波发射头)将信号发射出去,即发射超声波;

(3) 微处理器在反馈电平(ECHO 引脚)实时检测回响信号;

(4) 该信号遇到障碍物反射回来(在此称为回波),压电换能器(超声波接收头)将接收的回波经信号处理电路转换,形成反馈电平(ECHO 引脚),通过嵌入式微处理器的 I/O 口相匹配最后送至处理器;

(5) 嵌入式微控制器根据回响信号的高低电平变化(回响信号刚开始处于高电平,回波达到后变为低电平),配合定时器进行脉冲持续计数得到时间宽度,该时间宽度的一半与所测的距离成正比,从而计算出距离数据。

完整的测距流程框图如图 4.4.4 所示。

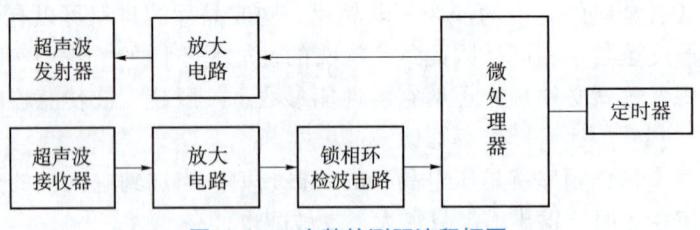

图 4.4.4　完整的测距流程框图

将微处理器得到的数据经过信号网络传输，在适当的数据平台上汇总、分析并附加智能化处理，最后将处理结果做相应显示，这就是一个完整的超声波测距系统。随着现代化的信号处理技术以及高性能声波传感器的运用，我们将获得更加可靠和精确的测量结果以及更加智能的处理能力。由于超声波本身方向性好、强度易控制、与被测量物体不需要直接接触的优点，在工业上广泛应用于一些替代人工测量的场合，比如封闭式储液罐液体高度测量、建筑施工工地以及工业现场液位、井深、管道长度等测量场景。而在民用领域则同样得到了丰富的应用，比如超声波测距系统可应用于汽车的倒车雷达、各类服务机器人智能行走、智慧导览、园区安全防护等商用成熟的应用场景。

小知识

超声波测距模块的影响因素

超声波传感器应用起来原理简单，使用方便，成本也很低。但是目前的超声波传感器都有一些缺点，比如反射、噪声、交叉问题。

1. 反射问题

如果被探测物体始终在正对的位置，那超声波传感器将会获得正确的反射回波。但是不幸的是，在实际使用中，很少有被探测物体能被正确检测。其中可能会出现以下3种误差。

1）三角误差

当被测物体与传感器成一定角度的时候，所探测的距离和实际距离有个三角误差。

2）镜面反射

这个问题和高中物理中所学的光的反射是一样的。在特定的角度下，发出的声波被光滑的物体镜面全反射到空间其他方向而回波无法返回超声波传感器，或者换个说法，即无法探测到回波，故而也就无法产生距离读数。这时超声波传感器会忽视这个物体的存在。

3）多次反射

这种现象在探测墙角或者类似结构的物体时比较常见。声波经过多次反弹才被传感器接收到，因此实际的探测值并不是真实的距离值。

这些问题目前已有比较好的解决方案。比如可以通过使用多个按照一定角度排列的超声波探测器阵列圈来解决，即通过探测多个超声波的返回值，用来筛选出正确的读数。

2. 噪声问题

虽然多数超声波传感器的工作频率为 40~45 kHz，远远高于人类能够听到的频率。但是周围环境也会产生类似频率的噪声。比如，电机在转动过程会产生一定的高频，轮子在比较硬的地面上的摩擦所产生的高频噪声，机器人本身的抖动，甚至当有多个机器人的时候，其他机器人超声波传感器发出的声波，这些都会导致传感器接收到错误的信号。

这类问题可以通过对发射的超声波进行编码来解决，比如发射一组长短不同的音波，只有当探测头检测到相同组合的音波时，才进行距离计算。这样可以有效地避免由于环境噪声所引起的误读。

3. 交叉问题

交叉问题是当多个超声波传感器按照一定角度被安装在固定装置上的时候所引起的。超声波 X 发出的声波，经过镜面反射，被传感器 Z 和 Y 获得，这时 Z 和 Y 会根据这个信号来计算距离值，从而无法获得正确的测量。

解决的方法可以通过对每个超声波传感器发出的信号进行编码，让每个超声波传感器只听自己的声音来一一对应处理。

4.4.2　WiFi 无线通信

本项目要实现终端设备数据传送到物联网云平台，中间的网络传输实际分为了两段：一段是利用短距离无线通信技术先把各个探测点采集的数据通过 WiFi 就近发送到一个网络交换设备，也就是无线局域网络的传输部分；另一段则是利用网络交换设备具有的公网 Internet 访问能力，将数据转发到同样部署在公网的云平台上。后半段利用的是 Internet 公共基础设施网络能力，不需要我们做额外工作，前半段无线局域网络直接复用小区已建好的 WiFi 网络，所以我们无线模块只需实现基于 WiFi 的短距离无线通信能力即可，从技术选型角度这无疑是最经济可靠的方案。

WiFi 模块通常由一个无线芯片和一个微处理器组成。无线芯片主要用于无线信号的发送和接收，而微处理器则负责控制 WiFi 模块的各种功能，如图 4.4.5 所示。

图 4.4.5　WiFi 模块

WiFi 模块的无线芯片通过无线电波发送和接收数据。它使用特定的频率和信道来与对端设备进行通信。当来自设备其他模块的数据经微处理器编码、加密后，形成特定的码流数据发送给无线芯片时，该无线芯片将其转换为模拟信号，并通过天线将其发送到对端设备接收器；而当无线芯片的接收器接收到信号时，将其转换为数字信号，传输到微处理器中。微处理器则根据需要进行解码、解密和其他操作，并将数据传输到 WiFi 模块所在设备的其他模块供设备完成后续处理。

具体到 WiFi 模块产品型号的选择，业界已经有成熟的芯片实现：ESP8266 芯片。一般我们说的 ESP8266 其实是一个完整且自成体系的 WiFi 模组硬件板，如图 4.4.6 所示，不同的设备商都会设计生产自己的 ESP8266 模组产品，而且这些设备商会根据不同的 WiFi 应用场景，定制化设计生产基于 ESP8266 芯片的不同 WiFi 模组。但其实这些模组在无线通信功率、工作参数、支持的 AT 指令集等方面是大同小异的，其数据传输硬件接口也基本上统一为串口通信接口。这样的模块化方案，既能在项目层面轻松帮助我们进行成本高低、功能性能等方面的选型评估，又能在研发层面大大降低我们集成 WiFi 无线通信模块、进行软硬件开发的难度。

图 4.4.6　ESP8266 模组产品

本项目中，我们在完成了真实设备的硬件接口设计实现之后，工作重点会很快转向通过可编程逻辑编写 AT 命令交互流程，也就是调用 AT 指令驱动无线通信模块的底层硬件，实现模组与物联网平台的物联网标准协议接入以及后续的数据收发功能。这需要我们较为精通 AT 指令集，以及掌握如何通过串口发送 AT 指令和接收处理结果等开发能力。幸运的是，通过 AT 指令集实现与物联网云平台交互的协议对接过程，一般物联网平台都会提供相应的协议驱动 SDK 代码包，我们可以直接下载并引入到设备开发项目中，通过编程调用 API 函数来完成，而不用下沉到通过 AT 指令来实现烦琐的协议对接开发。对 OneNET 物联网开放平台来说，它提供设备接入的 SDK 功能，适用于"MCU+标准通信模组"、单板 SOC、Java 平台多种方案。SDK 由固定代码包和平台生成的配置文件构成，用户根据使用的硬件平台集成 SDK，通过配置选择不同的接入协议，并调用相应 API 接口即可实现本地设备端与 OneNET 物联网开放平台的快速接入。下载链接为：https://open.iot.10086.cn/doc/v5/fuse/detail/625。

4.4.3　终端设备集成

为了将各个硬件模块有效集成在一起，我们需要加入一个核心逻辑控制模块来串联超声探测模块、WiFi 通信模块，另外，为验证基于物联网云平台下发命令执行能力，再添加一个蜂鸣器模块，实现本地声音警示能力，从而形成完整的物联网感知层设备终端系统，具备通过网络层传输数据到物联网平台层能力。

作为快速的方案原型验证这里我们直接选用了基于物联网云平台的实验箱，以模块化的设计，由统一的数据总线实现各个模块间的信息数据传递。通过 I2C 总线，超声波模块采集的距离数据传输给主控模块（上位机设备），主控模块则根据控制逻辑，通过 WiFi 通信模块接入到 OneNET 物联网开放平台，并按物模型定义定时上报数据。另外，平台下发的命令信息通过 WiFi 模块到达核心模块分析处理，实现本地硬件状态的控制执行（如控制蜂鸣器发声/停止发声），如图 4.4.7 所示。

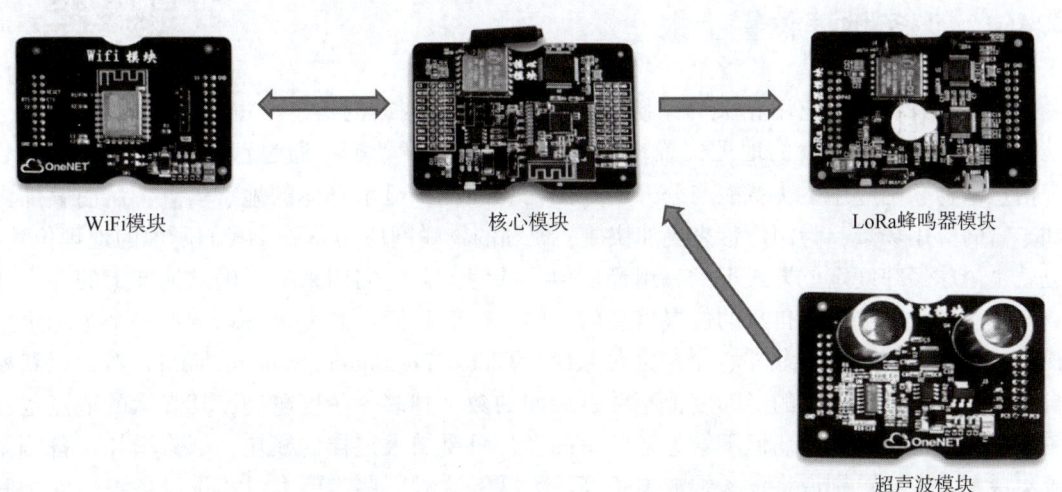

图 4.4.7　各模块间的信息数据传递

这套基于物联网云平台的实验箱，需要基于 STM32 系列芯片的可编程逻辑开发软件来进行微控制器逻辑功能开发，我们继续使用在之前的项目中使用的 Keil MDK 应用软件，有关 Keil MDK 应用程序的安装、芯片编译环境配置等知识参考前述项目任务中有关指导说明。本项目是采用 WiFi 接入网络，使用 MQTT 直连云平台，所以需要加载适用于本项目的实验箱工程代码。该工程代码已经包含了根据实验箱各模块基础硬件驱动集成框架代码，以及基于 MQTT 的 OneNET 云平台接入能力 SDK。

我们修改其中用于 WiFi 连接的参数、云平台连接参数以及设备自身的基本信息等配置代码，然后将工程成功编译产生的二进制文件烧写到实验箱核心模块芯片中。重启上电后，整套设备就会像前述采用模拟工具接入平台的任务过程那样，按照控制逻辑自动完成设备连接云平台，按预先约定的物模型要求实现数据的上报，这时我们就可以在平台侧的属性页面看到该设备所上报的各个属性数据以及上报的时间，如图 4.4.8 所示。

图 4.4.8　属性页面

4.4.4 设备地理位置上报

WiFi 定位原理

几乎所有物联网应用相关的系统都带有一个非常关键的信息，也就是具体各个设备所处的地理位置，一般显示为经纬度数据。通过这个信息，物联网应用系统就能与公开的地图信息匹配，显示具体的地点信息，从而叠加更加丰富的应用场景，为用户带来更加快捷、便利的物联网应用体验。我们所说的地理位置，也就是全球经纬度定位方式下的一组经度值、纬度值，它们用来唯一确定地球上的一个地点。要达到设备端获取自身的位置信息的目的，一般我们需要在设备端增加一个全球定位模块，利用该模块访问北斗、全球定位系统（Global Positioning System，GPS）等，以获取自身的经纬度。获取到的经纬度值小数点后面的数字越多，精度越高，其表示的地点也就越精确，误差范围越小。但不管怎样的精确度，只要加入这样的模块，都将增加设备侧系统集成复杂度，更别说将设备端成本抬高一大截，这对一些需要大量布设设备终端的物联网应用场景，将是不可接受的因素。

那鱼与熊掌就不可得兼吗？本项目实现的系统原型同样需要叠加这个信息来展示具体探测点的位置，以便为更进一步在可视化应用中动态展现报警地点等功能应用打下基础。在前述任务中我们的硬件设计也没有考虑全球定位信息模块，而细心的读者也许已经发现了，我们的项目设备所上报的属性数据中（见图4.4.8），有一个"WiFi 定位"的属性，这条属性是我们之前创建物模型时从平台提供的"系统功能点"中选取的，目前该属性已经有数据了。

既然是平台提供的系统功能点物模型，而且从名称看跟 WiFi 以及定位相关，我们是不是可以认为接收到的数据就是设备的定位信息？它们又是如何产生的呢？我们仔细观察不难发现这里显示的数据并不是我们通常理解的经纬度形式，而是比较奇怪的类似计算机的 MAC 地址，难道是设备上报格式错误，并没有正确传送设备所处的地理位置信息，还是另有原因？这就需要我们深入了解如何通过 WiFi 无线通信技术实现定位能力，学习 WiFi 定位技术的有关知识。

一般我们讨论 WiFi 定位技术有两种不同的应用场景。

第一种是将 WiFi 看作室内定位技术中的一种方式，指通过多个无线接入点（包括无线路由器）组成的无线局域网络（WLAN），利用经验测试和信号传播模型相结合的方式，对已接入的移动设备进行位置定位，精度是 1~20 m。这样的场景中定位对象是接入 WiFi 无线局域网络的某一个移动设备，能对该设备实现室内环境（一般是同楼层）的定位、监测和实时位置追踪，如图4.4.9所示。

另一种是利用 WiFi 进行广域范围的室外定位，这样的场景下，每个 WiFi 热点设备本身就是一个定位点。只要事先测量每个定位点的经纬度坐标并与该点唯一的设备标识，也就是 MAC 地址，一起关联保存，以后就能在需要时，根据获取到的某个设备的唯一标识反向查询到关联的经纬度信息，从而定位其所在的位置。而且由于 WiFi 的短距离通信范围有限，一般认为在它附近的连接到这个 AP 的所有物联网设备都在这个位置。当整个地域内广泛存在的 WiFi 热点位置数据收集掌握的越来越清楚完整，那么利用这些信息进行定位就是一项低成本且容易实现的技术。让我们站在物联网应用系统场景下，以一个物联网设备的角度，完整地梳理一下技术实现的细节，如图4.4.10所示。

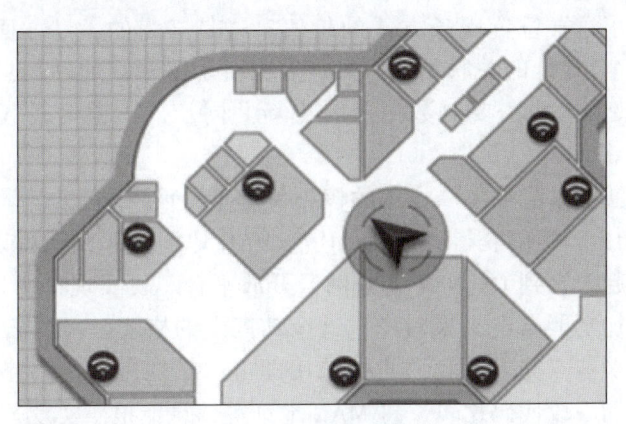

图 4.4.9 室内定位

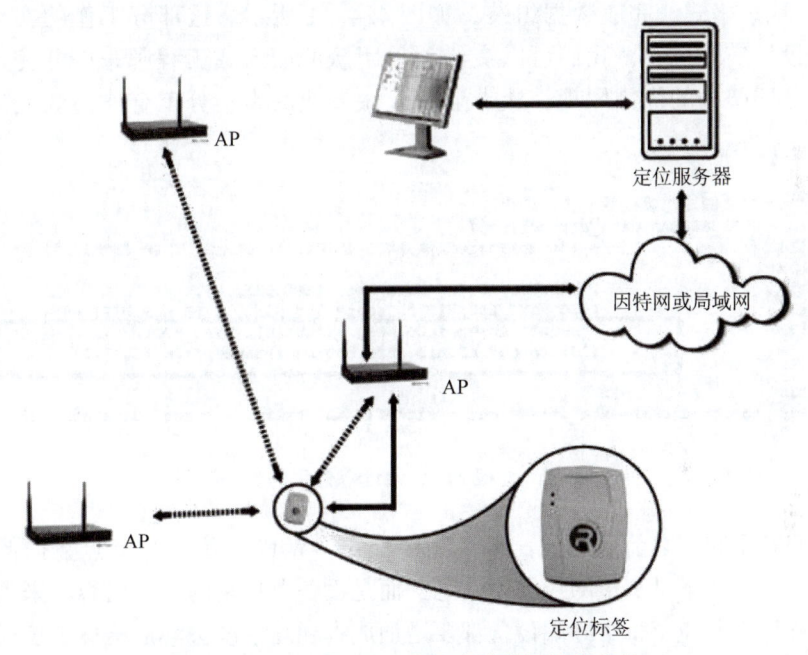

图 4.4.10 利用 WiFi 进行广域范围的外定位

（1）每一个无线 AP 具备接入 Internet 网络能力，都有一个全球唯一的 MAC 地址，并且一般来说无线 AP 在一定时间内是不会移动的。

（2）当物联网设备采用 WiFi 无线通信方式时，就可以通过该协议的实现要求，扫描并收集周围的 AP 信号，无论是否加密，是否已连接，甚至信号强度不足以显示在无线信号列表中，都可以获取到 AP 广播出来的 MAC 地址。

（3）设备将这些能够标识 AP 的数据发送到位置服务器，位置服务器检索出每一个 AP 的地理位置，并结合每个连接信号的强弱程度，计算出设备的地理位置并返回到用户设备。

（4）位置服务提供商通过一些办法，大范围扫描区域中的无线接入点 AP 信息，并同步记录其经纬度信息。这个工作需要不断更新、补充，以确保自己的数据库数据的有效性，同时也确保了这样位置服务方式的价值。这是必需的，一方面是及时增补新 AP 的地理位置及其 MAC 地址的关联关系，另一方面对于已建立地理信息的 AP 设备，可能其 AP 位置会发生变化，也需要对数据及时更新并同步，毕竟无线 AP 不像基站塔那样 100%不会移动。

看到这里我们就基本清楚整个技术的核心关键了，设备端集成了 WiFi 模组，既实现了 WiFi 无线通信能力，又能获得所连接 AP 的 MAC 地址，那么就可以把这个 MAC 地址信息随业务数据一起上报到 OneNET 物联网云开放平台。要实现这个目的，只需要两步：一是在物模型中添加功能点定义来对应，这个功能点的格式已经由云平台帮助我们定义好并直接作为系统功能点提供，我们直接选用即可；二是在设备微控制器软件逻辑中的上报数据功能里添加一段代码逻辑，将 MAC 地址等信息上报。实现这部分逻辑代码需要一定的编程能力和微控制器技术知识，要能够获取 WiFi 模组的信息，并且能根据功能点定义的 MAC 地址格式，完成数据组装，如图 4.4.11 所示。这部分工作的实现属于设备的硬件功能设计实现范畴，我们可以交给项目团队的嵌入式工程师来一并完成。这也是物联网系统分层架构的优势体现，让专业的人做专业的事，分工合作高效完成物联网应用系统项目。

```
125
126  //3.创建物模型后，在此处更改
127  DATA_STREAM data_stream[] = {
128  //                  {"tempreture", &sht20_info.tempreture, TYPE_FLOAT, 1},
129
130                      {"$OneNET_LBS", &data_lbs, TYPE_LBS, 0},
131                      {"$OneNET_LBS_WIFI", &data_lbs_wifi, TYPE_LBS_WIFI, 0},
132                      {"beep", &beep_info.beep_status[0], TYPE_BOOL, 1},
133                      {"distance",&Sonic_Info.sonic_distance,TYPE_FLOAT,1},
134
135                };
136  unsigned char data_stream_cnt = sizeof(data_stream) / sizeof(data_stream[0]);
137
```

图 4.4.11　上报 MAC 地址等信息的代码逻辑

这也就回答了我们之前的疑问：平台侧接收的"WiFi 定位"功能点数据像 MAC 地址的原因由来。它确实不是真正的经纬度信息，而是设备上报来的，其内容本来就是 MAC 地址信息。这样做就避免了每个终端设备都要增加成本和复杂度去集成全球定位模块的问题。但到目前为止，物联网应用层还是无法知道设备的真正经纬度位置。根据上面的探讨，我们已经知道将 AP 的 MAC 地址转换为实际经纬度的具体工作是由位置服务商提供的服务来完成的，而 OneNET 物联网云开放平台已经帮我们提前集成了位置服务，并且开放为 API 供所有设备、应用随时访问平台调用。我们可以先申请开通该服务，然后就可以直接通过平台 API 调用其位置服务，完成整个应用技术的最后一个环节：MAC 地址转换为经纬度信息。相关的位置服务开发文档以及最佳实践案例可以参阅官网：https://open.iot.10086.cn/doc/v5/fuse/detail/726。

需要说明的一点是，位置服务是独立的平台服务，它不会随着设备上报 WiFi 定位信息而触发自动位置服务。所以我们需要在适当的时机额外单独发起服务调用，携带某设备的 WiFi 定位信息，然后将位置服务返回的该设备的经纬度信息即时保存起来，供后续物联网应用场景调取。比较恰当的办法就是在设计产品的物模型时，额外定义一个功能点，用来保存经纬度信息，刚开始它是没有数据的（见图 4.4.8），因为我们还没有触发位置服务。一旦按平台的 API 调用方式完成请求，将数据填报到这个功能点中，它就记录了该设备的经纬度信息，就可以随时被读取，为后续应用开发提供数据支撑。也许有读者会觉得设备上报 WiFi 定位信息是在某个时间进行的，而调取位置服务获得经纬度又是在另一个时间做的，两者不是同时的会不会有问题？其实这个问题不大，因为大多数基于 WiFi 技术的物联网设备一旦部署不会轻易改变位置，就以本项目来说，两者的时间间隔几天都没问题。如果确实有些移动物联网场景，设备的位置会有变化，也可以利用平台提供的 HTTP 数据推送的开放能力，监测属性数据的更新，触发实时发起位置服务请求来同步经纬度信息以符合项目的需要。这部分的功能我们在之前的项目任务中有类似场景做过讨论，可以参照实现。

💡 小知识

无线 AP 的位置如何获得

WiFi 定位技术充分利用了无线 AP 的已知位置来参考定位，而无线 AP 位置的获得则由目前应用最广泛的定位技术即卫星定位技术和地面三角测量技术来真实测量。

1. 卫星定位技术

全球导航卫星系统（Global Navigation Satellite System，GNSS）是欧空局和国际民航组织倡导发起的全球定位和测时系统。其中最著名的全球定位系统（GPS），几乎被等同为卫星定位技术。同属 GNSS 的还包括 GLONASS、北斗、Galileo、IRNSS 等。这些技术基本使用三维交会原理来实现空间定位，即通过测量多颗卫星到移动目标的距离，结合已知的卫星精确的实时位置信息，计算移动目标的三维坐标，如图 4.4.12 所示。

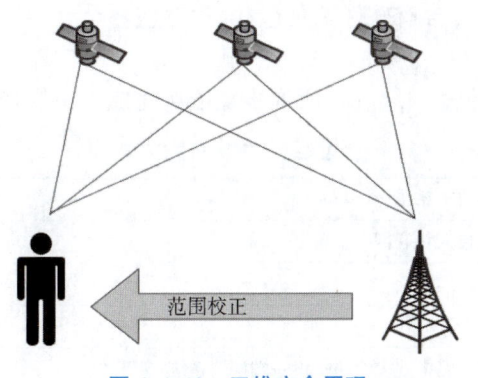

图 4.4.12　三维交会原理

2. 地面三角测量技术

地面三角测量定位技术利用多台位置已知的探测器（多为基站）在不同位置探测目标的方位或距离，然后运用三角测量交会原理确定移动目标的位置，如图 4.4.13 所示。

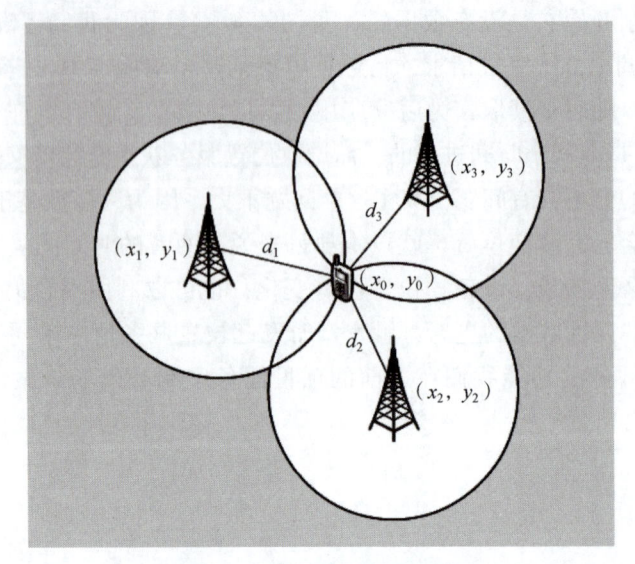

图 4.4.13 三角测量交会原理

任务实施

1. 任务目的
（1）能搭建实验箱真实终端设备开发环境；
（2）编程控制硬件设备实现该终端接入物联网云平台，实现距离数据上报和接收开关命令下发。

物联网场景联动

2. 任务环境
（1）各小组 OneNET 物联网实验箱一个；
（2）联网计算机一台（含有软件工具包）、程序包一个。

3. 任务内容
根据任务实施工单（见表 4.4.1）所列步骤依次完成以下操作。

表 4.4.1 任务实施工单

项目	智慧小区安全防护系统设计与实现		
任务	真实终端设备接入物联网云平台	学时	4
计划方式	分组讨论、合作实操		
序号	实施情况		
1	利用物联网实验箱搭建安全防护设备端硬件系统		
2	加载基于 MQTT 的设备嵌入式软件工程代码		
3	按平台接入要求以及之前创建的产品设备信息，正确配置参数		
4	编译工程，烧写程序并上电		
5	测试平台侧接收数据情况，改写嵌入式软件代码，增加业务数据上报		
6	撰写项目实训报告		

任务评价

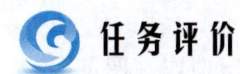

完成任务实施后，进行任务检查与评价，可采用小组互评等方式。任务评价单如表 4.4.2 所示。

表 4.4.2　任务评价单

项目	智慧小区安全防护系统设计与实现	成员姓名	
任务	真实终端设备接入物联网云平台	日　　期	
考核方式	过程评价	本次总评	
职业素养 (20 分，每项 10 分)	□提升解决问题的能力 □提升团队协作的能力		较好达成□（≥16 分） 基本达成□（≥12 分） 未能达成□（≤11 分）
专业知识 (40 分，每项 20 分)	□理解超声波测距原理 □掌握 WiFi 定位原理		较好达成□（≥32 分） 基本达成□（≥24 分） 未能达成□（≤23 分）
技术技能 (40 分，每项 10 分)	□会进行设备固件程序修改和调试，对固件进行升级 □实现系统功能，使真实设备上报距离和位置信息 □会查询设备的实时及历史位置数据 □会运用设备调试功能模拟位置信息上报		较好达成□（≥32 分） 基本达成□（≥24 分） 未能达成□（≤23 分）
（附加分） (5 分)	□具有良好的团队合作精神和沟通交流能力，热心帮助小组其他成员		

任务 4.5　安防系统可视化应用设计

任务描述

随着项目系统上电上线试运行，按设计要求源源不断产生了测量数据，这些数据以及系统各个功能的状态改变，需要汇总到一个终端软件窗口，按时间、区域等不同维度进行查看。我们之前在开发调试阶段所采用的查看工具日志等方法就不能满足需要了。站在用户角度讲，当系统交付用户后，一个直观、漂亮的系统可视化人机界面来满足实时查看和控制是再正常不过的需求了。本任务通过 OneNET 物联网开放平台提供的线上可视化应用编辑能力，设计实现安防系统的可视化终端 Web 界面，提供距离探测数据的直观展示功能。我们还可以基于此，增添更多的可视化应用功能，比如地图显示设备地理位置的能力。

数据可视化

知识准备

4.5.1　数据可视化概念

1973 年，统计学家弗兰克·安斯库姆（Francis Anscombe），在《The American Statistician》

杂志上发了一篇论文,"Graphs in Statistical Analysis"(统计分析中的图形)。在该论文中,安斯库姆构造了 4 组数据,这 4 组数据被后人称为 Anscombe's Quartet(安斯库姆四重奏),如图 4.5.1 所示。

第1组		第2组		第3组		第4组	
X1	Y1	X2	Y2	X3	Y3	X4	Y4
10	8.04	10	9.14	10	7.46	8	6.58
8	6.95	8	8.14	8	6.77	8	5.76
13	7.58	13	8.74	13	12.74	8	7.71
9	8.81	9	8.77	9	7.11	8	8.84
11	8.33	11	9.26	11	7.81	8	8.47
14	9.96	14	8.1	14	8.84	8	7.04
6	7.24	6	6.13	6	6.08	8	5.25
4	4.26	4	3.1	4	5.39	19	12.5
12	10.84	12	9.13	12	8.15	8	5.56
7	4.82	7	7.26	7	6.42	8	7.91
5	5.68	5	4.74	5	5.73	8	6.89

图 4.5.1　安斯库姆构造的 4 组数据

可以看到,这 4 组数据有明显的不同,为了能客观地表述出这几组数据到底差异在哪里,我们需要使用统计学中的一些概念来表述数据的差异性,即均值、标准差、方差、相关系数等数学工具。但令人惊奇的是,尽管这 4 组数据有明显的不同,汇总统计后发现,它们的均值、标准差、方差、相关系数等几乎完全一致,如图 4.5.2 所示。

EXCEL函数计算结果							
均值Average()	9.00	7.50	9.00	7.50	9.00	7.50	9.00	7.50
标准差Stdev.s()	3.32	2.03	3.32	2.03	3.32	2.03	3.32	2.03
方差VAR()	11.00	4.13	11.00	4.13	11.00	4.12	11.00	4.12
相关系数Correl(X,Y)	0.82		0.82		0.82		0.82	
相关系数Pearson(X,Y)	0.82		0.82		0.82		0.82	

图 4.5.2　4 组数据的均值、标准差、方差和相关系数等

也就是说,如果我们只看统计描述,让计算机来帮我们按一定统计规则做大数据判断,给出的结论是这几组数据是一样的!而这显然是一种误导,想想世界首富和普通打工人的工资平均值是真高,不能说明大家收入都增加了,只是因为采用的统计计算方式检测不出来。

但是当我们换一种数据的比较形式,比如绘制这 4 组数据的散点图,通过人眼观测图形的数据分布情况时,4 组数据的分布落点在图中就完全不同!如图 4.5.3 所示,安斯库姆构造的 4 组数据分别形成了 4 种不同的散点分布情况,图中实线附近聚集的数据点较多,而总有一两个数据点大大偏离,正是这些偏离的点在统计学工具中"贡献"了各自的偏差,刚好使 4 组数据在统计学上结论"一致"。不过当我们基于图形来分析数据差异性时,就可以很容易发现数据异常值,从而得出一种主观的判断。安斯库姆这篇论文的研究过程是在做数据可视化探索,同时研究结果也说明了数据可视化的重要性。

聊到这里,我们也就理解了数据可视化的概念了。在计算机学科的分类中,利用人眼的感知能力,对数据进行交互的可视表达以增强认知的技术,称为数据可视化。它是关于数据视觉表现形式的科学技术研究。人类利用视觉获取的信息量远远超出其他器官,而数据可视化正是利用人类这一天生技能,将不可见或难以直接显示的数据转化为可感知的图形、符号、颜色、纹理等,通过视觉作用于人脑,来增强其对数据的识别效率,传递有效信息,并增强记忆。

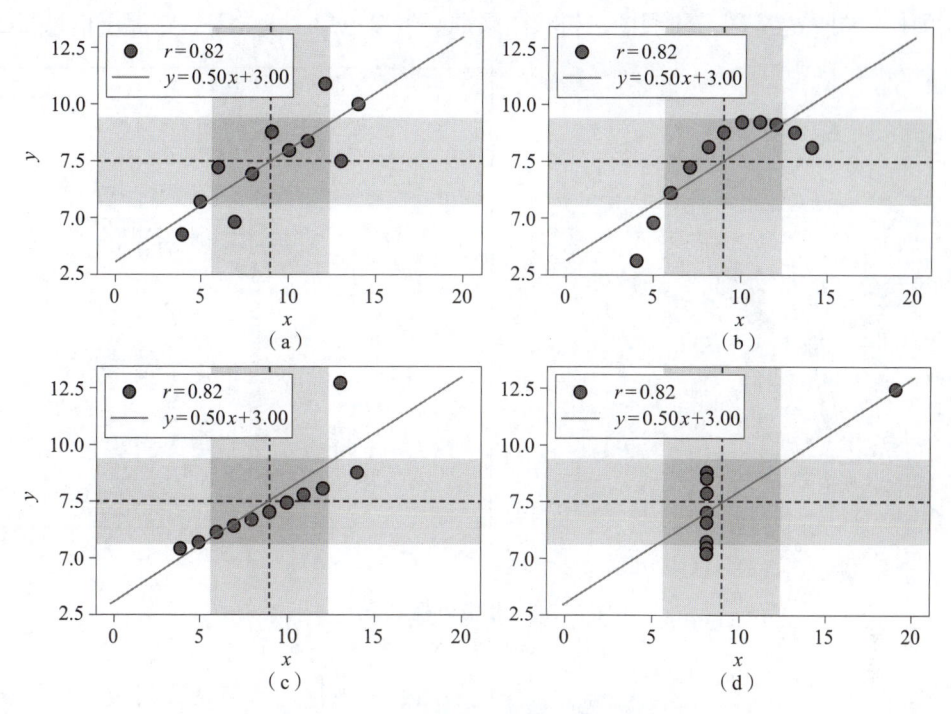

图 4.5.3　4 组数据不同的散点分布情况

随着计算机能力的极大增强和互联网的飞速发展，数据可视化技术得到了广泛的应用。在专业科学分析可视化领域，比如气象预报，人们将观测数据呈现于地理图上，便于直观准确预知天气变化和提前应对；在建筑设计上，通过 3D 建模，我们可以精准呈现立体的建筑设施，实施更加高效、智能的设计和施工工艺进行建造；在医学诊疗中，仪器探测的人体数据直接绘制为高精度人体结构图，为准确快捷诊断带来更详尽的信息，为人们的生命健康做出更有力的保障，如图 4.5.4 所示。

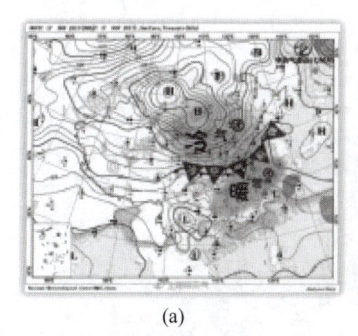

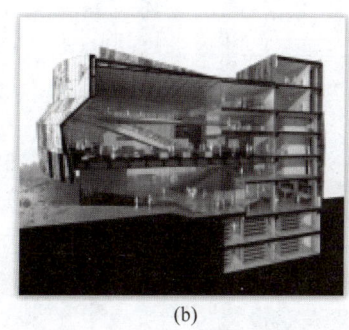

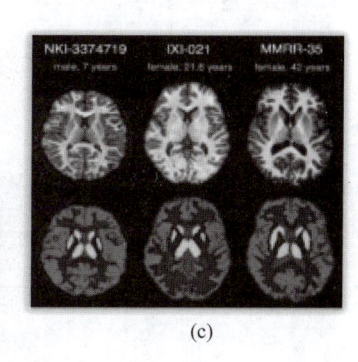

图 4.5.4　数据可视化技术的广泛应用
（a）气象预报；（b）3D 建模；（c）仪器探测

在日常生活中，常见的信息可视化应用更是举不胜举，如图 4.5.5 所示。人们将数字和非数字信息以交互式视觉叠加在一起表示出来，多维度的信息带来更丰富的生活体验和更高的工作学习效率。比如将地理信息与商家信息文本叠加来实现智能导航，采用工具软件绘制的柱状图、趋势图、流程图、树状图来准确传递思想、理念等，都属于信息可视化。

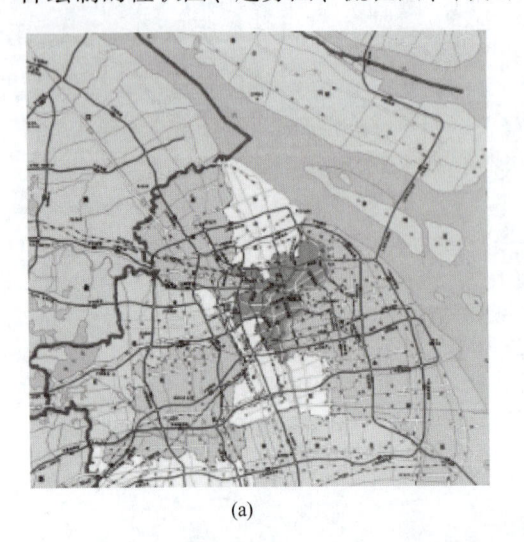

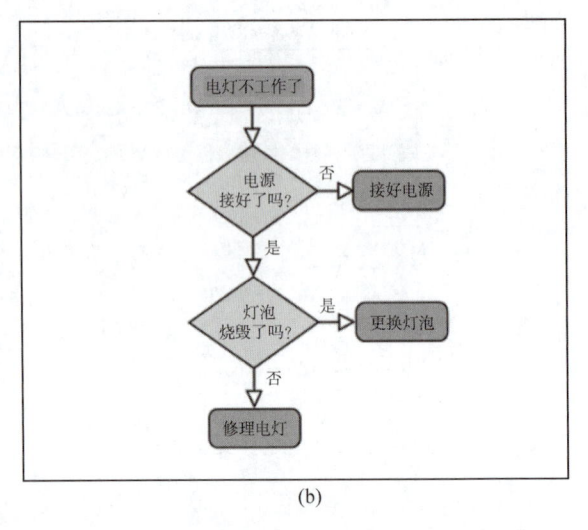

图 4.5.5　信息可视化应用
（a）智能导航；（b）流程图

那么我们手边有没有一些功能强大，快捷易用的可视化工具来帮我们做一些数据可视化目的实现呢？其实我们经常使用的办公软件之一：Excel 就是一个。它操作简单，上手容易，能做一定复杂度的数据分析，特别是它提供了常用的数据可视化呈现样式，满足日常办公需要绰绰有余，如图 4.5.6 所示。

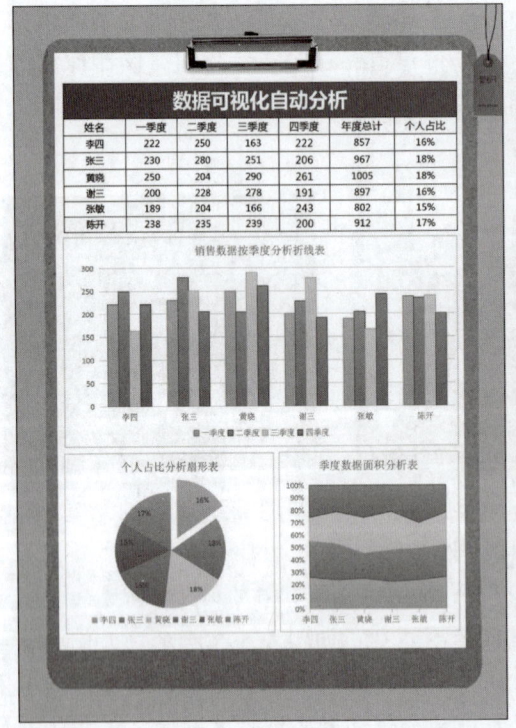

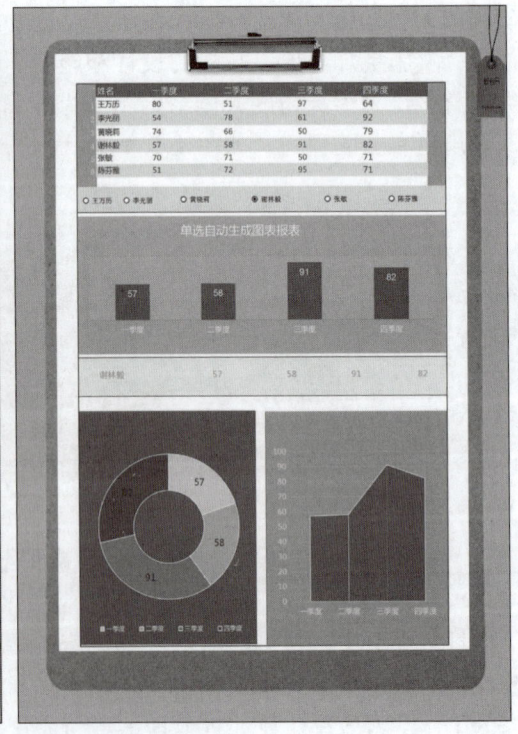

图 4.5.6　Excel 提供的数据可视化呈现样式

但是如果我们有复杂的数据处理要求或者要更加专业的可视化呈现方式，就需要一些专业的商用可视化软件了，这方面的软件比较有代表性的是：Tableau。它提供了丰富的可视化组件，不仅可以制作图表、图形，还可以绘制地图；对大量数据的导入处理上易用可靠，还支持团队协作同步完成数据图表绘制，如图4.5.7所示。

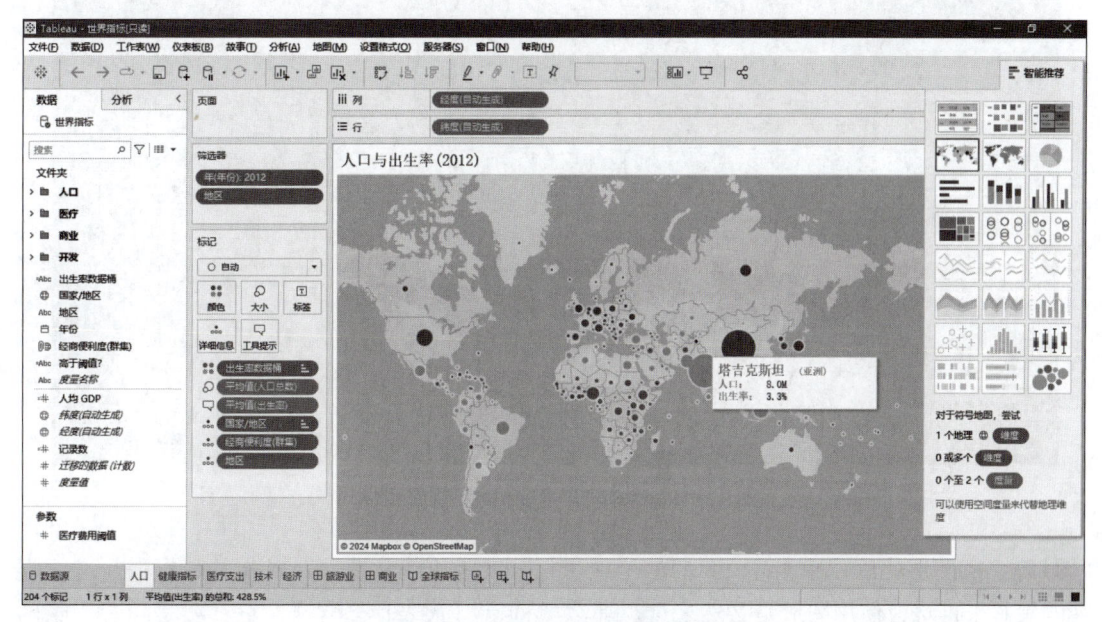

图 4.5.7　Tableau 提供的可视化组件

而作为物联网行业这样的细分应用领域，数据可视化的职责已逐渐集成到物联网平台层中。不同的物联网云平台服务提供商都有自己的数据可视化产品，中移物联网有限公司的 OneNET 物联网开放平台子品牌 OneNET View 就是其中之一。它通过分析物联网行业设备及应用特点，提供了更有针对性的组件，除了通用的可视化组件外，还包含了超过 90 个物联网行业组件，如地理图、分布图、表盘等；除了支持从应用数据库提取数据外，还能够直接对接 OneNET 平台的物联网产品设备数据生成数据源；更重要的是，它是全网页可拖拽式的，免编程、免部署，物联网产品开发商可以非常快捷地生成自有产品的应用界面。如图4.5.8所示是 OneNET View 的可视化组件。

到这里我们简单探讨了数据可视化的概念，广泛的应用场景和特点各异的数据可视化工具，可以看到，我们这里讨论的数据可视化主体是人类，是运用适当的图形表达方法来为人类服务的方式。不过随着人工智能技术的飞跃发展，有关的图形化表达以及视觉感知能力还可以交给计算机，利用其强大的算力和 AI 算法来瞬间完成，其可视化目的也不再是为了增强人类的认知，而是为了更复杂的系统功能中快速处理判断的需要，是为更加智慧地服务于人类所做的一个功能应用。这方面的能力在物联网云平台中也有漂亮的体现，我们将在后续项目中做进一步的探讨。

4.5.2　基于浏览器脚本语言实现前端图形化应用

标题读起来挺拗口，其实整个短语落脚点就在"应用"二字上，它的关键特点："前端"

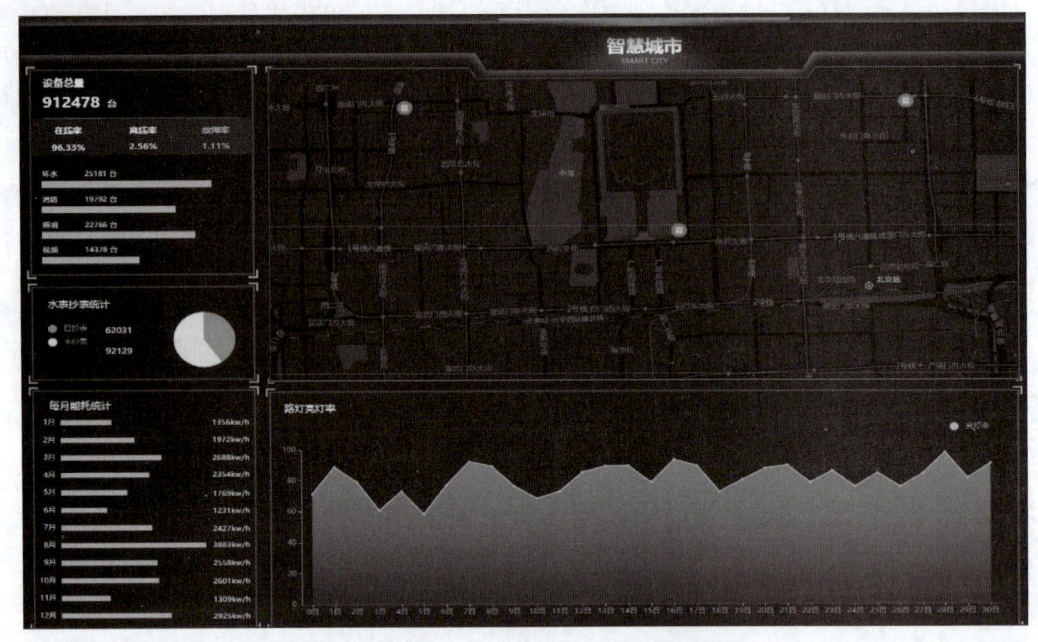

图 4.5.8 OneNET View 的可视化组件

"图形化"。图形化比较好理解，我们整个项目任务就是围绕物联网设备相关数据如何进行直观的展示来推进，使用图形是必然之选。那么"前端"代表什么含义？它其实是随着互联网的兴起而产生的一个概念。当用户使用浏览器访问 Internet 网络并打开内容服务者提供的网页，浏览其中的内容时，整个过程中，浏览器直接面对用户，起到的是一个展示窗口的作用，而其所展示的真正内容，实际是根据用户输入的网址向服务器端发起请求，获得服务端响应返回的数据，并按照网页的规范进行渲染的结果。当然实际网页打开的过程比这样的描述要复杂得多，比如浏览器可能要同时发起多个请求并一起在页面内产生效果，服务器甚至还要向数据库获取更多内容进行数据组装再返回等，如图 4.5.9 所示。不论怎样，整个过程发生的事情分别在浏览器端和服务器端各自发生。浏览器端因为是直面用户，近在眼前，所以我们称之为"前端"，服务器端是因为隔着网络离得挺远，一般称为"后端"。

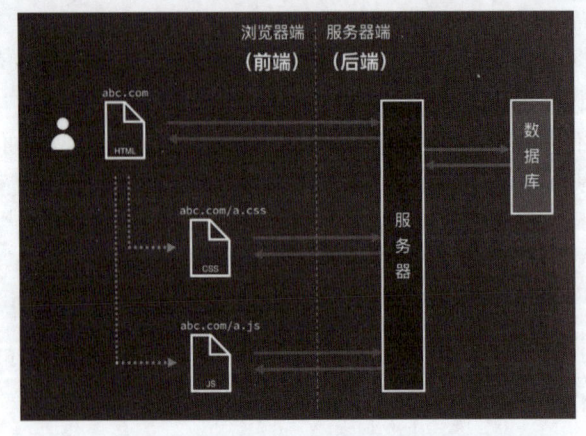

图 4.5.9 浏览器端与服务器端交互过程示意图

明白了前后端概念，对"浏览器脚本语言"就比较好理解了，它其实就是一种编程语言，也有通常编程语言所具有的各种"变量类型""选择分支""循环结构"等定义。目前主流的浏览器脚本语言有 JavaScript、PHP、Lua 等，但基本上，只有 JavaScript 语言在浏览器端，也就是网页上应用的最为广泛。它的最大特点是编写出来的程序逻辑不会立即编译运行，平时都以文本形式保存在服务器端，一般叫脚本文件。当浏览器在打开网页时，这些脚本文件根据请求目标被传送到浏览器端，由浏览器根据脚本语句在当前网页中实时解释和执行，如图 4.5.9 中请求的 abc.com/a.js 文件就是返回的一个 JavaScript 脚本文件。

这就很厉害了，相当于服务端既返回了所有请求的数据，又返回了如何处理及显示这些数据的规则要求。这些要求既有在打开页面前要执行完成的部分，也有在页面打开后，根据用户的页面操作再实时执行的部分，也就是用户浏览页面全过程都可以进行实时控制。浏览器发起新页面浏览请求，在收到返回数据还没展示页面时，会先按这个脚本的逻辑规则对返回的信息全部处理后再把处理结果展示到页面，比如用户邮箱有新邮件，页面会额外显示新标记并提供闪烁效果等。而页面展示过程中，浏览器还会根据脚本文件的逻辑要求，不断跟踪用户的操作，符合某个预先定义的逻辑时会再次更新页面内容，比如用户单击查看新邮件，则页面的新标记消失等。只要脚本逻辑本身没有问题，浏览器就会一直忠实地执行下去，直到用户离开当前页面。

合理运用这样的脚本语言，我们就能够编写功能更强大的网页，不但可以让网页展示的数据被灵活的组织和管理，为用户提供更加丰富的呈现效果，还能使其与用户进行实时交互，实时改变网页内容，为用户带来更好的网页浏览体验。而这一切都可以很方便地按固定的编程语言规则定义和更改，这为我们将要完成的业务功能开发为一种全新类型的应用提供了可能。

这里所说的全新应用开发方式，本质上是一种 Web 应用开发，但又与我们常说的 Web 应用方式稍有不同。而说到 Web 应用方式，不得不提到它正在颠覆的传统发布应用程序安装包给用户的方式。在互联网发展初期，向用户提供应用软件，需要先开发并打包为程序安装包，并且要根据不同操作系统平台发布不同的应用程序版本文件，用户下载适合的版本并安装后运行，才可以使用到相关业务功能。后续如果版本要更新，还得让用户下载更新再安装后运行。而 Web 应用方式则是直接提供网页服务，有关业务功能全以网页的形式面向用户，免去繁琐的安装运行过程，只需用户电脑有浏览器软件，能访问 Internet 网络就行。后续业务功能更新时则直接更新网站的网页内容，用户在使用体验上几乎感受不到影响。

当然这样实现的前提是用户终端电脑性能良好，网络畅通，使用的浏览器软件版本比较新，不过这些条件对个人用户来讲已经较容易满足，在互联网飞速发展，网速日新月异的现在已不是太大问题。但事情总有两面，为了提供 Web 服务，将业务功能展示到用户的浏览器页面上，服务器端其实做了很多工作，比如要采用性能优越的服务框架处理请求响应，要按照网页的格式要求将复杂数据组装并返回，还要根据业务需要实时访问各种数据库获取最新数据，或者根据信息安全和负荷分担策略响应更复杂的服务请求等。相当于对用户来说，Web 提供的功能服务使用体验非常好，但不是没代价的，代价由整个软件系统的服务器端来承受，也就是由应用开发商来付出了。采用 Web 应用方式，即使只提供一些功能比较单一的业务应用，也一样要付出这样的代价，这对应用开发商来讲就不划算了，但选择 Web 应用方式又确实极大方便了用户使用，那么，有没有折中的办法呢？

我们自然而然想到在服务器端实现一个平台级的能力，用于负责解决所有 Web 应用都要面临的问题，让应用开发专注于实现业务逻辑，透过平台面向用户提供自己特色业务功能。如果平台能够定义一套开发规则，大家遵照完成提供自身业务逻辑，实现面向用户的服务，那这样的平台就能够解决上面的问题。在这样的平台上开发应用的方式就是一种新型的应用开发方式，一般我们称这样的应用为"轻应用"。

我们用的小程序就是一个典型的轻应用，国内各大互联网厂商纷纷推出了自己的轻应用产品，这里就不一一举例了。它用网页结合脚本语言的方式来展现所有的业务功能及服务，调用了平台提供的各种数据获取、处理、展示底层能力，将整个应用展现为一个或多个网页文本的形式发布。用户只需访问指定网址即完成了整个业务应用的下载安装和运行；当有业务功能的新增和更新时，开发者只需要将新的网页文件更新到服务器上，网址不变，用户只需再次刷新网页即可立即获得新的服务功能。

回到我们讨论的标题，这时我们就能理解其中心意思了，它也是我们面临的项目任务核心目标：我们要实现这样一个"应用"，它的主要功能就是将安防系统数据进行"图形化"，它的特点是运行在"前端"，它的开发方式是一种基于浏览器脚本语言的全新应用开发方式，它主要依托一个平台提供的各种后台服务来完成业务功能要求，同时也据此满足 Web 应用的安全性、实时性等要求。

在前面的任务资讯中，我们了解到 OneNET 物联网开放平台子品牌 OneNET View 具有全网页可拖拽式的开发方式，可以非常快捷地生成自有产品的应用界面。如图 4.5.10 所示是 OneNET View 的入口按钮"数据可视化 View"。我们可以发现这其实就是上文我们探讨的一种轻应用了，它由 OneNET 物联网平台作为支撑，调用的是平台提供的各种物联网基础能力，同时它聚焦于数据的图形化应用开发解决方案，提供了成熟的图形组件和模板，一站式生成应用来降低开发者的使用门槛，也提供基于这些组件模块的灵活配置方式来实现定制化开发；更有标准的基于浏览器脚本语言 JavaScript 的在线编程接口来完成自定义的应用开发。我们可以在其官方网站上进一步了解 OneNET View 的更多能力，获得更多应用开发参考。

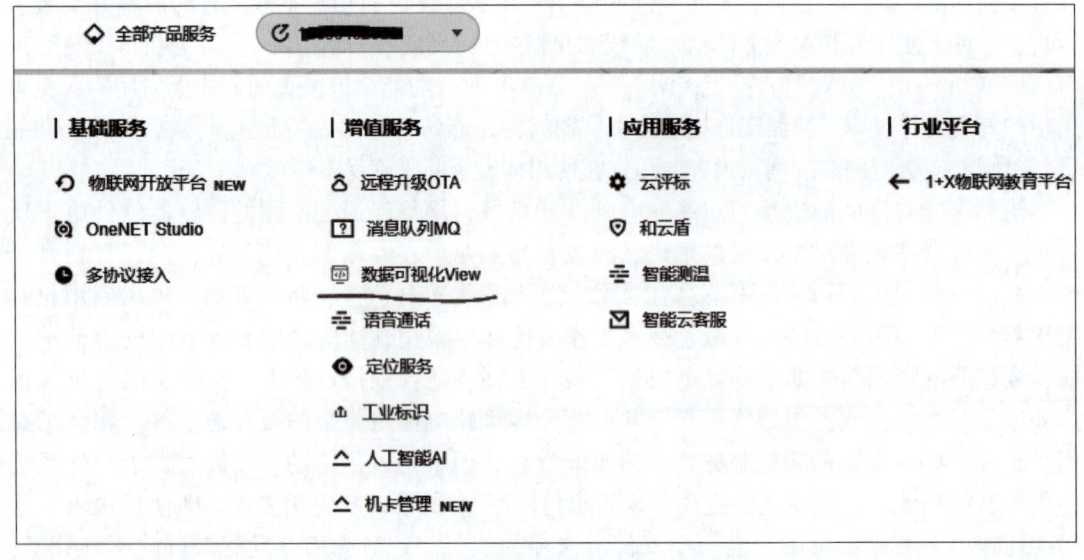

图 4.5.10 OneNET View 的入口按钮"数据可视化 View"

就本次项目任务来说，我们梳理一下实现的过程：

（1）新建一个可视化项目（见图4.5.11）。是的，我们开发的一个可视化应用在平台中是按"项目"为单位来管理的。我们可以从一个空白的模板开始，也可以直接选取平台提供的可视化项目模板作为基础来新建。用这些模板建立的项目有个好处，那就是所见即所得，可以直接运行看到可视化效果。

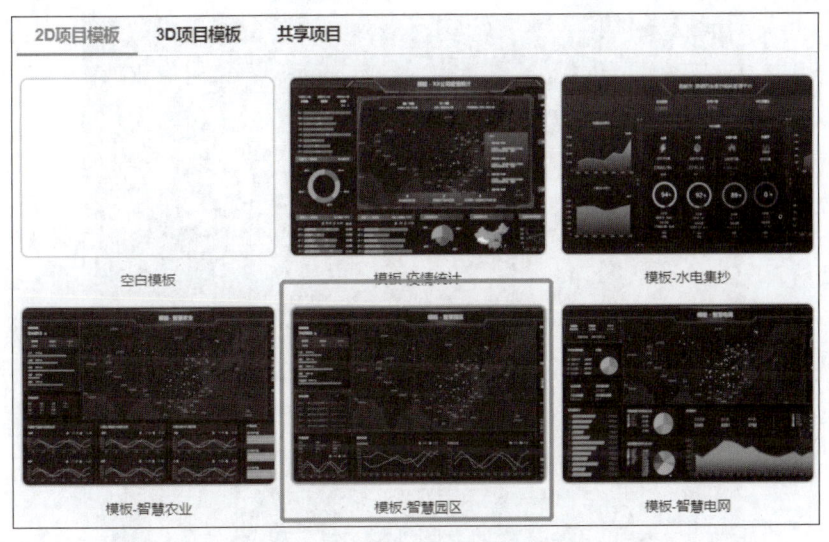

图4.5.11 新建一个可视化项目

（2）新建一个数据源模板（见图4.5.12）。这一步比较关键，毕竟我们的数据是否能呈现，依赖于其来源。由于整个数据可视化View是面向全网的公共平台，所以其支持的数据源类型是比较丰富的，对我们来说，就需要指定类型为"物联网平台"，才能正确让平台找到我们的物联网产品设备信息。

图4.5.12 新建一个数据源模板

（3）编辑可视化页面各个组件（见图4.5.13）。这一步是整个应用开发工作的重点，平台提供的种类繁多、效果各异的页面组件如何有机的组合、相互支持来获得最佳页面使用体验，将考验开发者的综合技术能力。这一步有个技巧，如果我们之前使用模板创建的项目，它已经在设计页面中预置了各种不同样式、不同作用的页面组件，这些就是我们最好的学习观摩对象。既然这些模板创建好后立即就能预览显示，我们就可以尝试修改和配置不同的参数，来反复观察最终效果的变化，从而逐步掌握整个可视化平台中各个组件的作用和使用技巧。

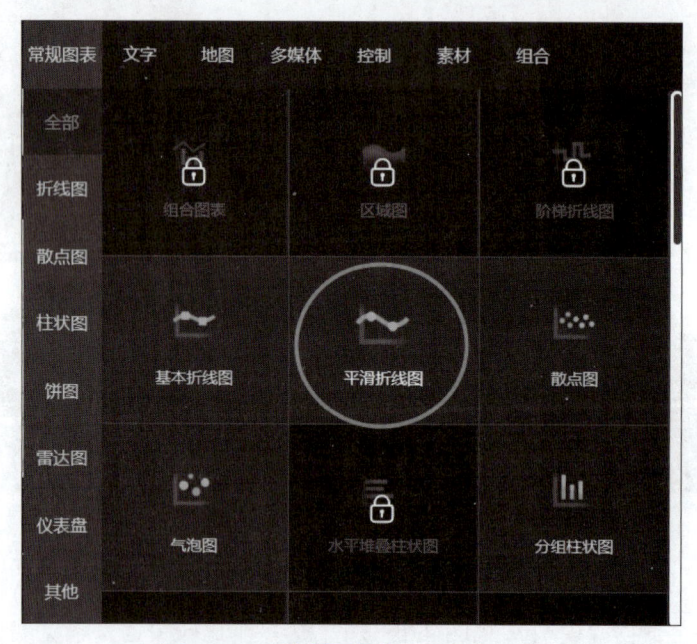

图 4.5.13　编辑可视化页面各个组件

（4）设置组件的数据来源并与组件展示列对应（见图 4.5.14）。这一步是关键，我们之前创建的数据源，在这里就要与具体的组件相结合，生成数据源并与该组件相关联。如图 4.5.14 所示，这里关联数据源的正确与否，直接关系到组件能否正常展示物联网产品设备的数据。这一步可以通过查看"数据处理结果"展示的信息，来比对获取到的数据是否就是来自我们在之前任务中上传到物联网云平台指定物模型功能点下的数据。同时核对组件展示的数据列名是否与数据结果中字段名一致。

（5）自定义数据过滤器（见图 4.5.15）。这一步是难点，每个组件关联数据源之后，都默认开启了数据过滤器，一般直接将其关闭，也就是不使用。因为只要前面几个步骤配置正确，不使用过滤器就已经能实现数据展示目的了。但也确实存在一些特殊场景，需要开启数据过滤器并在线修改 JavaScript 脚本来满足数据过滤和处理需要。可以把这个过滤器理解为一个数据处理的管道，入口的数据来自数据源，出口对接组件的展示列，中间的数据都以 JSON 格式传输。入口和出口之间对接不一致，就需要我们通过简单的 JavaScript 语句来附加处理，转换衔接，最终使数据能符合组件的呈现要求。

（6）保存所有工作成果并预览页面（见图 4.5.16）。最后一步进行整个可视化项目的测试，通过评价页面整体的数据展示效果来确定进一步优化的改动点，一些没有展示出数据或者展示不完整的组件也需要返回到前面步骤中去查找原因并修改。通过反复修改和优化，我们最终完成了安防系统一个设备点的可视化页面，显示了其距离探测的实时折线图，以及该设备点的地理位置。

图 4.5.14　设置组件的数据来源并与组件展示列对应

图 4.5.15　自定义数据过滤器

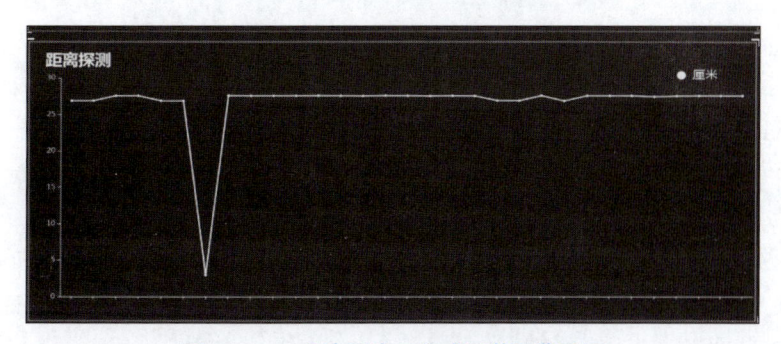

图 4.5.16　保存所有工作成果并预览页面

相信大家随着对"轻应用"这样的应用开发模式的熟悉了解，对网页可视化组件的使用掌握，对基于浏览器的脚本语言编程的熟练精通，由慢到快、攻坚克难，一定能开发出符合项目设计需求、符合用户使用体验的功能强大的可视化应用。

💡 小知识

探究 JavaScript

JavaScript 作为一门脚本语言，它的核心语言其实是 ECMAScript，这是一门由 ECMA TC39 委员会标准化的编程语言。只不过"ECMAScript"是语言标准的术语，两者的语法是可以互换兼容的，其主流的语法规范版本是 ECMAScript 第 6 版（称为 ES6），业界所有主流浏览器均支持该规范。为了在浏览器环境下实现对网页控件对象的操作，JavaScript 包含了大量的 Web API，比如对文档对象模型（Document Object Model，DOM）的操作函数等，这使 JavaScript 在浏览器环境下具备强大的网页对象交互能力，能够创作功能丰富的 Web 应用。目前 JavaScript 可以说是全球最流行的前端编程语言。

我们来看一个使用 JavaScript 改变 HTML 内容的例子：

```
document.getElementById("demo").innerHTML = "未来已来!";
```

getElementById 是 JavaScript 的一个方法，该例子查找指定 id 的 HTML 页面元素（本例中是 demo），并将其页面显示内容（由 innerHTML 指定）更改为等号右侧的字符串。这行语句编写好后通过<script></script>脚本标签将其嵌入到 HTML 文件中，当网页打开时，浏览器优先找到脚本代码部分并按该行代码的逻辑执行，将页面元素 id 为 demo 的文本标签内容更改为"未来已来!"。

JavaScript 如何处理来自服务端的复杂数据呢？我们知道当数据在浏览器与服务器之间进行交换时，这些数据只能是文本，而我们常用的数据格式是 JSON。使用 JavaScript 语言可以非常方便地把从服务器接收到的任何 JSON 数据转换为 JavaScript 对象，然后将这些对象像上面那样放到网页的指定目标上显示。下面是一个转换的例子：

```
var myJSON ='{ "name":"未来已来!", "url": open.iot.10086.cn }';
var myObj = JSON.parse(myJSON);
document.getElementById("demo").innerHTML = myObj.name;
```

parse 是 JavaScript 的一个方法，实现将传入的文本转为 JavaScript 对象，myJSON 是开发者自己定义的对象名，它的内容是来自服务端的一段文本（JSON 格式数据），转换后，该变量里的 name 成员被放置到页面元素 id 为 demo 的标签上显示。

反过来，页面上经过用户添加、改动过的信息，JavaScript 可以把它们看作页面对象，同样能轻松地将其转换为 JSON 数据，再将它们发送到服务器。

有关 JavaScript 的知识及应用的例子在互联网上有非常丰富的资源可以学习参考，只要与 Web 应用开发相关的技术网站都会涉及，比如 W3School 等（https://www.w3school.com.cn/），这里不再详细展开讨论。

任务实施

1. 任务目的

（1）能运用 OneNET 物联网开放平台创建可视化项目，创建对应的数据源；

（2）编辑控件各项参数，使页面最终呈现项目要求的可视化效果。

2. 任务环境

（1）各小组 OneNET 物联网实验箱一个；

（2）联网计算机一台（含有软件工具包）、程序包一个。

3. 任务内容

根据任务实施工单（见表 4.5.1）所列步骤依次完成以下操作。

表 4.5.1　任务实施工单

项目	智慧小区安全防护系统设计与实现		
任务	安防系统可视化应用设计	学时	4
计划方式	分组讨论、合作实操		
序号	实施情况		
1	选择合适的已有模板或空白模版，创建可视化项目		
2	创建数据源模型，关联安防系统产品设备指定的各个物模型功能点		
3	进入模板编辑页面，增添安防系统展示所需的页面组件		
4	对指定组件，根据数据源模型创建对应的数据源，并与组件关联		
5	测试数据源 JSON 数据内容与组件展示格式之间的对应关系，必要时使用数据过滤器进行微调对应显示		
6	预览可视化项目，观察整体页面的显示内容及格式，返回编辑页面修改并再次预览，反复调整最后达到美观、完整清晰的效果		
7	任务成果展示、汇报		
8	撰写项目实训报告		

任务评价

完成任务实施后，进行任务检查与评价，可采用小组互评等方式。任务评价单如表 4.5.2 所示。

表 4.5.2　任务评价单

项目	智慧小区安全防护系统设计与实现	成员姓名	
任务	安防系统可视化应用设计	日　期	
考核方式	过程评价	本次总评	
职业素养 （20 分，每项 10 分）	□提升自主学习能力 □提升信息化处理及应用能力	较好达成□（≥16 分） 基本达成□（≥12 分） 未能达成□（≤11 分）	

续表

专业知识 (40 分，每项 20 分)	□理解基于云平台的数据可视化运用 □掌握可视化编辑器基本功能的使用方法	较好达成□（≥32 分） 基本达成□（≥24 分） 未能达成□（≤23 分）
技术技能 (40 分，每项 10 分)	□能够利用模板设置可视化应用的场景 □能够使用基本的图表 □能够进行可视化数据源的配置 □能运用物联网云平台实现可视化数据展示界面开发	较好达成□（≥32 分） 基本达成□（≥24 分） 未能达成□（≤23 分）
（附加分） (5 分)	□严格遵守 6S 管理制度，热心帮助小组其他成员	

技能提升

完成本任务后，思考在如图 4.5.17 所示的智慧小区安防系统中，如果设备上报了设备 WiFi 信息，能否利用 OneNET 物联网开放平台的第三方能力，解析为经纬度信息，并结合可视化项目，合理添加页面组件及新增地理位置数据源进行设备所处地理位置的可视化展示？

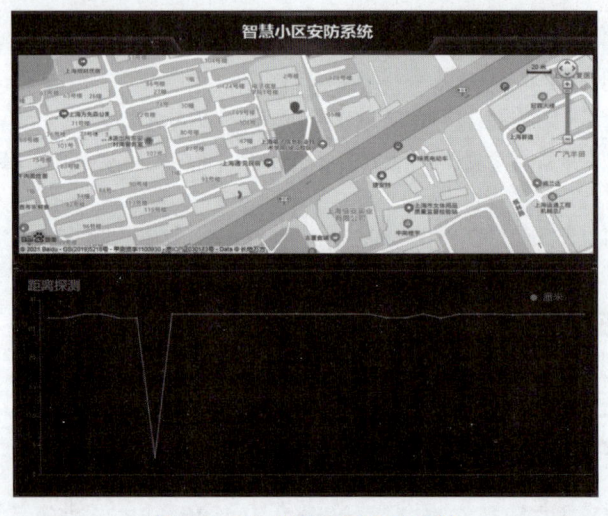

图 4.5.17 智慧小区安防系统

拓展阅读

智慧社区深入到人们的生活、工作、学习、医疗、娱乐等各个方面，与人们的生活息息相关，所承载的应用也将改变人们的生活方式。智慧社区的建设，是将智慧城市的概念引入社区，以社区群众的幸福感为出发点，通过打造智慧社区为社区百姓提供便利，从而加快和谐社区建设，推动区域社会进步。而基于物联网、云计算等高新技术的智慧社区，将是一个以人为本的智能管理系统，让百姓享受数字化、信息化带来的便捷性、高效性，同时也在潜移默化中提升了人们的信息化素养以及对数字化的理解。其中最明显的例子是"智慧社区数字孪生"，即利用现有的可视化技术，将社区内的建筑、道路、绿化等各种设施设备按照1∶1建模还原。并结合PBR物理渲染材质系统，渲染真实的小区环境效果。从而将社区内各子系统进行整合，利用三维可视化优势，有效解决社区管理成本高，效率低等问题。

如图4.5.18所示是"智慧社区数字孪生"的应用案例。

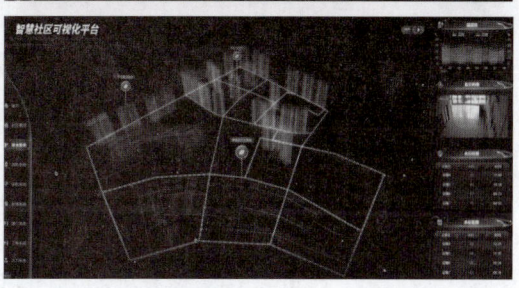

图 4.5.18　"智慧社区数字孪生"的应用案例

项目测评

1. 单选题

（1）关于数据的可视化，正确的说法是哪一项？（　　）

A. 是关于数据的理论研究方法　　　B. 供人和机器查看用

C. 能够使数据信息高效表达　　　　D. 不能以静态画面展示

（2）OneNET 平台内置了 MQTT 协议，它充当了 MQTT 协议的哪个参与角色？（　　）

A. 发布者　　　B. 订阅者　　　C. 消费者　　　D. 消息代理

（3）OneNET 平台创建 MQTT 设备时，数据协议选择以下哪一种？（　　）

A. XML　　　B. JSON　　　C. OneJSON　　　D. HTML

2. 多选题

（1）MQTT 协议支持哪些数据类型？（　　）

A. 整型（int）　　　　　　　B. 浮点数（float）

C. 字符串（string）　　　　　D. 布尔型（bool）

（2）关于数据可视化 View，说法正确的有：（　　）

A. 提供数据建模功能，快速打通大屏与数据库

B. 控件支持拖拽式编辑

C. 多数据源对接目前只支持 OneNET 平台的数据

D. 可通过代码编辑器对数据进行快速过滤筛选或逻辑加工

项目 5

物联网云平台创新应用

引导案例

2022年夏天，四川、重庆等地遭遇罕见高温天气，重庆多地发生山火，其中缙云山山火的火势最为猛烈，前后燃烧了整整5天。在决战缙云山山火的那一夜，无数消防官兵和志愿者在防火隔离带上筑起一道长约2 km的"灭火长城"，全力以赴守护家园。从民众到志愿者再到消防官兵，一次次蹈火出征，一轮轮爱心接力，一趟趟运送物资，汇聚起感动整座城市的温暖和力量，诠释了"奉献、友爱、互助、进步"的志愿者精神。2022年，重庆共发生森林火灾30起，受灾森林面积3056.7亩（1亩＝666.6 m²）。如图5.0.1所示是2022年8月25日，重庆市北碚区歇马街道山火"决战缙云山"现场。

图 5.0.1　2022 年 8 月 25 日，重庆市北碚区歇马街道山火"决战缙云山"现场

运用物联网云平台创新应用，建立智慧消防系统，通过智能感知、传输和计算等手段实现对火灾自动监测、自动灭火以及联动控制等功能的新型消防系统，赋能消防全面实时的预警能力和应急指挥能力，获取火灾现场的图像、语音和数据，消防数据采集和共享，实时掌握火情火势，并实施精准有效防火灭火。如图5.0.2所示是森林防火应急指挥。

图 5.0.2　森林防火应急指挥

职业能力

知识：
(1) 熟悉基于物联网云平台应用开发流程；
(2) 理解物联网云平台的 AI 能力；
(3) 了解物联网云平台增值服务与应用场景。
技能：
(1) 能够用流程图的形式描述基于物联网云平台开发流程；
(2) 能运用物联网云平台 AI 能力完成简易物联网系统的设计与实现；
(3) 能运用物联网云平台增值服务进行项目的创新拓展。
素质：
(1) 增强社会责任意识和爱国主义情怀；
(2) 具备自主学习与终身学习的能力；
(3) 关注新技术和新应用，激发创新思维。

学习导图

本项目将聚焦物联网云平台发展中的新技术与新应用，通过对课程整体的自主归纳学习，进一步熟悉物联网云平台的产品开发流程；通过将物联网云平台 AI 能力初步运用到智慧森林火灾检测系统的产品开发，进一步理解物联网云平台的 AI 能力等新技术，培养学生社会责任感；通过运用物联网云平台增值服务进行项目的创新拓展，了解物联网云平台的增值服务与典型应用，使学生能初步运用物联网云平台新技术进行项目的简单设计与开发，发展创新思维。

学习思维导图如图 5.0.3 所示。

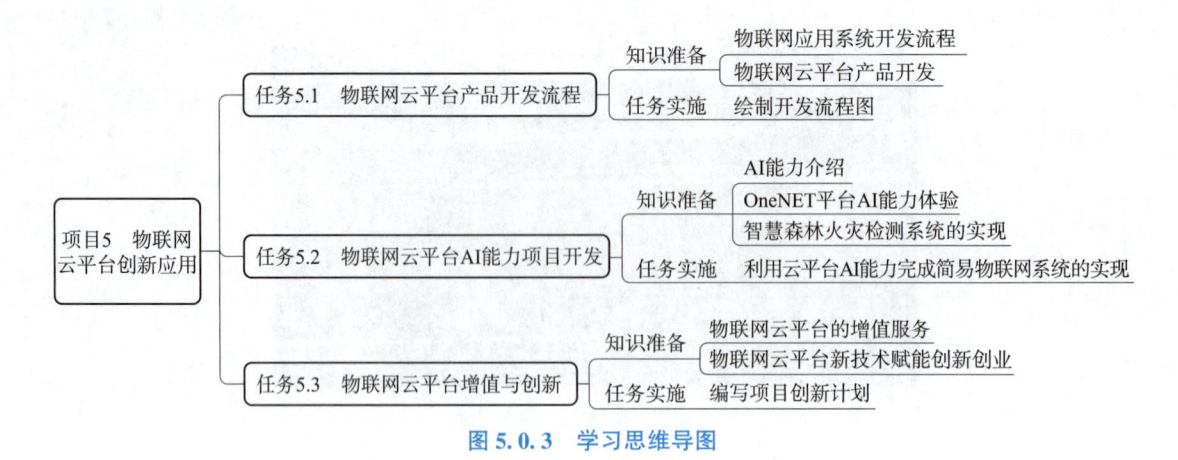

```
                              ┌─ 知识准备 ─┬─ 物联网应用系统开发流程
         ┌─ 任务5.1 物联网云平台产品开发流程 ─┤          └─ 物联网云平台产品开发
         │                    └─ 任务实施 ── 绘制开发流程图
         │
         │                              ┌─ AI能力介绍
         │                    ┌─ 知识准备 ─┼─ OneNET平台AI能力体验
项目5 物联网 ─┤                    │          └─ 智慧森林火灾检测系统的实现
云平台创新应用 ├─ 任务5.2 物联网云平台AI能力项目开发 ─┤
         │                    └─ 任务实施 ── 利用云平台AI能力完成简易物联网系统的实现
         │
         │                              ┌─ 物联网云平台的增值服务
         │                    ┌─ 知识准备 ─┤
         └─ 任务5.3 物联网云平台增值与创新 ─┤          └─ 物联网云平台新技术赋能创新创业
                              └─ 任务实施 ── 编写项目创新计划
```

图 5.0.3　学习思维导图

任务 5.1　物联网云平台产品开发流程

任务描述

某智能科技公司从事物联网产品设计，现承接了一个对森林防火预警的项目，需要基于物联网云平台设计一个智慧森林火灾检测系统，实现对森林环境的实时监测、数据分析、自动控制，以更加精准的方式实现区域环境监管，达到智能决策的目的，提高环境问题精准锁源、靶向治理水平。作为项目组成员，请你自主查阅任务 5.1、任务 5.2 中该项目的相关资料，通过预习了解项目开发关键步骤，并绘制该项目应用开发流程图。

根据任务描述，完成智慧森林火灾检测系统的咨询调研与自主学习，绘制该项目基于物联网云平台的应用开发流程，为系统开发做好准备。

知识准备

5.1.1　物联网应用系统开发流程

1. 软件的生存周期

软件（Software），包括程序（Program）、相关数据（Data）及其说明文档（Document），在计算机系统中与硬件（Hardware）相互依存。其中，程序是按照事先设计的功能和性能要求执行的指令序列，数据是程序能正常操纵信息的数据结构，说明文档包含与程序开发、维护和使用过程中的有关的各种图文数据。软件是一种抽象的逻辑实体；软件是一种通过智力活动，把知识与技术转化为信息的一种产品，它是在研制、开发中被创造出来的；在软件的运行和使用期间，没有硬件那样的机器磨损、老化问题，但是软件也存在退化问题，需要维护。

为了便于人们根据不同的应用要求选择相应的软件，也鉴于不同类型的工程对象对软件的开发和维护有着不同的要求和处理方法,对软件进行分类是必要的。软件根据功能分为系统软件、支撑软件和应用软件。

系统软件,是与计算机硬件紧密配合,使计算机的硬件与相关软件及数据进行协调、高效工作的系统,如操作系统、数据库管理系统、设备驱动程序以及通信处理程序等。

支撑软件,是协助用户开发软件的工具性软件,包括帮助程序人员开发软件产品的工具和帮助管理人员控制开发进程的工具。

应用软件,是在特定领域内开发、为特定目标提供服务的一类软件,其中商业数据处理软件占很大比例。

软件从开始计划起,到废弃不用止,称为软件生存周期(Life Cycle)。通常将软件生存周期分计划、开发、运行、维护4个时期,每一时期又可分为若干更小的阶段。开发时期可细分为需求分析、设计、编码、测试4个阶段,维护时期则是计划、开发、运行的循环。软件的生存周期各时期和阶段的关系如图5.1.1所示。

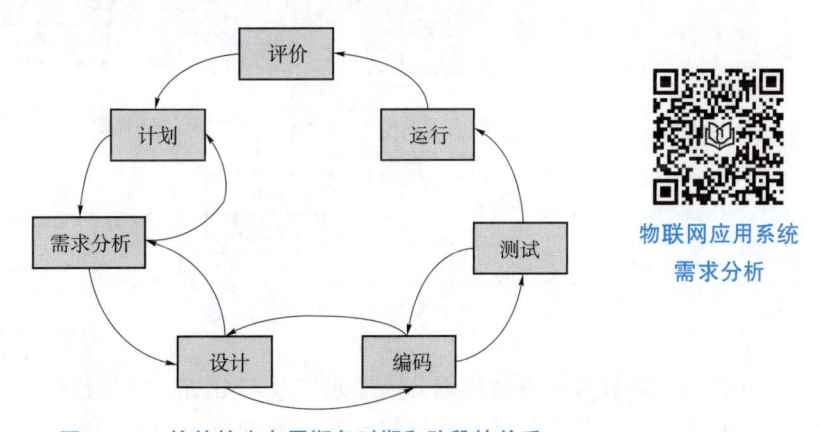

图 5.1.1 软件的生存周期各时期和阶段的关系

制订计划(Planning),主要确定软件的开发目标及其可行性,给出其在功能、性能、可靠性以及接口等方面的要求。

需求分析和定义(Requirement Analysis and Definition),包括需求的获取、分析、规格说明、变更、验证、管理等一系列需求工程。软件人员与用户共同讨论哪些需求是可以满足的,并且加以确切描述。然后编写出软件需求说明书或系统功能说明书,以及初步的系统用户手册,提交管理机构。

软件设计(Software Design),是软件工程的技术核心。设计人员应该建立一个与确定的各项需求相应的体系结构,这个结构保证每一部分都有一个明确的意义,针对需求的模块组成,对每个模块进行工作量描述。

程序编写(Coding and Programming),是软件开发过程中的生产步骤。将软件转化为计算机代码,用某一特定的计算机语言对功能进行描述。程序编写要求具有结构性、可读性,与设计要求一致。

软件测试(Testing),其目的是确认软件的质量,一方面是确认软件是否实现了预期目标,另一方面是确认软件是否以正确的方式来完成这个目标。

运行与维护(Running Maintenance),软件开发完成投入使用后可能因为各方面原因需要进行修改，如硬件变更、操作系统换代、平台移植等问题都可能需要对软件进行维护。

2. 软件的开发过程

目前，常见的软件产品开发过程一般分为瀑布式开发与敏捷式开发两种方式。瀑布式开发是指按照设计好的里程碑，进行接力式的产品开发。完成上一步之后才能进行下一步，这会导致产品生命周期变长，并且有大量的文档输出工作，非常耗时耗力。但瀑布式开发的优点就是它是一种严谨的开发方式，产品的开发之前有详细的设计文档，同时已经做了详细的人、财、物计算。瀑布模型如图 5.1.2 所示。

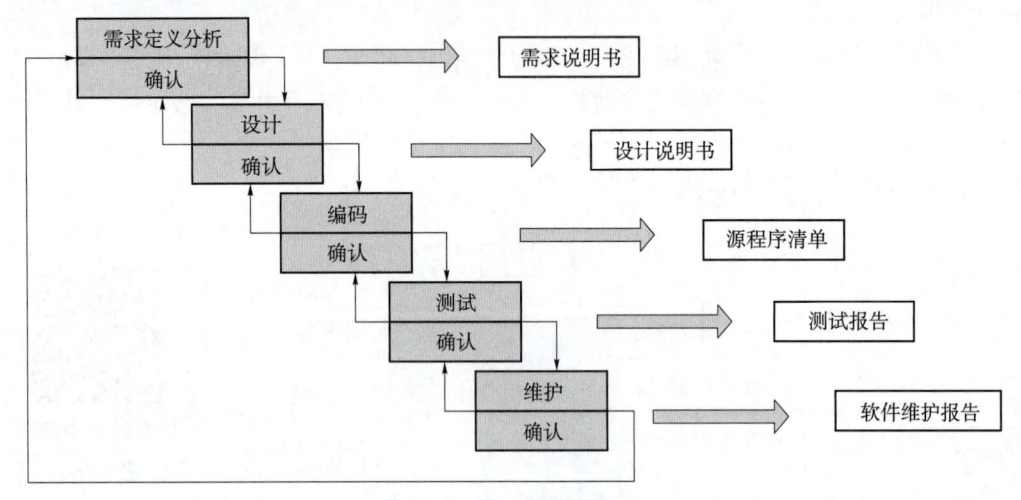

图 5.1.2 瀑布模型

瀑布模型，将软件开发过程划分为需求定义与分析、软件设计、软件实现、软件测试和运行维护等一系列基本活动，并且规定这些活动自上而下、相互衔接的固定次序，不难发现软件开发的瀑布模型与软件生存周期的每个阶段也相互对应。软件的开发流程也恰好是软件生存的全过程。

该模型支持结构化的设计方法，但它是一种理想的线性开发模式，缺乏灵活性，无法解决软件需求不明确或不准确的问题。瀑布模型的优缺点如下：

优点：

（1）严格规范软件开发过程，克服了非结构化的编码和修改过程的缺点。

（2）强调文档的作用，要求每个阶段都要仔细验证。

缺点：

（1）各个阶段的划分完全固定，阶段之间产生大量的文档，极大增加工作量。

（2）由于开发模型是线性的，用户只有等到整个过程的后期才能见到开发成果，中间提出的变更要求很难响应。

（3）早期的错误可能要等到开发后期的测试阶段才能发现，进而带来严重的后果。

敏捷式开发是指以用户的需求为核心，以当面沟通、测试等手段为驱动的软件迭代开发方式。这种方式开发速度快，产品生命周期短，非常适合互联网产品的开发。敏捷式开发是将一个较大的产品分为多个可以互相联系，并且能够独立运行的小产品，这些小产品可以并行开发，在此过程中产品一直处于可用状态。敏捷式开发与瀑布式开发的产品生命周期对比如图 5.1.3 所示。

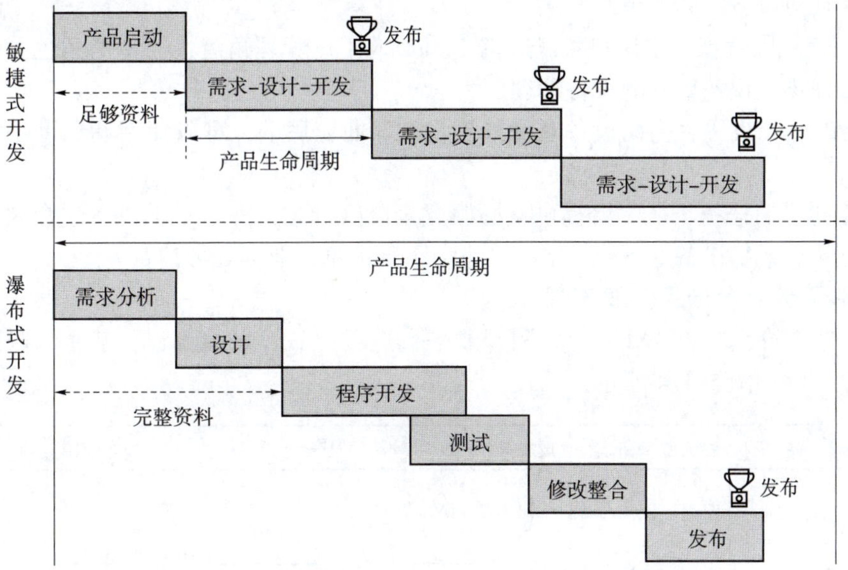

图 5.1.3 敏捷式开发与瀑布式开发的产品生命周期对比

5.1.2 物联网云平台产品开发

1. 物联网云平台产品开发工具

基于 OneNET 物联网开放平台定位新一代物联网平台，向下接入设备，向上承载应用。整合产业链上下游，向下整合终端设备接入与管理，向上延展物联网一站式应用开发，横向聚合增值能力，提供智能化数据分析，形成端到端完整链路物联网解决方案体系，打造物联网生态环境。

OneNET 物联网开放平台支持物模型定义，南北向解耦，可以并行开发，减少开发周期；丰富的接入协议，HTTP 推送支持接入规则引擎筛选；新增设备全链路日志查询，开发便捷；支持所有设备类型模拟，北向应用模拟，稳定性更佳。

北向主要功能介绍如下：

（1）北向数据对接：主要方式分 OneNET 主动推送，应用平台主动调取 API 查询或拉取数据。主动推送包括 HTTP 数据推送和 MQ 消息队列，目前 HTTP 数据推送为免费推送方式，HTTP 短链接，停用会丢失数据，不保证可靠性。MQ 消息队列为收费项目，实时性和可靠性好，用户可以根据业务需求自行选择。平台提供 API 接口调用，提供多种 RESTful API，用于可调用 API 获取设备数据、状态以及控制。应用长链接，通过 MQTT 客户端方式连接平台，订阅设备数据。

（2）设备分组管理：项目提供设备分组功能，用于在单个项目下实现自定义的设备资源组合及分组权限控制。例如，A 大楼、B 大楼的所有设备连入不同的分组，A 大楼、B 大楼的管理员可以独立地对设备进行管理。

（3）场景联动：一种开发自动化业务逻辑的编程方式，支持以设备数据、时间周期、第三方平台数据作为触发条件，当项目数据满足预设条件时，由系统自动执行预定义的业务逻辑，实现对设备的联动控制。

（4）用户权限管理：主用户可以邀请多人加入用户管理角色，为每个角色分配设备管理权限，方便不同设备厂商的设备管理。

（5）API 调试助手：南向设备开发如果没有北向应用端，可以使用调试助手进行调试工作。

（6）全链路日志查询：平台提供核心服务全链路日志，查看整个设备生命周期的所有事件日志记录，包括设备上下线、上行消息、下行消息、业务处理消息等。

2. 物联网云平台产品开发流程

本任务主要介绍在 OneNET 物联网开放平台进行产品开发的流程。基于物联网云平台的产品开发流程如图 5.1.4 所示。

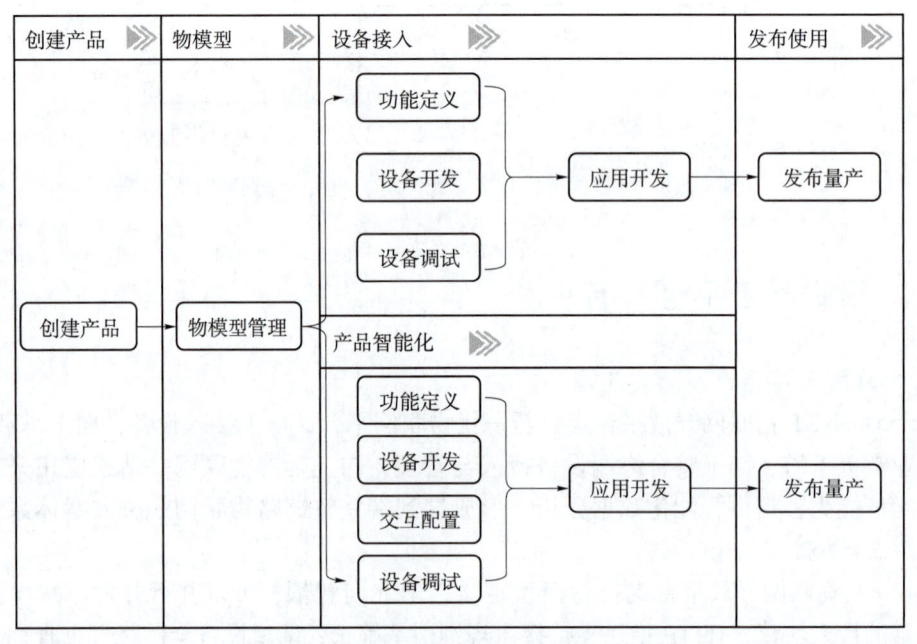

图 5.1.4　基于物联网云平台的产品开发流程

完整的应用开发包括以下四大步骤：创建产品、物模型、设备接入与产品智能化、发布使用。在创建产品之前，需要完成以下准备：

（1）了解 OneNET 提供的产品智能化方式，根据需求选择不同的产品智能化方式来开发产品，决定产品和 OneNET 平台双向通信时的交互方式。

设备接入：提供设备开发、设备调试、数据解析等功能，快速实现产品接入物联网平台，多适用于行业应用场景。

产品智能化：提供设备面板开发、场景联动、APP 控制等功能，快速完成产品智能化改造，多适用于智慧生活场景。

（2）了解产品开发方案，OneNET 提供了标准方案和自定义方案两种开发方案，标准方案由平台定义好具体产品品类的物模型和 APP 控制模板，可直接选择使用，自定义方案则需手动进行相关配置。

（3）了解接入协议和联网方式，需要根据不同的产品智能化方式和结合自身产品品类差异，选择不同的方式：①对于设备接入类产品，需要通过选择接入协议来确定设备接入方式，设备接入方式支持的接入协议有：MQTT、CoAP、LwM2M、HTTP 等。②对于产品智能化类产品，需要通过选择联网方式来确定设备接入方式，产品智能化方式支持的联网方式有：WiFi、NB-IoT、2G、4G、WiFi+蓝牙、蓝牙、红外、Thread 等。

第一步：创建产品，产品是一组具有相同功能定义的设备集合，创建产品是使用平台的第一步，快速创建产品后可定义产品功能、添加对应设备、进行设备开发、软硬件设备调试和发布量产，产品开发的全流程配置都在产品的基础上完成。进入 OneNET 平台后，单击"产品开发"按钮，进入产品列表页面，选择产品品类，选择智能化方式，完善产品基本信息。

第二步：物模型管理，物模型是对设备的数字化抽象描述，描述该型号设备是什么，能做什么，能对外提供哪些服务。物模型将物理空间中的实体设备数字化，在云端构建该实体的数据模型，即将物理空间的实体在云端进行格式化表示。在物联网平台中，物模型完成对终端产品形态、产品功能的结构化定义，包括终端设备业务数据的格式和传输规则。物模型在业务逻辑属于物联网平台的设备管理模块。用于实现不同设备能够以统一的物模型标准对接应用平台，不同应用之间能够以统一物模型标准进行数据互通。

物模型基础功能分为 3 类：属性、服务、事件，功能点数量不超过 100 个。物模型基础功能说明如表 5.1.1 所示。

表 5.1.1 物模型基础功能说明

功能类型	说明
属性	用于描述设备的动态特征，包括运行时的状态，应用可发起对属性的读取和设置请求
服务	用于描述终端设备可被外部调用的能力，可设置输入参数和输出参数。服务可实现复杂的业务逻辑，例如执行某项特定的任务，支持同步或异步返回结果
事件	设备运行时可以被触发的上行消息，如设备运行的记录信息，设备异常时发出的告警、故障信息等；可包含多个输出参数

功能类型分为 3 类：系统、标准、自定义，可为属性、服务、事件 3 者任意组合。物模型功能点类型说明如表 5.1.2 所示。

表 5.1.2 物模型功能点类型说明

功能类型	说明
系统功能点	此类功能点多数与平台提供的服务有关，如 LBS 定位服务、OneNET 设备认证服务等
标准功能点	此类功能点多数与产品行业类别相关，为标准行业产品抽象出的一套标准的功能点
自定义功能点	此类功能点为用户自定义，产品非标准设备，用户按设备实际情况添加设备功能点，自由度较大

在创建产品时，若在完善产品基本信息时，"开发方案"选择为：标准方案，则平台将自动带出创建产品品类关联的标准物模型功能点，可直接基于平台提供的标准功能点进行设备开发，同时，若标准物模型功能点无法满足需求，平台还支持根需求，自定义物模型

功能点，支持单个和批量添加功能点。

单击"产品开发"按钮，产品列表中对应产品的"产品开发"操作，进入物模型设置页面，完成单个添加物模型功能点或批量添加物模型功能点，并导出物模型模板。

第三步：一是设备接入类型，OneNET设备接入支持海量自研模组和成品智能设备上云，支持设备物模型（属性、事件、动作）、设备开发、设备调试、数据解析、实时监控、设备消息流转和平台应用开发等配套接入能力。

功能定义：

对于设备接入类产品，根据产品数据协议不同，功能定义类型略有不同。

OneJSON、透传/自定义格式：需定义物模型来进行功能定义，使用物模型功能点来组织设备数据上下行。

数据流格式：需定义数据流模板来进行功能定义，使用数据流与数据点来组织设备数据上下行。

IPSO格式：无须进行功能定义，仅LwM2M接入协议的产品可使用，采用OMA组织制定的标准数据流对象规范来组织设备数据上下行。

设备开发：

物联网平台支持标准MQTT、CoAP、LwM2M和HTTP协议接入，是物联网的重要组成部分。设备接入物联网平台之前，需通过身份认证，目前平台提供IMEI和设备秘钥两种鉴权方式，对于不同接入方式的设备，鉴权方式不同。在OneNET平台上正确创建产品及设备后，可以在"设备接入与管理 | 设备管理"页，选择具体设备，单击"详情"按钮，获取SDK使用产品ID、设备名称、设备密钥。

设备调试：

平台提供设备调试功能，解耦设备及应用开发工作。设备调试包括设备模拟器与应用模拟器两种类型，设备模拟器由平台在云端创建虚拟设备，按照真实设备接入流程进行上下行数据模拟，让应用在未获取真实设备的情况下即可进行开发，提升开发效率。应用模拟器则通过模拟应用调用云端API，完成对真实设备的下行功能测试。

二是产品智能化类型，产品智能化类产品与设备接入类产品物模型一致，都是对设备的数字化抽象描述，在物联网平台中，物模型完成对终端产品形态、产品功能的结构化定义。产品智能化类产品，同样需要使用OneNET平台统一的物模型能力来进行产品功能定义。若需要使用平台提供的标准设备控制模板来进行APP开发，请保证物模型功能点与标准控制模板支持的功能点一致，否则会导致设备控制模板相关功能无法使用。若需要自定义控制模板进行APP开发，可根据实际需求，自定义设置物模型功能点，自定义设置了功能点后，请根据物模型功能点自定义设备控制模板。产品智能化提供设备面板开发、场景联动、APP控制等功能，快速完成产品智能化。其数据模板采用设备接入物模型模板，所以产品智能化SDK使用与设备接入物模型SDK使用一致。

交互配置：

对于产品智能化类产品，支持使用和物APP对设备进行智能化控制，平台提供了产品展示配置、模板配置、配网引导、多语言配置、绑定方式配置、智能联动配置、消息推送配置、语音控制配置共8项APP智能化服务，这些功能配置项都可以通过OneNET为终端消费者提供优质的个性化产品体验，并且能够实时更新生效，无须重新更换硬件出货。对于智能化的产品，平台同样提供了设备调试功能，解耦设备及应用开发工作。

设备调试：

包括虚拟设备调试与真实设备调试。在产品创建完成，并完成了功能定义、APP 交互配置后，就可以进行虚拟设备调试，虚拟设备调试可模拟设备进行属性上报、事件上报操作。

第四步：发布量产，将产品发布上线后，APP 用户才可在和物 APP 中使用该产品，产品发布后功能定义将不能更改。

【小思考】

基于物联网云平台的开发是让系统开发更简易还是更复杂？

任务实施

1. 任务目的

（1）熟悉基于物联网云平台应用开发流程；

（2）能够用流程图的形式描述基于物联网云平台开发流程。

2. 任务环境

联网计算机一台、常用办公软件。

3. 任务内容

根据任务实施工单（见表 5.1.3）所列步骤依次完成以下操作。

表 5.1.3　任务实施工单

项目	物联网云平台创新应用		
任务	物联网云平台产品开发流程	学时	2
计划方式	分组完成、组内成员分工协作		
序号	实施步骤		
1	查阅资料了解物联网系统开发基本流程		
2	查阅资料了解基于物联网云平台的开发流程		
3	查阅资料了解智慧森林火灾检测系统开发实施的关键步骤		
4	资料分析与整理		
5	绘制项目开发流程图		
6	汇报展示		

任务评价

完成流程图绘制，进行任务检查与评价，采用小组互评等方式。任务评价单如表 5.1.4 所示。

表 5.1.4 任务评价单

项目	物联网云平台创新应用	成员姓名	
任务	物联网云平台产品开发流程	日期	
考核方式	过程评价	本次总评	
职业素养 （20分，每项10分）	□具备自主学习的能力 □具备终身学习的能力		较好达成□（≥16分） 基本达成□（≥12分） 未能达成□（≤11分）
专业知识 （40分，每项20分）	□熟悉物联网应用系统开发流程 □熟悉基于物联网云平台应用开发流程		较好达成□（≥32分） 基本达成□（≥24分） 未能达成□（≤23分）
技术技能 （40分，每项20分）	□积极调研学习项目的相关资料 □完成物联网云平台开发流程图的绘制		较好达成□（≥32分） 基本达成□（≥24分） 未能达成□（≤23分）
（附加分） （5分）	□在本任务实训过程中提出自己的独特见解		

任务 5.2 物联网云平台 AI 能力项目开发

任务描述

在熟悉物联网平台项目开发流程后，我们可以尝试自主学习物联网云平台的 AI 能力，完成对物联网云平台 AI 能力的认知体验，使用 AI 能力赋能新项目开发。通过本部分学习，创建智慧森林火灾监测项目，创建相应的产品，定义物模型，添加设备，使用云平台 AI 能力的图像监测功能，完成在新项目中对火灾现场图像的识别与检测，并返回检测数据。

知识准备

5.2.1 AI 能力介绍

1956 年，科学家在达特茅斯会议（Dartmouth Conference）上提出人工智能（AI）这个概念，人工智能技术已经进入到人民的生活，各种基于人工智能的产品也在不断丰富和改变着我们的生活。人工智能技术是研究用于模仿、延伸和扩展人类智能的理论、方法、技术及应用系统的一门新的技术。人工智能技术从本质上来看是模仿人类智能的技术，人工智能技术对人类智能的模仿如图 5.2.1 所示。

如今有很多与人工智能技术相关的研究领域和技术，如图像处理、视频分析技术、文字识别技术、自然语言处理、语音识别技术等。互联网的高速发展使人类社会进入了大数据时代，大数据对人工智能的发展起到了积极的推动作用。在硬件方面，图形处理器（Graphics Processing Unit，GPU）、现场可编程门阵列（Field-Programmable Gate Array，FPGA）等的发

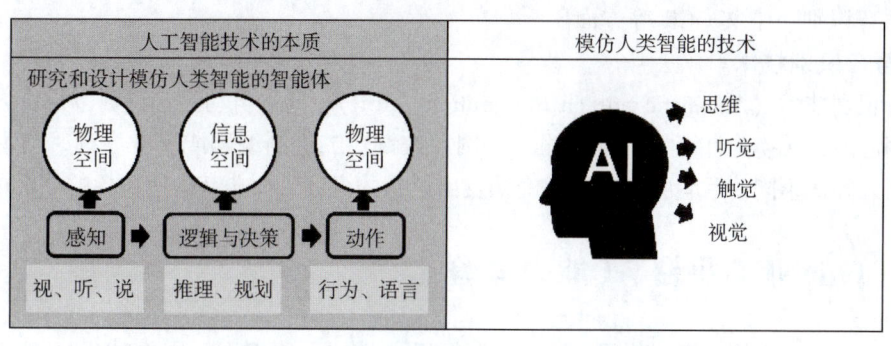

图 5.2.1　人工智能技术对人类智能的模仿

展使数据处理能力大幅提高，云平台、摄像采集终端、各类数据传感器等基础设施的发展则为数据的采集、存储、开发提供了良好的载体。在软件方面，各类人工智能产品框架的发展，以及各种算法、网络模型的优化迭代等为人工智能技术的应用创造了有利条件。基于硬件与软件的高速发展，人工智能技术将更好地为生活服务。

1. 图像识别技术

图像处理是人工智能技术应用的热点方向。基于卷积神经网络（Convolutional Neural Networks，CNN）对图像进行特征提取，机器可以自动完成图像识别、图片分类、图像目标监测等任务。人脸识别是人工智能技术在图像处理领域的重要应用，通过对人面部特征进行提取和对比，达到人脸识别的效果。

2. 视频分析技术

视频分析技术（Intelligent Video System，IVS）是使用计算机图像视觉分析技术，将场景中背景和目标分离进而分析并追踪在摄像机场景内出现的目标。用户可以根据视频的内容分析功能，可以在不同摄像机的场景中预设不同的报警规则，一旦目标在场景中出现违反预定义规则的行为，系统会自动发出报警，监控工作站自动弹出报警信息并发出警示音，用户可以通过单击报警信息，实现报警的场景重组并采取相关措施。

3. 文字识别技术

文字识别技术是一种将图像中的文字区域转化为可编辑文本的技术，也被称为光学字符识别（Optical Character Recognition，OCR）技术。OCR 技术主要应用于数字化图书馆、企业文档管理、银行支票处理、自动识别车牌等。OCR 技术的主要原理是将图像处理为二值图像，通过对其进行分割、特征提取等处理，将其转化为可编辑文本。其识别率受到多种因素影响，如图像质量、字体、字体大小、字体排版等，因此需要通过各种优化手段来提高识别率。在 OCR 技术使用过程中，还需要考虑对隐私的保护，避免个人信息的泄露等问题。

4. 自然语言处理

自然语言处理（Natural Language Processing，NLP）是通过人工智能技术对人类语言进行分析、挖掘的一系列过程，其中包括语义理解、智能问答、语料资源建设、内容分析等几大模块。进行自然语言处理首先需要用已经标注好的语料作为数据进行训练，通过马尔科夫链（Markov Chain，MC）、长短时记忆（Long Short-Term Memory，LSTM）神经网络等一系列人工智能技术对数据进行训练从而获得算法模型。自然语言处理是一个很大的方向，主要应用于机器翻译、舆情监测、自动摘要、观点提取、文本分类、问题回答、文本语义对比、语音识别、中文 OCR 等方面。

5. 语音识别技术

语音识别技术（Automatic Speech Recognition，ASR），又称自动语音识别，是将人类的语音中的词汇内容转换为计算机可读的输入，例如按键、二进制编码或字符序列。与说话人识别及说话人确认不同，后者尝试识别或确认发出语音的说话人而非其中所包含的词汇内容。

5.2.2　OneNET 平台 AI 能力体验

OneNET 平台为使用者提供了 AI 平台，包括人脸与人体识别、图像技术、视频分析技术、文字识别、自然语言处理、数据智能等丰富的 AI 能力，构建 AI 感知基础平台，赋能数字新基建。OneNET 平台 AI 能力介绍如下。

人脸与人体识别：基于人脸和人体的生物识别技术，提供人脸监测、人脸对比、人脸搜索、人脸属性分析、人体监测等能力。

图像技术：对图像中的主要特征进行识别定位，提供图像处理、车辆检测、火灾检测、安全帽检测、宠物识别、内容评测等能力。

视频分析技术：分析并追踪在摄像机场景内出现的目标，提供运动检测、视频浓缩、猪群计数、内容评测、车辆检测等能力。

文字识别：提供多场景下精准图像文字识别技术服务，提供图像抄表、图像车牌识别、合同内容识别、表格内容识别、增值税发票识别等能力。

自然语言处理：实现自然语言在人与计算机之间的有效通信，提供词法分析、词向量、情感分析、对话机器人等能力。

数据智能：洞察用户数据，提取有用信息，打开信息孤岛之门，提供数据聚合分析、温度预测等能力。

用户可以进入 OneNET 平台的 AI 平台，选择其中的 AI 能力进行体验，例如人脸对比，运用人脸对比技术，进行人脸相似度计算。用户可以直接在 AI 平台中上传两张人脸图片，单击"开始检测"按钮，平台会返回人脸相似度值。主要用于身份验证，比如在智能手机或电脑的登录验证、人证合一验证、会场签到等，提高用户体验。AI 能力人脸对比体验如图 5.2.2 所示。

图 5.2.2　AI 能力人脸对比体验

5.2.3 智慧森林火灾检测系统的实现

物联网云平台提供了丰富的 AI 能力，并且还在不断更新。在全球变暖和极端气候的影响下，森林防火面临着更加严峻的考验，通过物联网云平台 AI 赋能帮助构建智慧森林火灾检测系统，能更快速、更准确防治火灾。

1. 火灾检测实现手段

物联网云平台为火灾检测提供了多种实现手段，如图像识别火灾检测、烟雾浓度检测、视频火灾检测等。其中 OneNET 平台的图像技术火灾检测是基于图像处理的火灾智能检测。通过快速评测每张目标图片是否含火灾成分（火焰、烟雾等），并给出相应评分；分数越高，火灾可能性越大，反之越小。OneNET 平台图像技术火灾检测效果如图 5.2.3 所示。

图 5.2.3 OneNET 平台图像技术火灾检测效果

使用场景主要有室内火灾监测、森林火灾监测。室内火灾监测适用于室内空间对火灾的监控，告别传统的红外传感器和烟雾传感器，及时有效地判断火灾源并以此减小火灾带来的损失。森林火灾监测中适用于森林的防火安全管理，传统的森林火灾监测方式单一，实时但准确率不高，火灾识别技术可对森林火灾及早识别预警，为火灾应急工作争取宝贵时间。

2. OneNET 平台火灾检测能力

使用 OneNET 平台 AI 能力的火灾检测能力进行应用开发，构建智慧森林火灾监测系统。参照 OneNET 平台 AI 能力的"火灾检测"技术文档，了解其能力说明与要求。

接口能力：快速评测每张目标图片是否含火灾成分（火焰、烟雾等），并给出相应评分；分数越高，火灾可能性越大，反之越小。

图片格式：现支持 PNG，JPG，JPEG，BMP，不支持 GIF 图片。

图片大小：上传图片大小不超过 2M。

OneNET 平台火灾检测能力的 API 调用方式如表 5.2.1 所示。

表 5.2.1　OneNET 平台火灾检测能力的 API 调用方式

请求方式	POST
url	http://ai.heclouds.com:9090/v1/aiApi/picture/FIRE_DETECTION
http-header	token：×××××××××××××××× //通过 AI Key 和 Secret Key 鉴权（推荐使用）获取的 access-Token 或 Login-Token：×××××××××××××××× //通过账户名密码鉴权获取的 logingToken Content-Type：application/json

request-body	{
	　"type"："GPU"，//可选参数，"GPU"表示使用 GPU 版本 API，否则使用 CPU 版本 API
	　"picture"：["String"] //一张图片的 base64 图片编码
	}

3. 基于 OneNET 平台火灾检测的实现

使用 Visual Studio 2022 开发智慧森林火灾检测系统，将火灾现场的图片及时上传到火灾检测系统，火灾检测系统通过 HTTP 请求，将图片发给 OneNET 物联网开放平台进行火灾检测，并返回检测结果到应用端。具体操作步骤如下：

步骤 1：在 OneNET 物联网开放平台上创建 HTTP 产品"智慧森林火灾监测系统"，接入协议 HTTP，数据协议 OneJSON。

步骤 2：导入物模型，将准备好的 JSON 文件中的产品 ID 修改为当前的产品 ID，保存为 JSON 格式。导入物模型可以看到已经添加的两个功能点。单击"保存"按钮保存物模型。

物模型定义的两个功能点信息如表 5.2.2 所示。

表 5.2.2　物模型定义的两个功能点信息

功能类型	功能名称	标示符	数量类型	取值	读写类型
属性类	AI 检测结果	AiRecord	struct（结构体）	—	读写
属性类	烟雾浓度	SmokeScope	double（双精度浮点型）	取值范围：0~65535；步长：0.01；单位：$\mu g/m^3$	读写

步骤 3：创建基于 HTTP 的设备 HTTP001，查看设备属性信息。

步骤 4：创建云平台 AI 能力，在 OneNET 首页单击"开发者中心"按钮，进入 OneNET 物联网开放平台服务主页，进入"AI 平台"的图像技术，选择"火灾检测"，在"数据管理"菜单中选择"AI 能力管理"，创建能力"火灾检测"。

步骤 5：在 Visual Studio 中打开准备好的项目"FIreAlarmSystem.sln"（见图 5.2.4），按照云平台中创建的 HTTP 产品和设备修改项目程序中对应的产品 ID、设备名称、设备 KEY、AI KEY 等。

步骤 6：上传检测的火灾图像，同时将检测结果上传到云平台，通过解析数据，给出火灾图片识别的置信度进行火灾判别，弹出消息框，反馈给系统用户。反馈检测结果如图 5.2.5 所示。

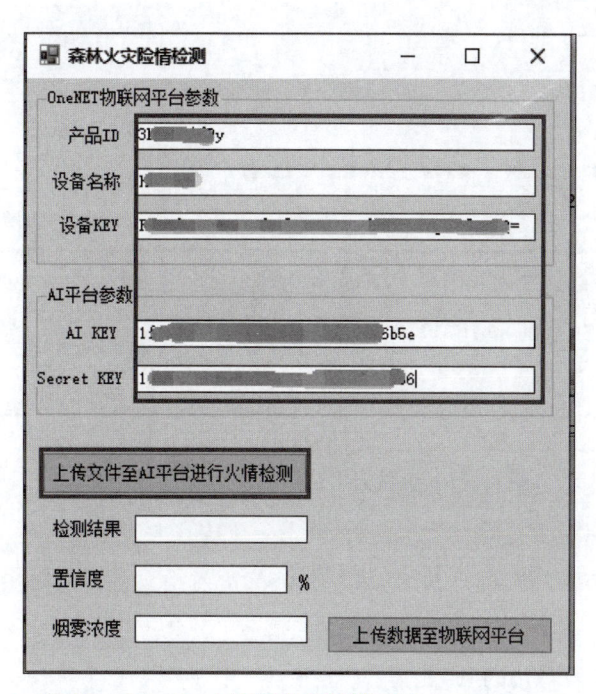

图 5.2.4　在 Visual Studio 中打开准备好的项目 "FIreAlarmSystem.sln"

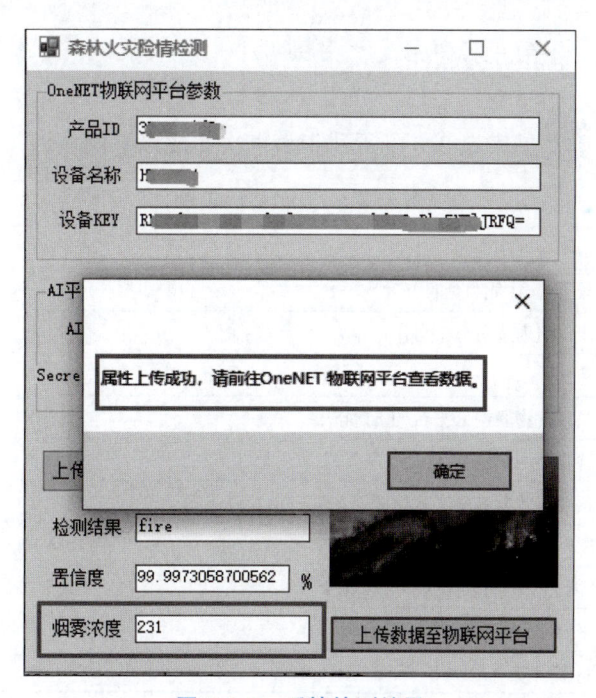

图 5.2.5　反馈检测结果

步骤 7：查看云平台中设备属性的数据结果，在 "设备接入管理" 的 "设备详情" 页面中查看设备 "属性"，在对应属性 "AI 检测结果" 和 "烟雾浓度" 属性中均显示上报数据，如图 5.2.6 所示。

213

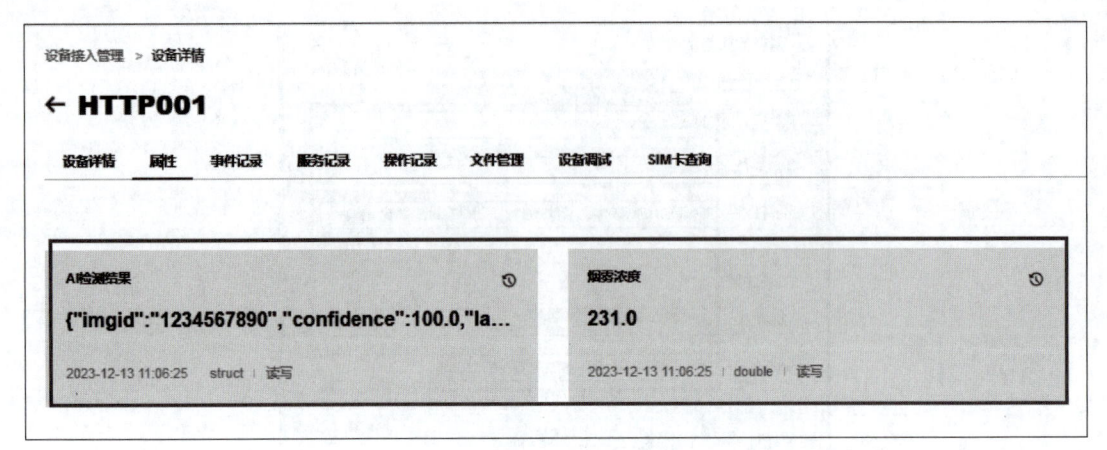

图 5.2.6　查看云平台中设备属性的数据结果

任务实施

1. 任务目的

（1）理解物联网云平台的 AI 能力；

（2）能运用物联网云平台 AI 能力完成简易物联网系统的设计与实现。

2. 任务环境

联网计算机一台、常用办公软件。

3. 任务内容

根据任务实施工单（见表 5.2.3）所列步骤依次完成以下操作。

表 5.2.3　任务实施工单

项目	物联网云平台创新应用		
任务	物联网云平台 AI 能力项目开发	学时	4
计划方式	分组完成、组内成员分工协作		
序号	实施步骤		
1	查阅资料理解物联网云平台的 AI 能力		
2	在线体验物联网云平台 AI 能力		
3	查阅资料熟悉智慧森林火灾检测系统实现的关键步骤		
4	创建物联网云平台产品、设备，导入物模型		
5	创建 AI 能力，完成火灾检测数据提交		
6	查看云平台设备实时数据		
7	撰写项目实训报告		

任务评价

完成智慧森林火灾检测系统的实现，进行任务检查与评价，采用小组互评等方式。任务评价单如表 5.2.4 所示。

表 5.2.4　任务评价单

项目	物联网云平台创新应用	成员姓名	
任务	物联网云平台 AI 能力项目开发	日　　期	
考核方式	过程评价	本次总评	
职业素养 (20 分，每项 10 分)	□增强社会责任意识和爱国主义情怀 □具备自主学习与终身学习的能力	较好达成□　(≥16 分) 基本达成□　(≥12 分) 未能达成□　(≤11 分)	
专业知识 (40 分，每项 20 分)	□理解物联网云平台的 AI 能力 □了解物联网云平台增值服务功能	较好达成□　(≥32 分) 基本达成□　(≥24 分) 未能达成□　(≤23 分)	
技术技能 (40 分，每项 10 分)	□能够深入体验平台页面的 AI 能力 □能够正确创建并定义产品与设备 □能够正确创建 AI 能力并接收到检测数据 □完整的撰写项目实训报告	较好达成□　(≥32 分) 基本达成□　(≥24 分) 未能达成□　(≤23 分)	
(附加分) (5 分)	□在本任务实训过程中能够主动积极完成，并帮助其他同学完成		

任务 5.3　物联网云平台增值与创新

任务描述

在完成智慧森林火灾检测项目应用开发体验后，项目实现了对火灾现场图像的识别与检测，可返回检测数据。现请你思考基于物联网云平台的增值服务，运用新技术优化智慧森林火灾检测项目，从基本功能火灾的实时检测，拓展到火灾预警通知、火灾现场的精准定位、森林消防与急救的联动等，完成基于物联网云平台智慧森林火灾检测系统的创新设计。

知识准备

5.3.1　物联网云平台的增值服务

云计算平台也称为云平台，是指基于硬件资源和软件资源的服务，提供计算、网络和存储能力。云计算平台可以划分为 3 类：以数据存储为主的存储型云平台、以数据处理为主的计算型云平台以及计算和数据存储处理兼顾的综合云计算平台。

云平台的服务类型分为 3 类：软件即服务、平台即服务、附加服务。软件即服务的应用完全运行在云中。软件即服务面向用户，提供稳定的在线应用软件。用户购买的是软件的使用权，而不是购买软件的所有权。用户使用网络接口便可访问应用软件。平台即服务，一个云平台为应用的开发提供云端的服务，而不是建造自己的客户端基础设施。例如，应用程序的开发者在云平台上进行研发，云平台为开发者提供稳定的开发环境。附加服务，即安装在本地的应用程序可以通过访问云中的特殊应用服务来加强某些功能。

OneNET 云平台提供了 OneNET 物联网开放平台及开发板入门等基础服务，同时增加了丰富的增值服务：数据可视化 View、消息队列 MQ、位置能力 LBS、语音通话 VCS、工业标识、人工智能 AI 等，针对不同需求的用户，提供更全面、更安全、更稳定的服务。

1. 消息队列 MQ

消息队列 MQ 可作为规则引擎对接的扩展增值服务使用，可形成具备设备接入、设备管理、消息分发、应用承载能力的高性能服务组合。服务特点有消息缓存、削峰去谷、自定义消息过期时间、配置消息锁定时间实现最多消费一次与至少消费一次、顺序消息、消息回溯、单点消费与集群消费等。与 OneNET 同为数据推送场景服务的 HTTP 数据推送相比，消息队列 MQ 具有较低时延、支持消息缓存、集群消费、消息回溯、一对多消费模式等优势。消息队列 MQ 服务示意图如图 5.3.1 所示。

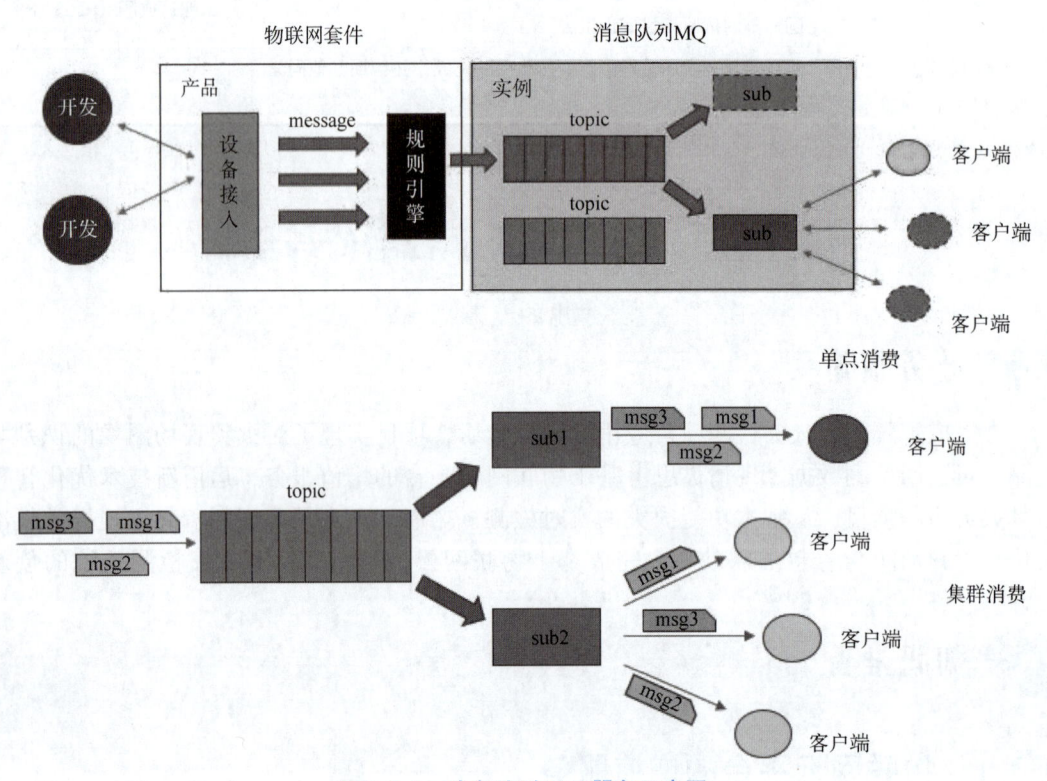

图 5.3.1 消息队列 MQ 服务示意图

2. 位置能力 LBS

位置能力为用户提供高效、准确的定位服务，目前支持基站定位服务、WiFi 定位服务与高精度定位。方便快捷地接入使用流程，超大的免费日配额，低成本的使用方式，让物联网企业可以更加灵活地对智能硬件进行位置管理，从而降低企业研发、运营和运维成本。具体操作参照开发指南进行，用户首次使用位置能力服务时，需要登录开发者中心开通服务。

OneNET LBS 高精度定位为用户提供高效、准确的基于卫星定位技术的定位能力，除少数无人区外全部覆盖，网络覆盖全面可靠，能实现高精度定位、最新轨迹查询和历史轨迹查询等功能。具有低功耗、广覆盖、高精度等产品优势。通过数据点上传的方式实现经纬度信息快速获取，同时可搭配 OneNET 应用编辑器地图应用服务，为个人和企业开发者提供快速高精度定位开发集成服务。适用于对接入 OneNET 平台的智能硬件进行位置定位，用户可通过上报智能硬件设备 ID 至数据接收模块，根据高精度定位结果来获取对应的地理位置信息。

高精度定位服务目前仅支持 MQTT 协议进行接入，并且设备的数据协议必须为 OneJSON 格式，用户需要在物模型设置界面添加两个系统功能点：$ OneNET_LBS_HPP 用于设备上传的系统功能点和 $ OneNET_LBS_HPP_DF 用于平台下发的系统功能点。详细说明可查阅 OneNET 物联网开放平台/增值服务/位置服务/高精度定位/开发指南。

3. 语音服务

OneNET 平台提供了智能语音和语音通话增值服务。智能语音 SVS 是 OneNET 平台为开发者提供的智能语音交互能力，提供全链路灵活可定制的语音交互能力以及行业的定制化技能开发，同时支持日常技能调用，包括天气、股票、新闻、小说等，为硬件、云端赋予多样化的对话服务支持，让您的产品能听会说，提升用户体验。应用在智慧酒店场景，提供语音与智能设备的交互，支持语音控制酒店设备、语音呼叫客房、酒店信息咨询、自定义播报内容等服务。应用在智能垃圾分类场景，可面向社区垃圾投放站、商业区垃圾投放点提供垃圾分类语音问答服务，准确回答垃圾所属分类等。具有适配设备，支持多种形态设备及应用接入，语义引擎提供对话交互、模型训练和个性化播报等功能。

语音通话 VCS 是 OneNET 平台全新推出的以云服务的方式提供的语音通话能力，支持语音通知、语音验证码功能，具有高可用、高并发、高质量的特点。解决传统通知不及时、短信易忽略的问题。平台用户拨打电话，将文字、验证码信息通过语音播报的形式传达给用户。语音通知可用于运维告警、故障提醒、紧急通知、配送服务等场景，可作为短信通知的有效补充，通过电话的强提醒模式，第一时间通知到客户，解决通知不及时的问题。语音验证码可用于应用登录、用户注册、支付确认、密码找回等场景，可作为短信验证的强有力补充，防短信被盗或拦截，或用于代替短信验证码，防止恶意注册，自动刷单等。

4. 工业标识

OneNET 平台通过将工业互联网标识解析和 OneNET 设备管理能力结合，通过提供标准物模型数据模板，自动为每一个物联网感知设备注册和更新标准且唯一的身份标识数据，从而实现异构、异主、异地的设备信息的查询和共享，打通信息隔离，促进形成基于标识的信息互联世界，为各类物联网感知设备接入工业互联网做铺垫。目前物联网设备标识一直处于混乱、竞争的状态，未实现统一标识；物联网感知设备的身份大多还是由厂家来自己指定，而标准之间也存在差异性，标识不统一，连接还是呈竖井状连接，导致碎片化严重。

具有构建国家级基础设施、专业编码体系和赋能创新应用的三大产品特性。通过构建"统一管理、互联互通、安全可靠"的标识解析体系网络基础设施，广泛覆盖并提供稳定服务；实现了行业统一标识认可，且具有良好的可扩展性和兼容性；以工业互联网二级节点为抓手，推动工业互联网标识解析体系集成创新应用，培育标识解析产业生态。物联网云平台工业标识的核心业务流程如图 5.3.2 所示。

企业节点申请 → 托管服务申请 → 标识数据模板配置 → 设备注册工业标识

图 5.3.2　物联网云平台工业标识的核心业务流程

5.3.2　物联网云平台新技术赋能创新创业

1. 从技术到产品

精益创业之父 Steve Blank 曾培训了 500 个科学家团队，辅导了 261 个成型创业项目，但总共只融资了 4 900 万美元。他总结了导致这个结果的一个很重要的原因——很多科学家往往很不愿意承认自己不具备把技术商业化的洞察力与能力。如图 5.3.3 所示，在科研环境成长的科学家，一部分人的一大特质是追求科研突破，要做前所未有的东西出来，"别人没做过"才是他们的唯一衡量标尺，至于能不能创造价值、能不能赚钱，这些因素反而考虑得不够深入。因此不必惊讶以这样的心态做出来的产品可能不接地气、难以盈利。

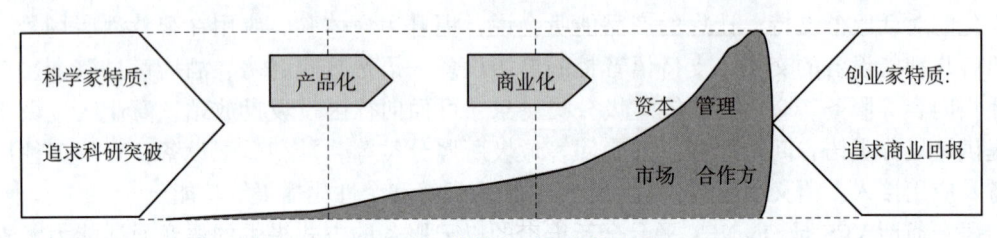

图 5.3.3　从技术到商业化产品

在科学家主导的关键技术之外，还需补齐商品化、产品化方面的能力，这部分能力的缺失会导致科研成果向商业化转化的比例降低，除了技术，产品、商业化能力同等重要。从技术到商业化产品的转化过程如图 5.3.4 所示。

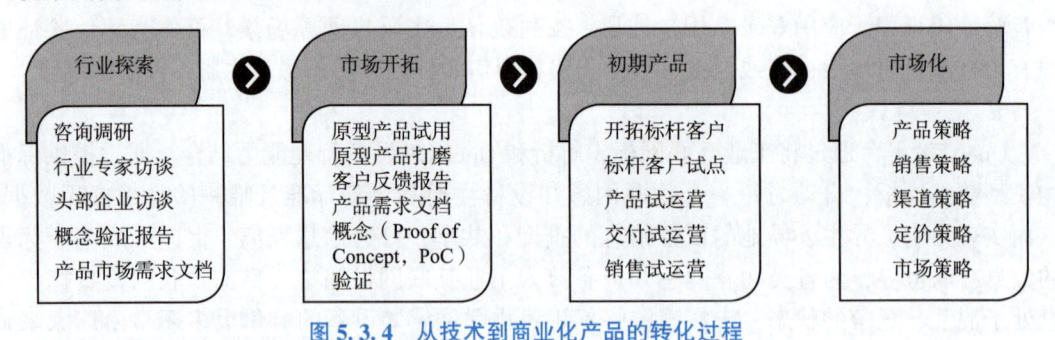

行业探索	市场开拓	初期产品	市场化
咨询调研 行业专家访谈 头部企业访谈 概念验证报告 产品市场需求文档	原型产品试用 原型产品打磨 客户反馈报告 产品需求文档 概念（Proof of Concept，PoC）验证	开拓标杆客户 标杆客户试点 产品试运营 交付试运营 销售试运营	产品策略 销售策略 渠道策略 定价策略 市场策略

图 5.3.4　从技术到商业化产品的转化过程

2. 物联网云平台的行业创新案例

物联网云平台不断更新完善技术与服务，提供多场景解决方案，加速行业智能。

（1）物联网云平台解决智慧城市运营中心的应用。

运用 OneNET 构建城市物联网平台，承载市政、能源、公共安全、环保、消防、交通等多个行业的感知终端接入。通过数据中台为各个部门提供数据共享，打破数据孤岛。运用人工智能、可视化等技术建立城市运营中心，掌控整个城市运行状况，更好地治理城市。

同时提供智慧交通、智慧医疗、智慧环水、空气微站、智慧安监、智慧经服等行业应用，与运营中心协同治理城市。物联网云平台城市运营中心项目场景设计如图5.3.5所示。

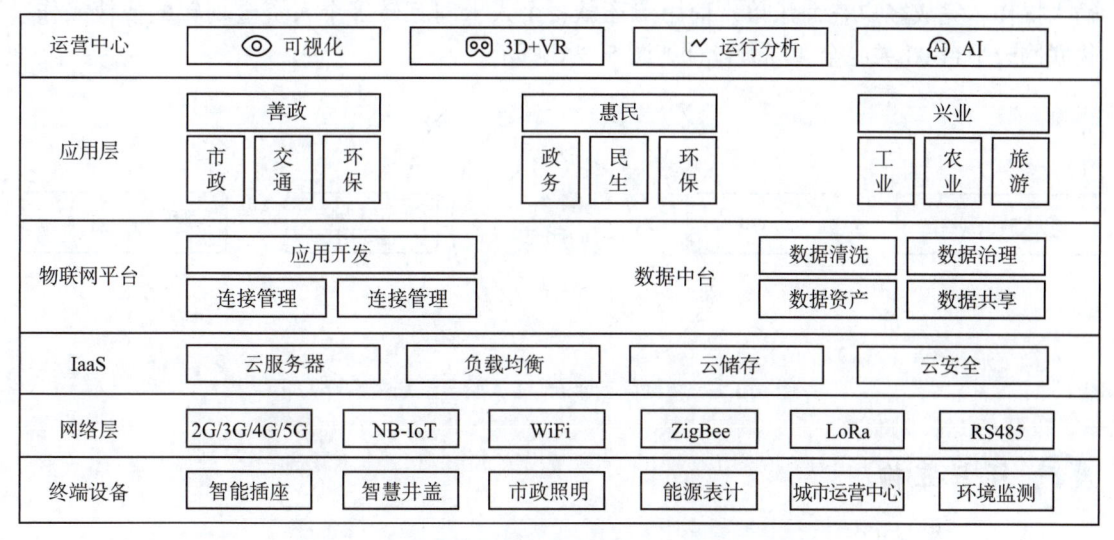

运营中心	可视化	3D+VR	运行分析	AI
应用层	善政（市政 交通 环保）	惠民（政务 民生 环保）		兴业（工业 农业 旅游）
物联网平台	应用开发 / 连接管理 / 连接管理	数据中台	数据清洗 / 数据资产	数据治理 / 数据共享
IaaS	云服务器	负载均衡	云储存	云安全
网络层	2G/3G/4G/5G	NB-IoT	WiFi	ZigBee	LoRa	RS485
终端设备	智能插座	智慧井盖	市政照明	能源表计	城市运营中心	环境监测

图5.3.5 物联网云平台城市运营中心项目场景设计

深圳市智慧龙华项目，为践行深圳市建设新型智慧城市的战略部署，结合龙华区自身实际情况，把龙华区建设成全国智慧城市示范区。通过搭建统一的智慧城市物联管控平台OneNET，用于承载"智慧龙华"项目中公共安全感知、交通运输感知、环保感知、市政感知和消防感知等各类物联网设备的接入和应用管理。结合专业的自动化监测设备和可靠的数据传输通道，实现地质灾害监控点的实时监测、数据收集与阈值预警，便于提前做好防灾减灾预备工作。通过先进的三维成像技术集中展示各类预警信息、灾害点信息、气象数据和灾情现场信息，集中管理和处理各类灾情报送信息、应急调查信息、处置信息，结合专家视频语音会商与预案配置功能，为应急指挥决策提供支持。使用最新的GIS技术对群策群防信息、灾害特征数据、预案与防治信息、自动监测数据、危房信息数据、地理空间数据进行统一管理，实现对地质灾害空间信息、现场监测信息的立体展示、数据查询、统计和分析。

（2）物联网云平台解决智慧城市市政照明中的应用。

基于OneNET平台，实现对市政设备的远程集中控制与管理，具有可视化远程控制、故障主动报警、防盗监控以及扩展其他传感应用等功能。基于OneNET协议兼容特性，实现不同厂家的设备协议兼容和互通。湖南长沙、江苏南京智慧路灯项目，安装基于OneNET的NB-IoT智慧路灯控制器，实现路灯的远程控制、参数上报、在线管理等功能。依托物联网云平台，对城市所管辖的设施实施智能化监控、数字化、网络化和空间可视化管理。OneNET能力提供全域感知、设备管理、数据可视化和应用赋能等。大幅提升公共管理水平，节约资源，降低运维成本，增加附加收益。建立一套科学完善的监督评价体系，并实现政府信息化建设现有相关资源的共享，提高城市管理水平，创建宜居城市，提升城市品位，构建和谐社会。

（3）物联网云平台解决AI人脸金融中的应用。

基于OneNET平台，支持接入一系列金融硬件终端，构建金融资产管理等应用，赋能金融客户。目前该解决方案主要用于银行等金融机构内，通过人脸识别代替传统的个人资料手动输入，支持全网范围内对客户身份及信用背景进行识别和关联。可替代传统的密码输入操作，完成客户查询账单、信用卡还款、个人卡间互转等个人资金划转的便捷操作。物联网云平台 AI 人脸金融场景设计如图 5.3.6 所示。

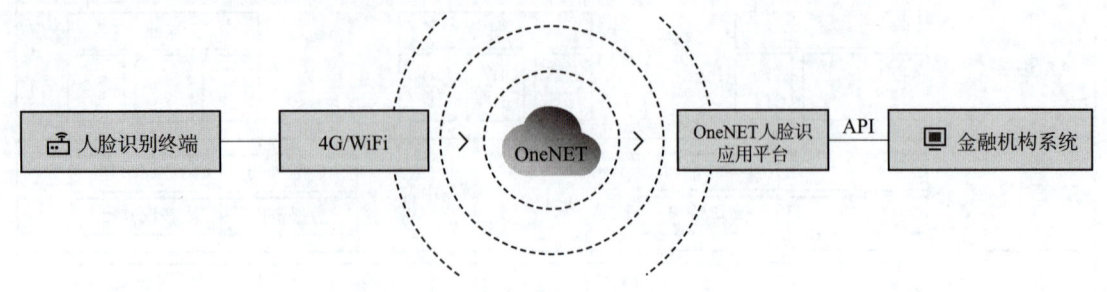

图 5.3.6　物联网云平台 AI 人脸金融场景设计

任务实施

1. 任务目的
（1）了解物联网云平台增值服务与应用场景；
（2）能运用物联网云平台增值服务进行项目的创新拓展。

2. 任务环境
联网计算机一台、常用办公软件。

3. 任务内容
根据任务实施工单（见表 5.3.1）所列步骤依次完成以下操作。

表 5.3.1　任务实施工单

项目	物联网云平台创新应用		
任务	物联网云平台增值与创新	学时	4
计划方式	分组完成、组内成员分工协作		
序号	实施步骤		
1	查阅资料了解物联网云平台的增值服务		
2	查阅资料了解物联网云平台解决方案及其场景设计		
3	选择 1~2 项增值服务，完成智慧森林火灾系统的拓展创新，设计优化系统功能		
4	整理项目创新计划		
5	汇报展示		

任务评价

完成智慧森林火灾检测系统的创新设计，进行任务检查与评价，采用小组互评等方式。任务评价单如表 5.3.2 所示。

表 5.3.2　任务评价单

项目	物联网云平台创新应用	成员姓名	
任务	物联网云平台增值与创新	日　期	
考核方式	过程评价	本次总评	
职业素养 (20分，每项10分)	□具备自主学习与终身学习的能力 □关注新技术和新应用，激发创新思维	较好达成□　(≥16分) 基本达成□　(≥12分) 未能达成□　(≤11分)	
专业知识 (40分，每项20分)	□了解物联网云平台增值服务 □了解物联网云平台的应用场景	较好达成□　(≥32分) 基本达成□　(≥24分) 未能达成□　(≤23分)	
技术技能 (40分，每项10分)	□能够正确选择使用1~2项增值服务 □正确描述使用增值服务实现的功能点 □对智慧森林火灾系统进行创新拓展 □制订项目创新计划	较好达成□　(≥32分) 基本达成□　(≥24分) 未能达成□　(≤23分)	
(附加分) (5分)	□在本任务实训过程中提出的自己独特见解，或者对课程提出有建设性的意见		

拓展阅读

工业互联网标识解析技术是指根据目标对象的标识编码查询其网络位置或者相关信息的过程，标识解析系统是工业互联网重要基础设施之一。

目前，我国已建立了工业互联网标识解析融合技术体系，国家顶级节点已建成并运行，灾备节点已启动工程建设，二级节点数量不断增加，形成产品追溯、供应链管理和全生命周期管理等典型应用模式，目前工业互联网产业联盟已发布或在开展一系列标识解析标准，包含《工业互联网标识解析 船舶 标识编码规范》《工业互联网标识解析 航天 标识编码规范》等行业编码规范以及《工业互联网标识解析 二级节点技术要求》《工业互联网标识解析 国家顶级节点与二级节点对接技术要求》的等节点管理标准，随着工业领域应用标识解析体系的广度和深度不断拓展，行业编码规则、新型解析架构、节点管理、数据互认、系统互通、安全保障等方面需要进一步加强标准化工作，支撑统一管理、高效运行、安全可靠、互联互通的标识解析基础设施及产业生态发展。

项目测评

1. 单选题

（1）以下关于软件开发流程，描述错误的是（　　）。

A. 瀑布模型将软件开发过程分为需求定义与分析、软件设计、软件实现、软件测试和运行维护等一系列基本活动

B. 瀑布模型是一种理想的线性开发模式，缺乏灵活性

C. 敏捷式开发是以用户的需求为核心，以当面沟通、测试等手段为驱动的软件迭代开

发方式

　　D. 瀑布模型开发将一个较大的产品分为多个可以互相联系，并能独立运行的小产品，小产品可以并行开发

(2) 以下关于物联网云平台产品开发流程，描述错误的是（　　）。

　　A. OneNET 物联网开放平台进行产品开发，流程主要为创建产品、物模型、设备接入与产品智能化、发布量产

　　B. 产品是一组具有相同功能定义的设备集合

　　C. 发布量产，将产品发布上线后，产品发布后功能定义能更改

　　D. 平台提供设备、服务等平台资源管理及 API 调试工具，方便自主开发应用

(3) 物联网云平台 AI 能力目前包括（　　）。

　　A. 人脸与人体识别、数据智能　　　B. 图像技术、视频分析技术

　　C. 文字识别、自然语言处理　　　　D. 以上均有

(4) 智慧森林火灾检测系统中对现场图像识别，反馈火灾置信度数据，其使用的 AI 能力是（　　）。

　　A. 数据智能　　　　　　　　　　　B. 图像技术

　　C. 自然语言处理　　　　　　　　　D. 以上均有

2. 多选题

(1) 物联网云平台目前提供的增值服务有（　　）。

　　A. 消息队列 MQ　　　　　　　　　B. 位置服务

　　C. 语音服务　　　　　　　　　　　D. 工业标识

(2) 物联网云平台物模型基础功能分为（　　）。

　　A. 属性　　　　B. 服务　　　　C. 事件　　　　D. 标识

参考文献

[1] 丁飞. 物联网开放平台——平台架构、关键技术与典型应用[M]. 北京：电子工业出版社，2018.

[2] 刘京威，汪鑫，林世舒，等. 微控制器技术及应用[M]. 北京：高等教育出版社，2021.

[3] 许磊，李春玲. 物联网工程导论[M]. 北京：高等教育出版社，2023.

[4] 中移物联网官网. 开发文档[EB/OL]. [2024-01-01]. https://open.iot.10086.cn/doc/v5/fuse.

[5] 创新工场 DeeCamp 组委会. 创新工场讲 AI 课从知识到实践[M]. 北京：电子工业出版社，2021.

[6] 工业互联网编写组. 工业互联网[M]. 北京：党建读物出版社，2021.

[7] 彭俊松. 智慧企业工业互联网平台开发与创新[M]. 北京：机械工业出版社，2019.

[8] 魏胜君. 智慧小区的安防管理系统设计[J]. 集成电路应用，2022，39（10）：140-141.

[9] 魏莉，伊晓明，张健文，等. 智慧安防变小区治理为"智"理[N]. 兰州日报，2023-04-17（1）.

[10] 钟家弘，陶英婷. 基于STM32的超声波测距仪[J]. 物联网技术，2023，13（9）：32-35.

[11] 黄毅，杨俊杰. 无人值守变电站周界联动安防系统设计[J]. 仪表技术，2017（4）：6-10.

[12] 何志云，麻耀华. 基于MQTT的智能家居安防系统的设计[J]. 住宅与房地产，2020（30）：59-60.

[13] 涂岳亮. 复杂环境下基于 WiFi 信号的室外定位方法研究[D]. 昆明：云南大学，2022.

[14] 王楠，封雷. 基于浏览器的矢量数据可视化系统[J]. 计算机与现代化，2018（1）：44-50.

[15] 马睿. 基于物联网平台的数据可视化系统设计与实现[D]. 北京：北京邮电大学，2022.